数学模型在生态学的应用及研究(22)

The Application and Research of Mathematical Model in Ecology(22)

杨东方　陈　豫　编著

海洋出版社

2013 年 · 北京

内 容 提 要

通过阐述数学模型在生态学的应用和研究,定量化的展示生态系统中环境因子和生物因子的变化过程,揭示生态系统的规律和机制以及其稳定性、连续性的变化,使生态数学模型在生态系统中发挥巨大作用。在科学技术迅猛发展的今天,通过该书的学习,可以帮助读者了解生态数学模型的应用、发展和研究的过程;分析不同领域、不同学科的各种各样生态数学模型;探索采取何种数学模型应用于何种生态领域的研究;掌握建立数学模型的方法和技巧。此外,该书还有助于加深对生态系统的量化理解,培养定量化研究生态系统的思维。

本书主要内容为:介绍各种各样的数学模型在生态学不同领域的应用,如在地理、地貌、水文和水动力以及环境变化、生物变化和生态变化等领域的应用。详细阐述了数学模型建立的背景、数学模型的组成和结构以及数学模型应用的意义。

本书适合气象学、地质学、海洋学、环境学、生物学、生物地球化学、生态学、陆地生态学、海洋生态学和海湾生态学等有关领域的科学工作者和相关学科的专家参阅,也适合高等院校师生作为教学和科研的参考。

图书在版编目(CIP)数据

数学模型在生态学的应用及研究.22/杨东方,陈豫编著.—北京:海洋出版社,2013.2
ISBN 978-7-5027-8486-7

Ⅰ.①数… Ⅱ.①杨… ②陈… Ⅲ.①数学模型-应用-生态学-研究 Ⅳ.①Q14

中国版本图书馆 CIP 数据核字(2013)第 007412 号

责任编辑:方 菁
责任印制:赵麟苏
海洋出版社 出版发行
http://www.oceanpress.com.cn
北京市海淀区大慧寺路 8 号 邮编:100081
北京华正印刷有限公司印刷 新华书店北京发行所经销
2013 年 2 月第 1 版 2013 年 2 月第 1 次印刷
开本:787 mm×1092 mm 1/16 印张:19.25
字数:580 千字 定价:60.00 元
发行部:62132549 邮购部:68038093 总编室:62114335

《数学模型在生态学的应用及研究(22)》编委会

主　编　杨东方　陈　豫

副主编　郑锡建　苗振清　胡益峰　吴志祥　张宏波

编　委　(按姓氏笔画为序)

王伶俐　王年斌　邓　婕　冯志纲　石　强

孙静亚　曲宪成　杨丹枫　杨端阳　徐焕志

高　锋　常彦祥　曹　为　章飞军　黄　宏

数学是结果量化的工具

数学是思维方法的应用

数学是研究创新的钥匙

数学是科学发展的基础

杨东方

要想了解动态的生态系统的基本过程和动力学机制，尽可从建立数学模型为出发点，以数学为工具，以生物为基础，以物理、化学、地质为辅助，对生态现象、生态环境、生态过程进行探讨。

生态数学模型体现了在定性描述与定量处理之间的关系，使研究展现了许多妙不可言的启示，使研究进入更深的层次，开创了新的领域。

杨东方

摘自《生态数学模型及其在海洋生态学应用》

海洋科学 2000，24(6)：21－24.

前　言

细大尽力，莫敢怠荒，远迩辟隐，专务肃庄，端直敦忠，事业有常。

——《史记·秦始皇本纪》

数学模型研究可以分为两大方面：定性和定量的，要定性地研究，提出的问题是："发生了什么？或者发生了没有？"要定量地研究，提出的问题是："发生了多少？或者它如何发生的？"前者是对问题的动态周期、特征和趋势进行了定性的描述，而后者是对问题的机制、原理、起因进行了定量化的解释。然而，生物学中有许多实验问题与建立模型并不是直接有关的。于是，通过分析、比较、计算和应用各种数学方法，建立反映实际的且具有意义的仿真模型。

生态数学模型的特点为：(1) 综合考虑各种生态因子的影响。(2) 定量化描述生态过程，阐明生态机制和规律。(3) 能够动态地模拟和预测自然发展状况。

生态数学模型的功能为：(1) 建造模型的尝试常有助于精确判定所缺乏的知识和数据，对于生物和环境有进一步定量了解。(2) 模型的建立过程能产生新的想法和实验方法，并缩减实验的数量，对选择假设有所取舍，完善实验设计。(3) 与传统的方法相比，模型常能更好地使用越来越精确的数据，从生态的不同方面把所取得的材料集中在一起，得出统一的概念。

模型研究要特别注意：(1) 模型的适用范围：时间尺度、空间距离、海域大小、参数范围。例如，不能用每月的个别发生的生态现象来检测1年跨度的调查数据所做的模型。又如用不常发生的赤潮的赤潮模型来解释经常发生的一般生态现象。因此，模型的适用范围一定要清楚。(2) 模型的形式是非常重要的，它揭示内在的性质、本质的规律来解释生态现象的机制、生态环境的内在联系。因此，重要的是要研究模型的形式，而不是参数，参数是说明尺度、大小、范围而已。(3) 模型的可靠性，由于模型的参数一般是从实测数据得到的，它的可靠性非常重要，这是通过统计学来检测。只有可靠性得到保证，才能用模型说明实际的生态问题。(4) 解决生态问题时，所提出的观点，不仅从数学模型支持这一观点，还要从生态现象、生态环境等各方面的事实来支持这一观点。

本书以生态数学模型的应用和发展为研究主题,介绍数学模型在生态学不同领域的应用,如在地理、地貌、气象、水文和水动力以及环境变化、生物变化和生态变化等领域的应用。详细阐述了数学模型建立的背景、数学模型的组成和结构以及其数学模型应用的意义。认真掌握生态数学模型的特点和功能以及注意事项。生态数学模型展示了生态系统的演化过程和预测了自然资源可持续利用。通过本书的学习和研究,促进自然资源、环境的开发与保护,推进生态经济的健康发展,加强生态保护和环境恢复。

本书是在浙江海洋学院出版基金、浙江海洋学院承担的"舟山渔场渔业生态环境研究与污染控制技术开发项目""海洋渔业科学与技术"(浙江省"重中之重"建设学科)和"近海水域预防环境污染养殖模型"项目、国家海洋局北海环境监测中心主任科研基金——长江口、胶州湾、浮州湾及其附近海域的生态变化过程(05EMC16)的共同资助下完成。

此书得以完成应该感谢北海环境监测中心崔文林主任和上海海洋大学的李家乐院长;还要感谢刘瑞玉院士、冯士筰院士、胡敦欣院士、唐启升院士、汪品先院士、丁德文院士和张经院士。诸位专家和领导给予的大力支持,提供的良好的研究环境,成为我们科研事业发展的动力引擎。在此书付梓之际,我们诚挚感谢给予许多热心指点和有益传授的其他老师和同仁。

本书内容新颖丰富,层次分明,由浅入深,结构清晰,布局合理,语言简练,实用性和指导性强。由于作者水平有限,书中难免有疏漏之处,望广大读者批评指正。

沧海桑田,日月穿梭。抬眼望,千里尽收,祖国在心间。

杨东方　陈　豫

2012 年 5 月 8 日

目　　次

目　次

大洋环流的诊断模式

1　背景

大洋环流的研究在物理海洋学中是一个非常重要的方面。对于大洋环流的数值模拟，前人已做了不少工作[1-6]。就诊断模式而言,仍以 Fujio 等[3-5]的工作最为系统。但因他们的模式分辨率比较低。魏泽勋等[7]基于美国普林斯顿大学地球物理流体力学实验室开发的 MOM 建立了一个全球大洋环流的诊断模式(Robust diagnostic model),分别进行月平均和年平均的模拟。

2　公式

2.1　控制方程

MOM 模式是根据 Bryan[8]提出的在可变深度大洋中对热力流体力学特殊量进行预报性计算的具有广泛应用前途的数值方法而建立起来的一种三维原始方程的海洋模式,并得到不断的改进和完善。

模式的方程是由在 Boussinesq、流体静力和刚盖等近似条件下的 Navier-Stoke 方程组成的,并且包含了一组耦合温度和盐度的非线性方程。

该模式采用球面坐标系。分别令 Φ 为纬度(赤道为0°,往北变大),λ 为经度(选任意经度为0°,往东变大),z 为深度(海表为0,向上为正)。则控制方程组为:

$$\frac{\partial u}{\partial t} + (u \cdot \nabla) u + w \frac{\partial u}{\partial z} + fk \times u = -\frac{1}{\rho_0} \nabla \rho + A_H \nabla^2 u + A_V \frac{\partial^2 u}{\partial z^2} + \text{小项} \tag{1}$$

$$\frac{\partial p}{\partial z} + \rho g = 0 \tag{2}$$

$$\nabla \cdot u + \frac{\partial w}{\partial z} = 0 \tag{3}$$

$$\frac{\partial \theta}{\partial t} + (u \cdot \nabla) \theta + w \frac{\partial \theta}{\partial z} = K_H \nabla^2 \theta + K_V \frac{\partial^2 \theta}{\partial z^2} + \gamma(\theta^* - \theta) \tag{4}$$

$$\frac{\partial S}{\partial t} + (u \cdot \nabla) S + w \frac{\partial S}{\partial z} = K_H \nabla^2 S + K_V \frac{\partial^2 S}{\partial z^2} + \gamma(S^* - S) \tag{5}$$

$$f = 2\Omega \sin \varphi \tag{6}$$

式中,u 是水平流速;w 为垂直流速分量; ∇是水平梯度算子;p ,ρ, g 分别为压力、密度和重力加速度;f 为 Coriolis 参数;θ,S 和 θ^* ,S^* 分别为计算和观测的温度和盐度; A_H,A_V 分别为水平涡动黏性系数和垂直涡动黏性系数; K_H 和 K_v 分别为水平和垂直涡动扩散系数,γ 为松弛系数,当 $\gamma \neq 0$ 时,该模式被称作 Robust 诊断模式,若 $\gamma = 0$,则可看做预报模式。式(1)中的小项(minor terms)是由于地球曲率而引起的惯性扩散项。

2.2 边界条件

在海底:

$$\rho_0 A_v \frac{\partial u}{\partial z} = 0$$

$$\rho_0 K_v \frac{\partial}{\partial z}(\theta, s) = 0, \text{当} z = -H(\lambda, \varphi) \tag{7}$$

在海面:

$$\rho_0 A_v \frac{\partial}{\partial z}(u) = \tau$$

$$\rho_0 K_v \frac{\partial}{\partial z}(\theta, s) = (F^\theta, F^S), \text{当} z = 0 \tag{8}$$

对于垂直流速,有:

$$w = 0, \text{当} z = 0 \tag{9}$$

$$w = -\frac{u}{\alpha \cos \varphi} \frac{\partial H}{\partial \lambda} - \frac{v}{\alpha} \frac{\partial H}{\partial \varphi}, \text{当} z = -H(\lambda, \varphi) \tag{10}$$

式中,u 和 v 分别为水平方向的纬向和经向流速;λ 和 φ 分别为经度和纬度;a 为地球平均半径($6\ 370 \times 10^5$ cm);τ 为海面风应力; F^θ,F^S 为海表热和盐通量;H 为每点的水深。

2.3 内外模态分离

模式中,水平流速 $u = (u, v)$ 可写为:

$$u = \bar{u} + \hat{u} \tag{11}$$

$$v = \bar{v} + \hat{v} \tag{12}$$

式中, $\bar{u}$ 和 $\bar{v}$ 为外模态速度(与深度无关); $\hat{u}$ 和 $\hat{v}$ 为内模态速度(与深度有关)。根据刚盖假定,可引入流函数 Ψ,满足:

$$\bar{u} = -\frac{1}{Ha} \frac{\partial \Psi}{\partial \varphi} \tag{13}$$

$$\bar{v} = \frac{1}{Ha \cdot \cos \varphi} \frac{\partial \Psi}{\partial \lambda} \tag{14}$$

对式(1)求垂直平均,并代入边界条件,再求水平旋度,可得流函数的支配方程:

$$\nabla \cdot \left(\frac{1}{H} \cdot \nabla \psi_t\right) - J\left(\frac{f}{H}, \Psi\right) = \mathrm{curl} F \tag{15}$$

式中,F 为由风应力、浮力、黏性和惯性等引起的强迫项;J 为 Jacobi 算子。在陆地边界,其边界条件为流函数梯度的法向和切向分量为零：

$$\hat{n} \cdot \nabla \Psi = 0 \tag{16}$$

$$\hat{t} \cdot \nabla \Psi = 0 \tag{17}$$

3 意义

海洋环流的变化，对人类生产活动的影响很大。认识海洋中大尺度的环流规律对航海、军事和海上捕鱼等人类活动有着极其重要的意义。同时，它又从热带向两极输送着大量的热量，在某些纬度，其值超过大气的输送量，是全球气候系统中的一个巨大的调节器。

参考文献

[1] Bryan K, Cox M D. The circulation of the world ocean: A numerical study. Part I. A homogeneous model J Phys Oceanogr, 1972(2):319 - 335.

[2] Holland W R, Hirschman A D. A numerical calculation of the circulation in the North Atlantic Ocean. J Phys Oceanogr, 1972(2):336 - 354.

[3] Fujio S, Imasato N. Diagnostic calculation for circulation and water mass movement in the deep Pacific. J Geophys Res, 1991, 96:759 - 774.

[4] Fujio S, Kadowaki T, Imasato N. World ocean circulation diagnostically derived from hydrographic and wind stress fields 1. The velocity field. J Geophys Res, 1992, 97:11 163 - 11 176.

[5] Fujio S, Kadowaki T, Imasato N. World ocean circulation diagnostically derived from hydrographic and wind stress fields 2. The water movement. J Geophys Res, 1992, 97:14 439 - 14 452.

[6] Semtner A J Jr, Chervin R M. Ocean general circulation from a global eddy-resolving model. J Geophys Res, 1992, 97:5 493 - 5 550.

[7] 魏泽勋，乔方利，方国洪，等. 全球大洋环流诊断模式研究——流场及流函数. 海洋科学进展，2004，22(1):1 - 15.

[8] Bryan K. A numerical method for the study of the circulation of the world ocean. Journal of Computational Physics, 1969(4):347 - 437.

次表层暖水结构的解析模式

1 背景

夏季北冰洋出现大范围的开阔海水区[1]，而且随着北极的气候变暖，开阔水域有进一步增加的趋势。上层海水的热结构是海－气相互作用的能量基础，深入研究上层海水热结构的成因有助于研究海水热量的吸收、贮存和释放过程，对于研究夏季北冰洋对全球气候的贡献是非常重要的。王翠等[2]针对这一科学问题，建立了一个描述无冰水域次表层暖水结构的解析模式，并且获得了解析解。

2 公式

开阔水域表面的热力学过程是非常复杂的，一般需要计算海面的全部热通量，即计算短波辐射、长波辐射、感热通量、潜热通量和湍流热扩散。这些通量的计算需要很多近似关系，而且需要同步的气象观测数据，因此难以建立解析模式进行研究。针对北冰洋普遍发生的气温低于水温的现象，我们采用与文献[3]相似的模式进行研究。

根据开阔海水的这些特征，我们建立以下解析模式。设到达海面的太阳辐射为 F_r，海水表面反射系数为 a_w，进入水层的太阳辐射为 $(1-a_w)F_r$，海水的衰减系数为 λ，则太阳对不同深度海水的加热量为：

$$F_z = (1-a_w)F_r\exp(-\lambda z) \tag{1}$$

该物理模型为一维模型，用于研究垂向的热力过程，不考虑流动的作用而忽略平流项，可以确定如下定解问题：

$$\frac{\partial T}{\partial t} = \frac{\partial}{\partial z}\left(B_z\frac{\partial T}{\partial z}\right) + \frac{(1-a_w)F_r}{\rho c_{\mathrm{p}}}\exp(-\lambda z) \tag{2}$$

边界条件和初始条件为：

$$\begin{aligned} T &= T_0 + A\sin\omega t \quad (\text{当}\, z = 0) \\ T &= T_D \quad (\text{当}\, z = D) \\ T &= T_D \quad (\text{当}\, t = 0) \end{aligned} \tag{3}$$

式中，B_z 为海水湍流热扩散系数；ρ 为海水密度；c_p 为海水定压热容量；T 为海水温度；D 为求解的水层厚度；T_0 为海表面平均温度；T_D 为水层下界的冷水核温度；A 为海水表面温度的变化幅度;ω 为表面气象条件变化特征频率。

这里,我们选取的初始条件和下边界条件都与文献[3]相同,只是在上表面选取随时间变化的边界条件,用来反映海洋温度结构对天气尺度过程的响应方式。最终解的形式为:

$$T = \frac{T_D z + (T_0 + A\sin\omega t)(D - z)}{D} + \sum_{n=1}^{\infty}\left[C_n\left(\gamma_n\cos\omega t + \omega\sin\omega t\right) + \left(\frac{2(T_D - T_0)}{n\pi} - C_n\gamma_n\right)e^{-\gamma_n t} + H_n(1 - e^{-\gamma_n t})\right]\sin\frac{n\pi_z}{D} \tag{4}$$

其中,

$$H_n = \frac{2(1 - a_w)F_r[1 - \cos(n\pi)\exp(-\lambda D)]}{\rho c_p n\pi B_z[\lambda^2 + (n\pi/D)^2]} \tag{5}$$

$$\gamma_n = B_z(n\pi/D)^2 \tag{6}$$

$$C_n = -\frac{2A\omega}{n\pi(\gamma^2 + \omega^2)} \tag{7}$$

这个解包含两大部分:第一部分是温度随深度线性变化的部分,即式(4)右端第一项,体现了温度随 z 在上下边界条件之间线性地过渡。第二部分是式(4)右端的级数部分,表现了温度复杂的垂向结构。

级数项又由3项组成:第一项随时间作周期性变化,与上边界的变化一致,不同的深度存在位相的差异,表现了表面温度变化对深层海水结构的影响。如果取 ω 等于零,则代表上表面温度不随时间变化。第二项为随时间衰减项,是湍流扩散产生的结果,随着时间的增加,该项的作用越来越小。第三项是随时间加强项,是太阳加热在海水中引起的温度变化,当时间趋于无穷时,加热作用将与湍流热扩散作用相互抵消。

因此,式(4)给出的解实际上包含了上表面温度变化在海洋中引起的响应和太阳辐射加热在海洋中引起的变化。与文献[3]的结果相比,解中多出了上表面温度随时间变化的部分,有关的参数也发生了变化。

3 意义

随着北极气候变暖,海冰将进一步减少,次表层暖水现象还会明显增加,海洋对气候变化将有更加强烈的响应和反馈,对全球气候变化产生意义深远的影响。次表层暖水形成机制的一维解析模式证明了在开阔水域形成次表层暖水结构的可能性,并描述了海面气象条件变化对次表层暖水结构的影响,增进了我们对夏季北冰洋上层海水结构的认识。利用一个解析模式,研究了夏季北冰洋次表层暖水的形成机制,在了解北冰洋次表层暖水现象方面取得了有益的进展。

参考文献

[1] Zhao J P, Zhu D Y, Shi J X. Seasonal variations in sea ice and its main driving factors in the Chukchi Sea. Advances in Marine Science,2003,21(2):123 - 131.

[2] 王翠,赵进平. 夏季北冰洋无冰海域次表层暖水结构的形成机理. 海洋科学进展,2004,22(2):130 - 137.

[3] 赵进平,史久新,矫玉田. 夏季北冰洋海冰边缘区海水温盐结构及其形成机理的理论研究. 海洋与湖沼, 2003,34(4):375 - 388.

海岸线的分维计算

1 背景

海岸线研究是分形理论领域最传统的研究课题。1967 年 Mandelbrot 指出英国海岸线长度为一不确定值，还计算出了英国等海岸线的分维[1]。此后，国内学者也先后对海岸线进行了不同角度的分形研究，例如 Zhu 等曾计算出了江苏大陆海岸线的分维为 1.069 6，同时还给出了标定江苏省大陆海岸线长度的分形关系式[2]，对中国海岸线进行系统研究。为此，朱晓华等[3]根据分形理论，系统研究了中国海岸线分维及其性质。

2 公式

探讨海岸线可能的分形结构和计算海岸线分维的方法有两种，一是量规法[4]；二是网格法[5]。量规法的思路是使用不同长度的尺子去度量同一段海岸线，海岸线的长度 $L(r)$ 由尺子长度 r 和尺子测量的次数 $N(r)$ 来决定，具体如下式：

$$L(r) = N(r) \times r \tag{1}$$

海岸线的弯曲程度和复杂程度不同使尺子长度 r 也发生变化，因而被测海岸线的长度也必然发生相应的变化，尺子长度越小，则所测得的海岸线长度值越接近被测海岸线长度的真实值。所以，分形理论与传统认知不一样的是：海岸线的长度更确切地被认为是一个变量，它并不是描绘海岸线的一个完好的量度，而必须找到一个表征海岸线性质的客观量度，这就是分维。

根据 Mandelbrot 的研究[1]，

$$L(r) = M \times r^{1-D} \tag{2}$$

式中，$L(r)$ 为被测海岸线的长度；r 为标度；M 为待定常数；D 为被测海岸线的分维。

对式(2)两边同取对数，可得：

$$\lg L(r) = (1 - D)\lg r + C \tag{3}$$

式中，C 为待定常数。该式的斜率值等于 $1-D$，即分维 $D=1-K$(该式的斜率值)。

网格法的基本思路就是使用不同长度的正方形网格去覆盖被测海岸线，当正方形网格长度 ε_k 出现变化，则被覆盖的有海岸线的网格数目 $N_k(\varepsilon_k)$ 必然会出现相应的变化。根据分形理论：

$$N_k(\varepsilon_k) \propto \varepsilon_k^{-D} \tag{4}$$

对式(4)两边同取对数可得:

$$\lg N_k(\varepsilon_k) = -D\lg\varepsilon_k + A \tag{5}$$

式中,A 为待定常数;D 为被测海岸线的分维。

朱晓华等[3]根据分形理论,对中国海岸线分维及其性质进行了系统研究(表1)。

表1 根据网格法所得中国海岸线分维

项目	海岸线分区								
	中国大陆	台湾岛	海南岛	渤、黄海	东、南海	渤海	黄海	东海	南海
分维	1.070 7	1.002 5	1.012 7	1.021 0	1.052 8	1.009 1	1.021 9	1.052 2	1.052 8
相关系数	0.998 5	0.999 9	0.999 8	0.999 8	0.998 3	0.999 9	0.999 6	0.998 1	0.998 2

表2列出了采用量规法计算得到的世界各地海岸线分维,由此可比较中国大陆海岸线与其他海岸线分维的差异。

表2 世界各地海岸线分维

海岸线	分维	数据来源
南非海岸	1.02	Mandelbrot(1967)[1]
阿拉斯加 Amchitka 岛	1.66	Pennycuick(1986)[6]
阿拉斯加 Adak 岛	1.20	Pennycuick(1986)[6]
英国西海岸	1.27	Car and Benzer(1991)[7]
澳大利亚北海岸	1.19	Car and Benzer(1991)[7]
澳大利亚南海岸	1.13	Car and Benzer(1991)[7]
加利福尼亚湾西岸	1.19	Car and Benzer(1991)[7]
加利福尼亚湾东岸	1.15	Car and Benzer(1991)[7]
釜石 Ria 海岸	1.21 ~ 1.37	Korvin(1992)[8]
美国太平洋海岸	1.00 ~ 1.27	Jiang and Plotnick(1998)[9]
美国大西洋海岸	1.00 ~ 1.70	Jiang and Plotnick(1998)[9]
中国江苏大陆海岸	1.07	Zhu(2000)[2]

3 意义

中国拥有漫长的海岸线,海岸带地貌类型复杂多样,所以,系统研究中国海岸线分维及其性质对于丰富对海岸线分形规律的认识以及科学地标定中国大陆海岸线的长度等具有重要的理论与现实意义。

参考文献

[1] Mandelbrot B B. How long is the coast of Britain? Statistical self-similarity and fractional dimension. Science,1967,156(3775):636 - 638.

[2] Zhu X H,Yang X C,Xie W J,et al. On spatial fractal character of coastline—A case study of Jiangsu province. China Ocean Engineering,2000,14(4):533 - 540.

[3] 朱晓华,蔡运龙. 中国海岸线分维及其性质研究. 海洋科学进展,2004,22(2): 156 - 162.

[4] Mandelbrot B B. The Fractal Geometry of Nature. California:W H Freeman and Co,1982.

[5] Grassberger P. On efficient box counting algorithms. International Journal of Modern Physics C,1983,4(3): 515 - 523.

[6] Pennycuick C J, Kline N C. Units of measure for fractal extent,applied to coastal distribution of bald eagle nets in the Aleutian Islands,Alaska. Oecologia, 1986,68(2):254 - 258.

[7] Carr J R, Benzer W B. On the practice of estimating fractal dimension. Mathematical Geology, 1991,23(7):945 - 958.

[8] Korvin G. Fractal Models in the Earth Sciences. New York:Elsevier,1992.

[9] Jiang J W, Plotnick R E. Fractal analysis of the complexity of United States coastlines. Mathematical Geology,1998,30(5):535 - 546.

浮游动物的摄食模型

1 背景

浮游植物是海洋生态系统中的初级生产者,其丰度由一些关键过程控制,这些过程主要可以分为上行控制和下行控制。光照、温度和营养盐等环境因素对浮游植物生长的影响是上行控制,而浮游动物摄食和病源生物对浮游植物生长的影响则属于下行控制。所以,中型浮游动物的摄食研究一直是海洋生态系统研究中的活跃领域,也是当今几个重大国际计划的重点研究内容之一。王小冬等[1]主要介绍了海洋中型浮游动物选择性摄食对赤潮有害藻华的控制、中型浮游动物的选择性摄食机制、中型浮游动物摄食的研究方法和中型浮游动物的选择性摄食模型的国内外研究进展。

2 公式

2.1 中型浮游动物摄食的计量方法

2.1.1 直接计量法的原理

将浮游动物加入已知种群数量的浮游植物水体中,经过一段时间后直接测定浮游植物种群数量的减少量,从而计算其摄食速度。Frost[2]首先提出这个方法并给出了计算方法。

假设给定的浮游植物初始种群数量为 P_0,t 时间后没有浮游动物的对照瓶中浮游植物种群数量为 P_t,对照组中浮游植物种群数量在 t 时间内的增殖情况为:

$$P_t = P_0 \cdot e^{kt}$$

式中,k 为生长率。

实验瓶中加入中型浮游动物,如果浮游动物的滤水速度是一定的,那么浮游植物种群数量就呈指数函数的减少。培养后其浓度为:

$$P_{tg} = P_0 \cdot e^{(k-g)t}$$

式中,g 为摄食率。实验瓶中的浮游植物平均种群数量($\bar{P}$):

$$\bar{P} = \frac{P_0[e^{(k-g)t} - 1]}{(k-g)t} = \frac{P_{tg} - P_0}{(k-g)t}$$

浮游动物清滤率 F 是单位时间内浮游动物过滤饵料的体积。若培养用海水体积为 V,动物的数目为 N,则:

$$F = \frac{V \cdot g}{N}$$

那么,每个浮游动物的比摄食率 G_z 为:

$$G_z = F \cdot \bar{P} = \frac{V \cdot g}{N} \cdot \frac{P_{tg} - P_0}{(k - g)t}$$

因此,比摄食速度可用 G_z 乘上浮游植物 1 个细胞的平均生物量求得。

P 可以用叶绿素 a 浓度表示,也可以用植物细胞个数表示。用叶绿素 a 浓度表示,测量简单、快速,但是存在着叶绿素 a 方法的共同缺点,即叶绿素 a 容易降解,误差高。用细胞个数表示,则准确性高,但是需要花费大量的时间和精力。

2.1.2　肠道色素法

肠道色素法的原始概念由 Nemoto[3] 和 Mackas[4] 提出,通过测定 2 个指标(现场浮游动物肠道色素含量和肠道排空率)来推算摄食率。假设动物肠道内容物是摄食和排泄平衡的结果,如果知道动物肠道内容物的数量和排泄的速度,就可求出摄食率,摄食率 I 可以表示为:

$$I = G \cdot R$$

式中,G 为肠道色素含量;R 为肠道排空率。

对 G 的测定 Mackas 最早使用荧光指数,这是一个相对的概念,并不能直接计算摄食率。1986 年 Wang 等[5] 改进了肠道色素法,即用叶绿素 a 和脱镁叶绿素 a 的绝对含量取代原来的荧光指数。将动物研磨和萃取,然后用 Turner Designs 荧光计测定其酸化前、后的荧光指数,计算动物肠道色素含量。无食物的条件下,假设浮游动物肠道色素的排空是以指数形式进行,即:

$$G_t = G_0 \cdot e^{-R}$$

式中,G_t 为 t 时刻的肠道色素含量;G_0 为实验初始肠道色素含量;R 为肠道排空率。用无颗粒海水培养动物,每隔一段时间取样,测量肠道内色素的减少量。

2.2　摄食模型

研究中型浮游动物摄食的主要目的之一就是获得浮游动物现场摄食率,从而推算自然水体中浮游动物对海洋初级产品的摄食压力和海洋生态系统能量物质输送的途径与效率,为建立海洋生态系统营养模型提供参数。进而解决控制有害藻华暴发等的实际问题。

2.2.1　食物浓度影响摄食的模型

单一食物模型描述了单种动物的摄食和单一植物之间的关系,这些模型一般基于室内实验得到,实验室中中型浮游动物摄食集中了不同的食物密度,考虑到摄食者的生理行为,这些模型还存在着争议。关于食物浓度影响摄食的模型主要有 4 个类型。描述了中型浮游动物摄食单一植物的全部情况。

类型一[2]:

$$I = \begin{cases} \rho N = \dfrac{N}{v} m, (N \leqslant v) \\ m, (N > v) \end{cases}$$

式中，ρ 是一个常数，该模型是典型的线性关系，显示了摄食率 I 和食物数量 N 的线性相关，当食物浓度达到最大标准浓度 v 时，动物的摄食率达到最大 m。

类型二[6]：

$$I = \frac{\alpha \cdot N}{1 + \alpha \cdot h \cdot N}$$

呈现出 I 和 N 的内凹曲线形关系，其曲线表现出盘状，被称为盘状方程。这个模型基于摄食－被摄食之间的关系建立，由 2 个常数决定：处理时间(h)和连续袭击率(α)，后者是遭遇率、袭击率和捕捉率等数值的耦合，主要与动物感受器灵敏度、运动能力和海水混乱程度等因素有关。M－M 方程[7]在数学形式上与盘状方程相同，但它是基于 2 个不同的系数：半饱和常数(k) 和最大摄食率(m)，k 是摄食率达到最大摄食率时的饵料浓度($N = k$，$I = m/2$)。方程为：

$$I = \frac{m \cdot N}{k + N}$$

类型三：假设连续袭击率 ($\hat{a}$) 随着饵料密度 N 线性变化，即饵料浓度越大，动物摄食频率越大。其方程为：

$$I = \frac{\hat{a} \cdot N}{1 + \hat{a}hN} = \frac{N^2}{k^2 + N^2} m$$

式中，$m = 1/h = \sqrt{N/\hat{a}h} = 1/\sqrt{ch}$，这里的连续袭击率 $\hat{a}$ 代替了类型二中的 α，并且 $\hat{a} = cH$。S 型Ⅱ[8]模型假设动物摄食有 σ 个步骤组成，每一个步骤都可以用 M－M 方程、半饱和常数 k 以及最大摄食率 m 表示，其方程为：

$$I = \frac{N^{\sigma} m}{\prod_{\sigma=1}^{\sigma} (k_s + N)}$$

当 $\sigma = 2$ 时，S 型Ⅱ和 S 型Ⅰ方程形式相似，方程为：

$$I = \frac{N^2 m}{k^2 + N^2 + \alpha N}$$

阈值模型[9]也属于类型三，如果食物浓度低于摄食阈值 τ，摄食不发生。当 $N > \tau$ 时，阈值模型与 M－M 方程相似。阈值模型为：

$$I = \frac{N_{eff}}{k + N_{eff}} m, \text{式中}, N_{eff} = \begin{cases} (0, N < \tau) \\ N - \tau, (N \geqslant \tau) \end{cases}$$

类型四[10]是 4 种模型中唯一没有单纯地认为摄食率随着食物浓度增大而增大的，它认为当食物浓度 N 达到一个值时(这个值介于最大值和最小值之间)，摄食率 I 已经达到了最大值(m)。当食物浓度继续增大，摄食率开始减少，摄食率减少可能由于被摄食植物分泌有毒物质或者抗拒捕食。其方程为：

$$I = \frac{N\mu}{k + N + \beta N^2}$$

2.2.2 食物质量影响摄食的模型

Hastings 和 Powell[11]提出种群混乱模型，认为生态系统是一个从混乱→有序→混乱的循环过程。当生态系统达到混乱边缘的时候，生态系统自动调节它的各个成分的比例来保持平衡。Chattopadhyay 和 Sarkar[12]修正了 Hastings 和 Powell 的模型，并将其应用于浮游动物摄食浮游植物的研究中。其方程为：

$$\frac{dX}{dT} = R_0 X\left(1 - \frac{X}{K_0}\right) - \frac{C_1 A_1 XY}{B_1 + X}$$

$$\frac{dY}{dT} = \frac{A_1 XY}{B_1 + X} - \frac{A_2 XY}{B_2 + X} - D_1 Y - f(X) Y$$

式中，X 是有毒藻类密度变化率；Y 和 Z 分别是浮游动物和鱼类的种群数量；$f(x)$ 在描述有毒藻类释放有毒物质过程中，为浮游动物摄食压力减少产生的浮游植物种群的变动。当浮游动物对浮游植物保持太大的摄食压力时，浮游植物会释放有毒物质，减少浮游动物的摄食压力，有毒浮游植物可以作为摄食压力的缓冲[13]，使整个食物网保持平衡。

Roelke[14]的模型也证明了食物质量对于桡足类动物摄食的影响。如果被摄食的植物质量不适合桡足类，或者由于植物的抵抗，桡足类的摄食压力减少，引起桡足类生长减弱，出生率低于死亡率，因而减少了对有害藻华物种的摄食压力。摄食模型为：

$$Grazing_i^{\varphi} = \frac{\gamma_1 G_1}{Q_{fixv,\varphi}}$$

式中，$Grazing_i^{\varphi}$ 是摄食率；γ_1 是桡足类的生长率，G_1 是桡足类的浓度，Q_{fixv,φ_i} 是浮游植物中单个细胞的体积。

2.2.3 食物粒径影响摄食的模型

Verity[15]建立了中型浮游动物摄食与浮游植物粒径大小有关的方程。Verity 的中型浮游动物摄食模型为：

$$\frac{dM_{zpl}}{dt} = G_{Mzpl}(t, P_{col}, Dia, U_{zpl}, Det) - P_{Mzpl}(t, M_{zpl}) - E_{Mzpl}(G_{Mzpl}) - S_{Mzpl}(G_{Mzpl})$$

式中，G_{Mzpl} 为桡足类的摄食率；P_{Mzpl} 为桡足类被其他动物摄食率，E_{Mzpl} 为动物排泄溶解有机氮和氨的速率，S_{Mzpl} 为动物的沉降率。

3 意义

中型浮游动物作为海洋生态系统中物质循环和能量流动的中间环节，其选择性摄食会影响浮游植物的群落结构和群落组成，进而对整个海洋生态系统产生影响，同时摄食率是建立海洋生态系统动力学模型的关键参数。中型浮游动物可以大量地摄食有害藻华物种,阻止浮游植物过度生长而形成水华。因此,研究中型浮游动物的摄食对于理解有害藻华的消涨过程有重要意义,可以为预测有害藻华发生和控制有害藻华暴发提供依据。

参考文献

[1] 王小冬,孙军,刘东艳,等. 海洋中型浮游动物的选择性摄食对浮游植物群落的控制. 海洋科学进展,2005,23(4):524-535.

[2] Frost B W. Effects of size and concentration of food particles on the feeding behavior of the marine planktonic copepod Calanus pacificus. Limnol Oceanogr,1972,17:805-815.

[3] Nemoto T. Chlorophyll pigments in the stomach and gut of some macrozooplankton species//Takenouchi A Y,et al. Biological Oceanography of North Pacific Ocean. Tokyo:Idemitsu Shoten,1972. 411-418.

[4] Mackas D, Bohrer R. Fluorescence analysis of zooplankton gut contents and an investigation of diel feeding patterns. J Exp Mar Biol Ecol,1976,25:77-85.

[5] Wang R, Conover R J. Dynamics of gut pigment in the copepod Temora longicornisand the determination of *in situ* grazing rates . Limnol Oceanogr,1986,31:867-877.

[6] MuUin M M, Fuglister S E, Fuglister F J. Ingestion by planktonic grayers as a funetion of concentration of food. Limnol Oceanogr, 1975,20(2):259-262.

[7] Michaelis L, Menten ML, Die Kinetic der. Invertin wirkung. Biochemistry, 1913,49: 333-369.

[8] Jost JL, Srake J F, Tsuchiya H M, et al. Microkial food Chains and food weks. J Theor Biol, 1973,41: 461-484.

[9] Reeve M R,Walter M A. Observations on the eristence of lower threshold and upper critical food concentrations for the copepod Acartiatonsa Dana. J Eep Mar Bool Ecol,1977,29(3):211-221.

[10] Van Germerden H. Coelistence of organisms competing for the same substrate: An example among the purple sulfur bacteria. Micrab Ecol, 1974(1):104-119.

[11] Hastings A, Powell T. Chaos in three species food chain. Eologg, 1991,72(3):896-903.

[12] Chattapad hyey J, Sarkar RR. Chaos to order: preliminary experiments with apopulation dynamics models of three trophic levels. Ecol Model, 2003,163: 45-50.

[13] Ives J D. Possikle mechanism underlying copepod graying respones to levels of toxicity in red tide dinoflagellates. J Exp Mar Bid Ecol, 1987,112:131-145.

[14] Rodke DL. Copepo food-quality threshold as a mechanism influencing phytoplankton succession and accumulation of kiomass and secondary produetivity: A modelling study with management implications. Ecol Model, 2000,134:245-274.

[15] Verity P G. Graying experiments and model simulations of the role of zooplankton in phareocystis food webs. J Sea Res, 2000,43:317-343.

[16] Kleppel G S, Burkart C A, Houchin L. Nutrition and the regulation of egg production in the calanoid copepod Acartia tonsa. Limnol Oceanogr,1998,43:1000-1007.

海洋重磁的平差处理公式

1 背景

在海洋重磁调查中，一般都要沿主测线的垂直方向布设若干条联络测线，主测线和联络测线的交叉位置称之为交点。经各项改正等预处理后，主测线和联络测线在交点处的重力或磁力值之差称为交点误差。除随机误差外，交点误差还包括由于仪器、船速、航向和海况等原因产生的系统误差。为了消除这些系统误差，在海洋重磁资料处理中都要进行平差处理，又称“调平”。

刘晨光等[1]提出了一种基于最小二乘算法的平差处理方法，介绍了方法原理，给出了形成方程组系数矩阵的简单办法——直接观察法。

2 公式

假设海上重磁测量共布设主测线 m 条，联络测线 n 条，交点 $m \times n$ 个，交点误差（主测线与联络测线异常值之差）分别为 ε_{ij} ，$i=1,2,\cdots,m$；$j=1,2,\cdots,n$。

如果每条测线上的系统误差（理论值与实测值之差）为常数，将其中第 i 条主测线上的系统误差用 $-p_i$ 来表示，第 j 条联络测线上的系统误差用 $-c_j$ 来表示，把每条测线减去相应的系统误差，即为平差之后的交点误差，其总误差平方和为：

$$\varepsilon = \sum_{i=1}^{m} \sum_{j=1}^{n} (\varepsilon_{ij} + p_i + c_j)^2 \tag{1}$$

对上式求 ε 关于 p_i 和 c_j 的偏导数，并令其等于零，得：

$$\begin{aligned} np_i + \sum_{j=1}^{n} c_j &= - \sum_{j=1}^{n} \varepsilon_{ij} \quad i = 1,2,\cdots,m \\ \sum_{i=1}^{m} p_i + mc_j &= - \sum_{i=1}^{m} \varepsilon_{ij} \quad j = 1,2,\cdots,n \end{aligned} \tag{2}$$

上式组成 $(m+n) \times (m+n)$ 阶的线性方程组。用向量和矩阵的记号将上式简写为：

$$A_x = b \tag{3}$$

式中，x 和 b 分别为 $(m+n)$ 维向量：

$$[p_1, p_2, \cdots p_m, c_1, c_2, \cdots, c_n]$$

$$[-\sum_{j=1}^{n}\varepsilon_{1j},-\sum_{j=1}^{n}\varepsilon_{2j},\ldots,-\sum_{j=1}^{n}\varepsilon_{mj},-\sum_{i=1}^{n}\varepsilon_{i1},-\sum_{i=1}^{n}\varepsilon_{i2},\ldots,-\sum_{i=1}^{n}\varepsilon_{in}]$$

而$A=[a_{ij}]$为系数矩阵,其阶数为$(m+n)\times(m+n)$。

为了得到系数矩阵的具体表达式,令:

$$A=\begin{bmatrix} A_{11} & A_{12} \\ A_{21} & A_{22} \end{bmatrix} \tag{4}$$

可以推导出,A_{11}为对角线元素等于n的$n\times n$阶对角阵,A_{12}为$m\times n$阶所有元素等于1的阵,A_{21}为A_{12}的转置矩阵$A_{21}=A_{12}^{T}A_{22}$为对角线元素等于m的$m\times m$阶对角阵。

列向量b的元素分别为主测线和联络测线上交点误差之和的负数。已知A和b,求解方程(3),即可得到每条测线上的平差值,从对应测线上减去系统误差值,就是平差后的数据。平差处理后的交点误差利用式(1)计算。

3 意义

海洋重磁资料处理中最小二乘平差处理的计算公式,给出了直接根据测网分布求得方程组系数矩阵的直接观察方法,不仅原理简单和计算机实现容易,而且可以很好地消除系统误差的影响,改善测量精度。

参考文献

[1] 刘晨光, 刘保华, 郑彦鹏, 等. 海洋重磁资料的最小二乘平差处理方法. 海洋科学进展,2005,23(4):513－517.

海洋灾害的评估预报模型

1 背景

海洋风暴潮、地震等灾害预报的准确率关系到灾区的受灾程度,问题的多元性、非线性和非确定性给预报带来风险[1]。最终的决策除预报率因素外,还需要考虑虚报的代价[2-3],预测预报系统的鲁棒性是瓶颈,敏感度过低,可能使一些灾害预测不到,预报率相应降低,漏测率升高;敏感度过高,则可能出现多次虚报,预报率升高,虚警率也升高,有可能在无风险情况下示警,造成不必要的损失[4-5]。为此,徐凌宇等[6]给出一种基于分布式Nerman-Pearson 理论的 N - P 多源信息处理方法,能够辩证地评价结果,用于海洋灾害的评估预报。

2 公式

设 M 个信源,不同信源对不同的信息给出各自风险估计,得出局部判断结果并将之送到融合中心。融合中心将诸多局部判断结果依据全局判断准则形成最终判断,实现全局最优。引用基于假设前提的经典方法[7]。对每个信源 $j=1,\cdots,M$,在时刻 N 有一个信息输入 X_j^N ,第 j 个信源作出局部判断结果 $u_j(N)$,融合中心作出关于全局的最终判断结果 $u(N)$。

做两个假设: H_0 :无风暴潮; H_1 :有风暴潮。可由处理函数 $f_j(X_j^N)$,$j=1,\cdots,M$ 来判断,每一个信源有自己的标准 β_j。

对信源 j ,有判断标准:

$$H_j = \begin{cases} H_0 \text{ 为真,若} f_j(X_j^N) < \beta_j \\ H_1 \text{ 为真,若} f_j(X_j^N) \geqslant \beta_j \end{cases} \tag{1}$$

使用这个判断标准,可得到信源 j 在时刻 N(该条件在下文作为缺省条件)对于风险的局部判断结果 $u_j(N)$ (或写为 u_j),有:

$$u_j = H_j = \begin{cases} 1\text{,若 } H_1 \text{ 为真} \\ 0\text{,若 } H_0 \text{ 为真} \end{cases} \tag{2}$$

融合中心从所有信源接收局部判断结果,即 $u_1,\cdots,u_M$,并基于它们得到最终判断结果 u。

融合中心用来对它的输入 $u_1,\cdots,u_M$ 进行处理,并有判断准则 $\delta = \delta(\{u_j\}_{j=1}^M)$,其中

$\{u_j\}_{j=1}^{M} = \{u_1,\cdots,u_M\}$,$\delta$ 代表的是融合中心得出 H_1 的概率。则融合中心的输出结果可写为:

$$u = \begin{cases} 1, \text{概率为 } \delta \\ 0, \text{概率为 } 1-\delta \end{cases} \tag{3}$$

对于优化的判断准则 δ,包括一个检验过程 $T(\{u_j\}_{j=1}^{M})$ 和一个因数 λ,则有:

$$\delta = \delta(\{u_j\}_{j=1}^{M}) = \begin{cases} 1, \text{若 } T(\{u_j\}_{j=1}^{M}) > \lambda \\ r, \text{若 } T(\{u_j\}_{j=1}^{M}) = \lambda \\ 0, \text{若 } T(\{u_j\}_{j=1}^{M}) < \lambda \end{cases} \tag{4}$$

和

$$T(\{u_j\}_{j=1}^{M}) = \lg \frac{P(\{u_j\}_{j=1}^{M} \mid H_1)}{P(\{u_j\}_{j=1}^{M} \mid H_0)} \tag{5}$$

设 P_d 表示当 H_1 出现时判断结果为 H_1 的概率(即预报率);P_f 表示当 H_0 出现时判断结果为 H_1 的概率(即虚警率)。我们假定每一个信源之间相互独立,即 $u_1,\cdots,u_M$ 相互独立,则有:

$$T(\{u_j\}_{j=1}^{M}) = \sum_{j=1}^{M} \omega_j u_j \tag{6}$$

其中

$$\omega_j = \lg \frac{P_{dj}[1-P_{fj}]}{P_{fj}[1-P_{dj}]} \tag{7}$$

事先假设先验概率是已知和准确的,但是不合理的。我们可以利用 Neyman-Pearson 方法来解决这个问题。一般来说,我们想在 P_f 尽量小的前提下得到最大的 P_d。但是它们是互相对立的。因此,我们可以将 P_f 限定在一个可接受的范围,在此基础上得到最大的 P_d。设 α 代表固定的虚警率,则可尝试在 $P_f = \alpha$ 时找到具有最大的 P_d 的判断准则。因数 λ 和 γ 由 α 决定,K 为融合中心阀值。

$$P_f = P[T(\{u_j\}_{j=1}^{M}) > \lambda \mid H_0] + rP[T(\{u_j\}_{j=1}^{M}) = \lambda \mid H_0] \tag{8}$$

因此,稳定性判断准则 δ 可写为:

$$\delta = \delta(\{u_j\}_{j=1}^{M}) = \begin{cases} 1, \text{若 } \sum_{j=1}^{M} u_j > K \\ r, \text{若 } \sum_{j=1}^{M} u_j = K \\ 0, \text{若 } \sum_{j=1}^{M} u_j < K \end{cases} \tag{9}$$

且有

$$P_f = \sum_{k=K+1}^{M} \begin{bmatrix} M \\ k \end{bmatrix} a^k (1-a)^{M-k} + r \begin{bmatrix} M \\ K \end{bmatrix} a^k (1-a)^{M-K} \tag{10}$$

$$P_{dl} = \sum_{k=K+1}^{M} \begin{bmatrix} M \\ k \end{bmatrix} [P_d]^K [1-P_d]^{M-K} + r \begin{bmatrix} M \\ K \end{bmatrix} [P_d]^K [1-P_d]^{M-K} \tag{11}$$

从式(9)至式(11),可能得到融合中心的全局性的判断输出为:

$$u = \begin{cases} 1, \text{概率为 } 1, \text{若} \sum_{j=1}^{M} u_j > K \\ 1, \text{概率为 } r, \text{若} \sum_{j=1}^{M} u_j = K \\ 0, \text{其他情况} \end{cases} \tag{12}$$

3 意义

风险由多种因素共同构成,灾害预报体系通常是多渠道综合系统。N－P 方法属于信息融合技术,即采集多源信息,通过联想、相关和组合等手段与人类先验知识相比较,以得出综合和全面的形势评估。以最优融合规则及最优量化阈值调节预报率及虚警率的动态平衡,N－P 算法进行求解是合理有效的。

参考文献

[1] 叶雯,刘美南,陈晓宏.基于模式识别的台风风暴潮灾情等级评估模型研究.海洋通报, 2004,23(4):65－70.

[2] Delic H, Papantoni-Kazakos P. Fundamental structures and asymptotic performance criteria in decentralized binary hypothesis testing. IEEE Trans on Communications, 1995,43(1):193－205.

[3] Tenney R R, Sandell N R. Detection with distributed sensor. IEEE Trans on AES,1981,17(4):56－87.

[4] Ekchian L K, Tenney R R. Detection Networks. Proceedings of the 21st IEEE Conference on Detection and Control. Orlando,1982: 688－690.

[5] 刘同名.数据融合技术及应用.长沙:国防大学出版社, 1998.

[6] 徐凌宇,石绥祥 . Neyman-Pearson 决策准则及在海洋风暴潮预报中的应用.海洋科学进展,2005,23(4):493－497.

[7] 张绪良.山东省海洋灾害及防治研究.海洋通报, 2004,23(3):66－72.

风生环流的模型

1 背景

由于赤道流系具有复杂的(纬向)水平结构和垂直结构,任何试图模拟赤道流系的理论模型,如果不包含纬向摩擦,不考虑海水的垂向层化结构是不可能得到满意的计算结果的。虽然赤道大洋的海洋状态的变异与全球气候变化密切相关,但是探求流动的基本状态,即在稳定风场作用下寻求赤道海区海水运动的稳定解,无疑仍然是从事海洋动力学的理论工作者的很有诱惑力的研究目标。张庆华等[1]首先给出海水密度跃层对赤道风场的响应,然后利用我们所构建的改进 Fourier 方法求解变系数海水运动方程,得到了级数形式的海水运动的定常解。

2 公式

2.1 边值问题的构建

考虑稳定风场作用下,赤道海区海水的定常运动,此时海水具有稳定的两层层化结构,其控制方程为:

$$\begin{cases} \left[-2\Omega\sin\theta v = -\dfrac{1}{\rho}\dfrac{\partial P}{\partial x} + \dfrac{\partial}{\partial z}\left(A\nu\dfrac{\partial u}{\partial z}\right) + A_H\left(\dfrac{\partial^2 u}{\partial x^2} + \dfrac{\partial^2 u}{\partial y^2}\right)\right]_j \\ \left[2\Omega\sin\theta u = -\dfrac{1}{\rho}\dfrac{\partial P}{\partial y} + \dfrac{\partial}{\partial z}\left(A\nu\dfrac{\partial v}{\partial z}\right) + A_H\left(\dfrac{\partial^2 v}{\partial x^2} + \dfrac{\partial^2 v}{\partial y^2}\right)\right]_j \\ \left[\dfrac{\partial P}{\partial z} = -\rho g\right]_j \end{cases} \tag{1}$$

式中,$j=1,2$,分别对应上、下两层的流动;垂直涡动黏滞系数 $A\nu = \overline{A\nu}\lambda(y,z)$ 为与风场及海水垂直结构有关的量。这里,直角坐标系(x,y,z)中 x 轴平行于纬度线指向东,y 轴平行于经度线指向北,且 $y=0$ 为赤道,z 轴向上为正,$z=0$ 为平均海平面。u 和 v 分别为 x 和 y 方向的水平流速分量,P 为压力场。作为初级近似这里忽略了非线性输运作用。由于在开阔的赤道海区(离开东西侧边界),海面风场随纬度 y 的变化远大于随经度 x 的变化 $\left[\dfrac{\partial\tau}{\partial x} \doteq 0\right]$

即 $\tau \doteq \tau(y)$,于是在大洋内部流场随纬度变化(经向)产生的剪切作用远大于随经度变化产生的剪切作用,所以方程中只保留 y 方向(经向)的水平摩擦作用。

引入复速度:

$$W_j = u_j + iv_j \qquad (j = 1,2), i = \sqrt{-1} \tag{2}$$

于是方程改写为:

$$\begin{cases} \left[A_H \dfrac{\partial^2 W}{\partial y^2} + \dfrac{\partial}{\partial z}\left(A\nu \dfrac{\partial W}{\partial z}\right) - i2\Omega(\sin\theta)W = \dfrac{1}{\rho}\nabla P\right]_j \\ \nabla = \dfrac{\partial}{\partial x} + i\dfrac{\partial}{\partial y} \end{cases} \tag{3}$$

据静压关系,可以导出压力场与海水垂直结构的关系:

$$\begin{cases} P_1 = \rho_1 g(\zeta - z) \\ P_2 = \rho_1 g\zeta + (\rho_2 - \rho_1)gz_1 - \rho_2 gz \end{cases} \tag{4}$$

式中,z_1(<0)为上层海水的下界面,即跃层的位置,或 $\eta = -z_1$(>0)为跃层的深度;ζ 为海面升高。引入特征尺度对方程做无量纲处理。记 $\Delta\rho = \rho_2 - \rho_1$ 为两层海水的密度差,η_0 为跃层深度尺度,于是海面升高尺度 $\zeta_0 = \dfrac{\Delta\rho}{\rho}\eta_0$。另外,取水平运动尺度 L,垂直运动尺度 $H = \eta_0$,流速尺度 U。于是压力梯度项可写为如下形式:

$$\begin{cases} \dfrac{1}{\rho_1}\nabla P_1 = \dfrac{g\zeta_0}{L}(\nabla\zeta)' \\ \dfrac{1}{\rho_2}\nabla P_2 = \dfrac{g\zeta_0}{L}\left[\nabla'\left(\dfrac{\zeta}{\zeta_0} - \dfrac{\eta}{\eta_0}\right)\right] = \dfrac{g\zeta_0}{L}[\nabla(\zeta - \eta)]' \end{cases} \tag{5}$$

式中,“′”为无量纲记号。

将方程无量纲化,引入无量纲量(其中 r_0 为地球半径):

$$f = \sin\theta = \varepsilon y, E\nu = \frac{\overline{A\nu}}{2\Omega H^2}, E_H = \frac{A_H}{2\Omega L^2}, \alpha = \frac{g\zeta_0}{2\Omega LU}, \varepsilon = \frac{L}{r_0}。$$

得到无量纲方程(略去无量纲记号“′”)

$$\begin{cases} E_H \dfrac{\partial^2 W_1}{\partial y^2} + E\nu \dfrac{\partial}{\partial z}\left[\lambda \dfrac{\partial W_1}{\partial z}\right] - ifW_1 = \alpha D_1 \\ E_H \dfrac{\partial^2 W_2}{\partial y^2} + E\nu \dfrac{\partial}{\partial z}\left[\lambda \dfrac{\partial W_2}{\partial z}\right] - ifW_2 = \alpha D_2 \end{cases} \tag{6}$$

这里,

$$D_1 = \nabla\zeta, D_2 = \nabla(\zeta - \eta), \lambda = \lambda(y,z)$$

当下层海水足够深时,由于 $W_2 \to 0$,当 $z << -1$ 时,$D_2 = 0$,即 $\nabla\zeta = \nabla\eta$。

于是,

$$D_1 = \nabla\eta, D_2 = 0 \tag{7}$$

方程(6)可统一写为:

$$\begin{cases} E_H \dfrac{\partial^2 W}{\partial y^2} + E\nu \dfrac{\partial}{\partial z}\left[\lambda \dfrac{W}{\partial z}\right] - ifW = \alpha DH(z+\eta) \\ D = \nabla\eta = \left[\dfrac{\partial}{\partial x} + i\dfrac{\partial}{\partial y}\right]\eta \end{cases} \tag{8}$$

这里，

$$H(z+\eta) = \begin{cases} 1 & z > -\eta \\ 0 & z < -\eta \end{cases} \quad W = \begin{cases} W_1 & z > -\eta \\ W_2 & z < -\eta \end{cases}$$

垂直边界条件为海面风驱动和海底滑动条件,即:

$$E\nu\lambda \frac{\partial W}{\partial z}\Big|_{z=0} = \tau(y), \frac{\partial W}{\partial z}\Big|_{z=-h} = 0 \tag{9}$$

另外,我们求解区域的南北边界 y_1 和 y_2 分别对应风应力极大值的位置,即:

$$\tau'(y_1) = \tau'(y_2) = 0 \tag{10}$$

(这里, $\Phi'(y) = \dfrac{\mathrm{d}}{\mathrm{d}y}\Phi(y)$,下同) ,这大致相当于南北赤道流的流轴。这里也应有流速剪切为零,即:

$$\frac{\partial W}{\partial y}\Big|_{y=y_1} = \frac{\partial W}{\partial y}\Big|_{y=y_2} = 0 \tag{11}$$

这样,我们就建立了方程(8)和边界条件式(9)与式(11)所构成的流速场 $W(y,z)$ 的边值问题,求解区域为 $y \in (y_1,y_2)$,$z \in (-h,0)$。由于方程右端跃层深度 η 仍是待求量,所以还应补充连续性方程。

下面我们将逐一给出获取跃层深度 η 和流速分布 W 的方法。

2.2 跃层深度 η 的确定

从控制方程(8)不难看出,要想显式解出流速分布 W,首先需求出跃层深度的分布 η。为此,将方程沿水深积分,利用垂直边界条件式(9),并引进水平流通量

$$\widetilde{W} = \int_{-h}^{0} W\mathrm{d}z = \bar{u} + i\bar{v} (\bar{u} = Re\widetilde{W}, \bar{v} = \mathrm{Im}\widetilde{W}) \tag{12}$$

得到

$$E_H \frac{\partial^2 \widetilde{W}}{\partial y^2} - if\widetilde{W} = \frac{\alpha}{2}\nabla\eta^2 - \tau(y) \tag{13}$$

定常流满足水平运动无辐散条件:

$$\frac{\partial \bar{u}}{\partial x} + \frac{\partial \bar{v}}{\partial y} = 0 \tag{14}$$

利用近似条件 $\dfrac{\partial}{\partial x} << \dfrac{\partial}{\partial y}$,得:

$$\bar{v} = Q = const \tag{15}$$

即经向输运为常值 Q。

另外，从方程(13)不难看出，近似条件 $\frac{\partial}{\partial x}\widetilde{W} = 0$，就意味着：

$$\frac{\partial}{\partial x}\nabla\eta^2 = 0$$

即：

$$\begin{cases}\eta^2 = -k_0 x + k_1(y)\\ \nabla\eta^2 = -k_0 + i\,k'_1(y)\end{cases} \tag{16}$$

于是，将方程(13)分离为实部和虚部，就得到如下确定跃层深度的简化方程：

$$\begin{cases}E_H\dfrac{\partial^2\bar{u}}{\partial y^2} + \varepsilon yQ = -\dfrac{\alpha}{2}k_0 - \tau_1(y)\\ \varepsilon y\bar{u} = \tau_2(y) - k'_1(y)\end{cases} \tag{17}$$

这里，

$$\tau_1 = Re\tau, \tau_2 = \mathrm{Im}\,\tau$$

或

$$\begin{cases}\dfrac{\partial^2\bar{u}}{\partial y^2} = \dfrac{-1}{E_H}\left[\dfrac{\alpha}{2}k_0 + \varepsilon Qy + \tau_1(y)\right]\\ k'_1(y) = \tau_2(y) - \varepsilon(y\bar{u})\end{cases} \tag{18}$$

解出

$$\bar{u} = \frac{-1}{E_H}\left[k_0\frac{\alpha}{2}\frac{y^2}{2} + \varepsilon Q\frac{y^3}{3!} + G_1(y)\right] + \tilde{a}_0 + \tilde{a}_1 y \tag{19}$$

和

$$k_1(y) = \tau_2^{(-1)}(y) - \varepsilon(y\bar{u})^{(-1)} + a_0 = G(y) + [a_0 + a_2y^2 + a_3y^3] + k_0a_4y^4 + Qa_5y^5 \tag{20}$$

其中，

$$\begin{cases}a_4 = \dfrac{\varepsilon\alpha}{16E_H}, a_5 = \dfrac{\varepsilon^2}{30E_H}\\ G(y) = \tau_2^{(-1)}(y) + \dfrac{\varepsilon}{E_H}[yG_1(y)]^{(-1)}\\ G_1(y) = [\tau_1(y)]^{(-2)}\end{cases} \tag{21}$$

这里，

$$\Phi^{(-1)}(y) = \int_0^y\Phi(y)\mathrm{d}y, \Phi^{(-2)}(y) = \int_0^y\int_0^y\Phi(y)\mathrm{d}y$$

只要给定风场就可计算出函数 $G(y)$。不难看出，只要取关于赤道对称的风场，即 $\tau_1(y) = \tau_1(-y)$，$\tau_2(y) = -\tau_2(-y)$，函数 $G(y)$ 就为 y 的偶函数。但是如果存在经向输

运 $Q(\neq 0)$,跃层深度分布关于赤道就不是对称的,因为它是以 $y5$ 的形式出现在表达式中。另外,a_0 ,$a_2 = -\frac{\varepsilon \tilde{a}_0}{2}$,$a_3 = -\frac{\varepsilon \tilde{a}_1}{3}$ 均为待求参数,由于它们与风场没有直接关系,这里不再详述。

2.3 流速分布的确定

从前面的求解过程不难看出,只要给定海面风场,并适当选定相关参数,我们就可确定跃层分布函数 η,于是关于流速分布 W 的方程(8)的右端就可视为已知。下面,我们将利用已构建的改进 Fourier 方法求解该方程[2],以获得流速分布。

在方程中,垂直涡动黏滞系数 $E_V\lambda$ 是依赖于海面风场及海水的层化结构的,即:

$$\begin{cases} \lambda = \lambda(y,z) = \lambda(y,z,\eta,\tau) \\ \lambda|_{z=o} = \lambda_0 \end{cases} \tag{22}$$

引入函数

$$\widetilde{W} = \frac{\tau(y)}{E_V\lambda_0}\exp\{z\} \tag{23}$$

它满足海面和深层垂直边界条件:

$$E_V\lambda \frac{\partial \widetilde{W}}{\partial z}\Big|_{z=0} = \tau(y), E_V\lambda \frac{\partial \widetilde{W}}{\partial z}\Big|_{z=-h} = 0 \tag{24}$$

和纬向齐次边界条件:

$$\frac{\partial \widetilde{W}}{\partial y}\Big|_{y=y_1} = \frac{\partial \widetilde{W}}{\partial y}\Big|_{y=y_2} = 0 \tag{25}$$

若令:

$$W = W_0 + \widetilde{W} \tag{26}$$

则 W_0 就满足齐次边界条件:

$$\begin{cases} \frac{\partial W_0}{\partial z}\Big|_{z=0} = \frac{\partial W_0}{\partial z}\Big|_{z=-h} = 0 \\ \frac{\partial W_0}{\partial y}\Big|_{y=y_1} = \frac{\partial W_0}{\partial y}\Big|_{y=y_2} = 0 \end{cases} \tag{27}$$

和如下方程:

$$L < W_0 > \equiv E_H \frac{\partial^2 W_0}{\partial y^2} + E_V \frac{\partial}{\partial z}\left[\lambda \frac{\partial W_0}{\partial z}\right] - ifW_0 = \alpha DH(z+\eta) - L < \widetilde{W} > \tag{28}$$

或

$$E_H \frac{\partial^2 W_0}{\partial \xi^2} + E_V \frac{\partial}{\partial z}\left[\lambda \frac{\partial W_0}{\partial z}\right] - ifW_0 = X(\xi z) \tag{29}$$

这里,

$$\begin{cases} X(\xi,z) = \alpha DH(z+\eta) - L < \widetilde{W} > \\ \xi = y - y_1 \in (0,\xi_0),\ \xi_0 = y_2 - y_1 \\ f = \varepsilon y = \varepsilon(y_1 + \xi) \end{cases} \tag{30}$$

利用条件式(27),可将函数 W_0 做如下的改进 Fourier 展开:

$$\begin{cases} W_0(\xi z) = \sum_{|n| \leqslant N} \sum_{|m| \leqslant M} A_{nm} Y(\xi,n) Z(z,m) \\ Y(\xi n) = e^{i\alpha_n \xi} - i\alpha_n \xi \quad \alpha_n = 2n\pi/\xi_0 \\ Z(z,m) = e^{i\beta_m z} - i\beta_m z \quad \beta_m = 2m\pi/h \end{cases} \tag{31}$$

于是,

$$\begin{cases} \dfrac{\partial W_0}{\partial \xi} = \sum_{nm} A_{nm} Y_1(\xi n) Z(z,m) \\ \dfrac{\partial W_0}{\partial z} = \sum_{nm} A_{nm} Y(\xi n) Z_1(z,m) \\ Y_1(\xi n) = i\alpha_n(e^{i\alpha_n \xi} - 1) \quad Z_1(\xi,m) = i\beta_m(e^{i\beta_m z} - 1) \end{cases} \tag{32}$$

这里,

$$\sum_{nm} = \sum_{|n \leqslant N|} \sum_{|m \leqslant M|}$$

引入 Fourier 投影:

$$F_1^{-1} <> _{n_0} = \frac{1}{\xi_0} \int_0^{\xi_0} <> e^{-i\alpha_{n_0}^{\xi}} d\xi$$

$$F_2^{-1} <> _{m_0} = \frac{1}{h} \int_{-h}^{0} <> e^{-i\beta_{m_0}^{z}} dz$$

$$F_0^{-1} <> _{n_0 m_0} = F_2^{-1} F_1^{-1} \tag{33}$$

并利用关系:

$$\begin{cases} F_1^{-1} < \dfrac{\partial^2 W_0}{\partial \xi^2} > _{n_0} = \dfrac{1}{\xi_0}\left[\dfrac{\partial W_0}{\partial \xi} \Big|_0^{\xi_0} + i\alpha_{n_0} \displaystyle\int_0^{\xi_0} \dfrac{\partial W_0}{\partial \xi} e^{-i\alpha_{n_0}^{\xi}} d\xi \right] = i\alpha_{n_0} F_1^{-1} < \dfrac{\partial W_0}{\partial \xi} > _{n_0} \\ F_2^{-1} < \dfrac{\partial}{\partial z}\left[\lambda \dfrac{\partial W_0}{\partial z} \right] > _{m_0} = \dfrac{1}{h}\left[\lambda \dfrac{\partial W_0}{\partial z} \Big|_{-h}^{0} + i\beta_{m_0} \displaystyle\int_{-h}^{0} \lambda \dfrac{\partial W_0}{\partial z} e^{-i\beta_{m_0}^{z}} dz \right] = i\beta_{m_0} F_2^{-1} < \lambda \dfrac{\partial W_0}{\partial z} > _{m_0} \end{cases} \tag{34}$$

得到关系式:

$$F_0^{-1} < \frac{\partial^2 W_0}{\partial \xi^2} > = i\alpha_{n_0} F_1^{1} < \sum_{nm} A_{nm} Y_1(\xi n) Z(z,m) >$$

$$F_0^{-1} \frac{\partial}{\partial z}\left[\lambda \frac{\partial W_0}{\partial z} \right] > = = i\beta_{m_0} F_0^{-1} < \sum_{nm} A_{nm} \lambda Y(\xi n) Z_1(z,m) > \tag{35}$$

另外有关系式：

$$F_0^{-1} < yW_0 > = F_0^{-1} < \sum_{nm} A_{nm}(y_1 + \xi) Y(\xi n) Z(z,m) > F_0^{-1} < X(\xi z) > = S(n_0, m_0) \tag{36}$$

于是，对方程(29)做 Fourier 投影就得到如下代数方程组：

$$\sum_{nm} R(n_0, m_0, n, m) A_{nm} = S(n_0, m_0) \quad |n_0| \leqslant N, |m_0| \leqslant M \tag{37}$$

其中，

$$\begin{cases} R(n_0, m_0, n, m) = E_H R_1(n_0, m_0, n, m) + E_V R_2(n_0, m_0, n, m) - i\varepsilon R_3(n_0, m_0, n, m) \\ S(n_0, m_0) = S_1(n_0, m_0) - S_2(n_0, m_0) \end{cases} \tag{38}$$

这里，

$$\begin{cases} R_1(n_0, m_0, n, m) = i\alpha_{n_0} F_0^{-1} < Y_1(\xi n) Z(z,m) >_{n_0 m_0} \\ R_2(n_0, m_0, n, m) = i\beta_{n_0} F_0^{-1} < \lambda(\xi n) Y_0(\xi n) Z_1(z,m) >_{n_0 m_0} \\ R_3(n_0, m_0, n, m) = F_0^{-1} < (y_1 + \xi) Y(\xi n) Z(z,m) >_{n_0 m_0} \end{cases} \tag{39}$$

和

$$\begin{cases} S_1(n_0, m_0) = F_0^{-1} < \frac{\alpha}{2} DH(z + \eta) >_{n_0 m_0} = F_1^{-1} < \dfrac{\frac{\alpha}{2} D(e^{i\beta_{m_0}\theta} - 1)}{i\beta_{m_0} h} >_{n_0} \\ S_2(n_0, m_0) = F_0^{-1} < L < \tilde{W} > >_{n_0 m_0} \end{cases} \tag{40}$$

为求解方程(37)，首先解如下方程：

$$\begin{cases} \sum_{nm} R(n_0, m_0, n, m) \beta_{nm}(\bar{n}, \bar{m}) = \delta(n_0, -\bar{n}, m_0 - \bar{m}) \\ |n_0| \leqslant N, |\bar{n}| \leqslant N, |m_0| \leqslant M, |\bar{m}| \leqslant M \end{cases} \tag{41}$$

定出基本解 $B_{nm}(\overline{nm})$。

这里，

$$\delta(n,m) = \begin{cases} 1 & n^2 + m^2 = 0 \\ 0 & n^2 + m^2 \neq 0 \end{cases}$$

不难验证，Fourier 系数 A_{nm} 可写为如下组合形式：

$$A_{nm} = \sum_{nm} B_{nm}(\bar{n}, \bar{m}) S(\bar{n}, \bar{m}) \tag{42}$$

可见，只要给定跃层分布 η，就可定出 $S(n_0, m_0)$，从而确定环流的水平及垂直结构。

3 意义

在海水两层层化基础上给出求解赤道定常环流的理论模型。在一定近似条件下得到了在风应力作用下跃层深度的分布，其中包含了很多待定系数，它可能与风应力没有直接关系。如果我们暂且只考虑风应力的直接作用，不难验证关于赤道对称的信风将产生对称的跃层分布，并且在经度剖面上跃层分布在赤道达到最浅的峰值，离开赤道跃层逐渐变深。

参考文献

[1] 张庆华，于卫东，曲媛媛，等. 赤道大洋定常风生环流的理论模型. 海洋科学进展，2005，23(1)：11－19.

[2] Zhang Q H, et al. Corrected Fourier series and its application to function approxi mation. Intel J Math and Math Sci, 2005(1): 1－10.

海浪的特征线嵌入格式

1　背景

LAGFD－WAM 海浪数值模式是当今世界上最先进的第三代海浪数值模式之一，基于波数谱空间下能量平衡方程，是以海浪方向谱为直接模拟目标的海浪数值模拟方法。它包含了国际上最新海浪研究成果，诸如：风输入源函数、波浪破碎耗散源函数、底摩擦效应源函数、波－波非线性相互作用源函数和波－流相互作用源函数，并提出了反映海波能谱传播的复杂特征线方程，能够很好地模拟波浪方向谱和各特征波要素[1-2]。

但是，LAGFD－WAM 早期主要应用于深水海浪数值模拟，在其模式检验中均采用深水海浪观测数据。在将该模式应用于浅水海浪数值模拟时，发现原先所设计的数值格式有较大的问题，不能合理地计算海浪在复杂地形下的传播。为此，华锋等[3]为 LAGFD－WAM 海浪数值模式设计了一种新的特征线数值计算格式，并利用 3 个月的海浪观测数据进行了模拟检验。

2　公式

LAGFD－WAM 模式的控制方程组为[4-5]：

$$\left[\frac{\partial}{\partial t}+(\vec{C}_g+\vec{U})\cdot\nabla\right]E(\vec{k})=S_{in}(\vec{k})+S_{nl}(\vec{k})+S_{ds}(\vec{k})+S_{cu}(\vec{k})=SS(\vec{k}) \tag{1}$$

$$\frac{\mathrm{d}\vec{X}}{\mathrm{d}t}=(\vec{C}_g+\vec{U}) \tag{2}$$

$$\left[\frac{\partial}{\partial t}+(\vec{C}_g+\vec{U})\cdot\nabla\right]k=-\left[\frac{\partial\sigma}{\partial d}\frac{\partial d}{\partial s}+\vec{k}\cdot\frac{\partial\vec{U}}{\partial s}\right] \tag{3}$$

$$\left[\frac{\partial}{\partial t}+(\vec{C}_g+\vec{U})\cdot\nabla\right]\theta=-\frac{1}{k}\left[\frac{\partial\sigma}{\partial d}\frac{\partial d}{\partial n}+\vec{k}\cdot\frac{\partial\vec{U}}{\partial n}\right] \tag{4}$$

式中，$E(\vec{k})$ 为海波波数方向谱，$\vec{k}=k(\cos\theta\vec{i}+\sin\theta\vec{j})$ 为波数矢量；k 为波数；θ 为波向；$\vec{C}_g$ 为海波的群速度；$\vec{U}$ 为背景流场；$S_{in}(\vec{k})$，$S_{nl}(\vec{k})$，$S_{ds}(\vec{k})$ 和 $S_{cu}(\vec{k})$ 分别为风输入源函数、波－波非线性相互作用源函数、耗散源函数（破碎耗散和底摩擦耗散）和波－流相互作

用源函数；$\vec{X}$ 为海波传播的位移；$\sigma = \omega + \vec{k} \cdot \vec{U}$ 为表征频率，其中 ω 为海波的本征频率；d 为水深；s 增加的方向与波向一致，为 $\vec{s} = \cos\theta\vec{i} + \sin\theta\vec{j}$；$n$ 增加的方向与波向垂直，为 $\vec{n} = -\sin\theta\vec{i} + \cos\theta\vec{j}$。

在求解式(1) 所示的一类海波能谱传播方程式时，常采用一种分段积分求解的方式[4-6]。即先求解谱能传播：

$$(\vec{C}_g + \vec{U}) \cdot \nabla E(\vec{k}) = 0 \tag{5}$$

然后，再求解谱能的局地增长：

$$\frac{\partial}{\partial t} E(\vec{k}) = SS(\vec{k}) \tag{6}$$

式(1)至式(4)清楚地表明了海波波能沿特征线传播的特征。因此，LAGFD－WAM 海浪模式采用了如下的计算格式框架：①计算某网格点上传入特征线段束起点的位置及起点传入波的波数；②插值确定特征线段束起点上 $t-\Delta t$ 时刻传入波的波数谱值；③计算能量谱平衡方程中的诸源函数值和网格点上诸离散划分波数的波数谱值；④根据计算所得到的波谱给出海波诸统计特征值。

在第一步计算中，先计算出传入波的空间位置，即：

$$x_0 = x - [C_g(k(\alpha))\cos\theta(\beta) + U_x]\Delta t \tag{7}$$

$$y_0 = y - [C_g(k(\alpha))\sin\theta(\beta) + U_y]\Delta t \tag{8}$$

然后计算传入波的波数和波向，即：

$$k_0 = k(\alpha) + \left[\frac{\partial\sigma}{\partial d}\frac{\partial d}{\partial s} + k(\alpha)\vec{s}(\beta) \cdot \frac{\partial\vec{U}}{\partial s}\right]\Delta t \tag{9}$$

$$\theta_0 = \theta(\beta) + \frac{1}{k(\alpha)}\left[\frac{\partial\sigma}{\partial d}\frac{\partial d}{\partial n} + k(\alpha)\vec{s}(\beta) \cdot \frac{\partial\vec{U}}{\partial n}\right]\Delta t \tag{10}$$

式中，$k(\alpha)$ 为划分波数：

$$k(\alpha) = k_{\min}\exp[(\alpha - 1)\Delta k], \alpha = 1, \cdots, l + 1 \tag{11}$$

$$\Delta k \equiv \frac{1}{l}\ln\frac{k_{\max}}{k_{\min}} \tag{12}$$

式中，$k_{\max}$ 和 $k_{\min}$ 分别为最大和最小划分波数；$\theta(\beta)$ 为划分波向：

$$\theta(\beta) = (\beta - 1)\Delta\theta, \beta = 1, \cdots, m \tag{13}$$

$$\Delta\theta = \frac{2\pi}{m} \tag{14}$$

其谱能传播的计算过程为：

$$E_0(k_0, \theta_0, x_0, y_0, t - \Delta t) \Rightarrow E(k, \theta, x, y, t - \Delta t) \tag{15}$$

即：

$$E(k,\theta,x,y,t-\Delta t) = E_0(k_0,\theta_0,x_0,y_0,t-\Delta t) \tag{16}$$

$E_0(k,\theta,x,y,t-\Delta t)$ 采用两次双线性插值确定,即:

$$E_0(k_0,\theta_0,x_0,y_0,t-\Delta t) = \sum_{\vec{X}_{01}}^{\vec{X}_{02}} \sum_{\vec{k}_{01}}^{\vec{k}_{02}} E_0(k,\theta,x,y,t-\Delta t)\varphi_k \rightarrow \varphi_X \rightarrow \tag{17}$$

$$\varphi_k \rightarrow = \left| \frac{\vec{k}-\vec{k}_0}{\vec{k}_{02}-\vec{k}_{01}} \right|, \vec{k} = \vec{k}_{01}, \vec{k}_{02} \tag{18}$$

$$\varphi_X \rightarrow = \left| \frac{\vec{X}-\vec{X}_0}{\vec{X}_{02}-\vec{X}_{01}} \right|, \vec{X} = \vec{X}_{01}, \vec{X}_{02} \tag{19}$$

3 意义

LAGFD－WAM 海浪数值模式首先采用了特征线嵌入格式,替代了数值模式中通常所采用的差分格式。其显著优点是解除了空间步长对时间步长的约束。在地形无复杂变化的情况下,既能保证空间网格的分辨率,同时能够显著提高计算速度,是一种优越的海浪数值模拟方法。

参考文献

[1] Yuan Y L, Hua F, Pan Z D, et al. LAGFD-WAM numerical wave model-Ⅰ: Basic physical model. Acta Oceanologica Sinica, 1991, 10(4): 483－488.

[2] Yuan Y L, Hua F, Pan Z D, et al. Dissipation source function and an improvement to LAGFD－WAM model. Acta Oceanologica Sinica, 1992, 11(4): 471－481.

[3] 华锋,王道龙,袁业立. 复杂地形下海浪数值模式的特征线计算格式. 海洋科学进展, 2005, 23(3): 272－280.

[4] Yuan Y L, Hua F, Pan Z D, et al. LAGFD-WAM numerical wave model-Ⅱ: Characteristics inlaid scheme and its application. Acta Oceanologica Sinica, 1992, 11(1): 13－23.

[5] 潘增弟,孙乐涛,华锋,等. LAGFD-Ⅱ区域性海浪数值模式及其应用Ⅱ. 特征线嵌入网格计算方法. 海洋与湖沼, 1992, 23(5): 459－467.

[6] The WAMDI Group. The WAM model—A third generation ocean wave prediction model. J Phys Oceanogr, 18: 1775－1810.

海浪波高的最大熵分布函数

1　背景

熵最早是由 Clausins 于 1865 年提出并应用于热力学的态函数，后来它又被应用于统计物理学中，随着信息熵概念的提出，熵在整个领域得到推广、应用和深入研究。在所有可能的概率分布中，存在一个使信息熵取极大值的分布[1]，即在所有符合约束条件的分布中，这一分布是“最佳的”分布，我们称之为最大熵分布。

波高的瑞利分布最早是由 Longuet-Higgins[2] 导出的。后来又有许多科学家提出多种推导方法，得到的结果都是一致的。Tayfun[3] 证明，对于窄谱海浪，即使波面位移为非正态分布，波高也近似服从 Rayleigh 分布。为此，周良明等[4] 利用最大熵原理从理论上推导出波高的最大熵分布，在此基础上研究了状态参量对波高分布和波高熵的影响。

2　公式

设海面波高 H 的概率密度函数为 $f(H)$，则波高熵的定义为：

$$s = -\int_0^\infty f(H)\ln f(H)\,\mathrm{d}H \tag{1}$$

波高熵是波高大小不确定性的量度，是表征波高分布的特征量。波高分布的归一化条件为：

$$\int_0^\infty f(H)\,\mathrm{d}H = 1 \tag{2}$$

对于波高分布，我们取以下两个约束条件：

$$\int_0^\infty Hf(H)\,\mathrm{d}H = \widetilde{H} \tag{3}$$

$$\int_0^\infty \ln Hf(H)\,\mathrm{d}H = \overline{\ln H} \tag{4}$$

引入拉格朗日函数：

$$L = -\int_0^\infty [f(H)\ln f(H) + \alpha f(H) + \beta Hf(H) - \gamma f(H)\ln H]\,\mathrm{d}H \tag{5}$$

式中,α,β,γ 分别为未定乘子。要使熵取得最大值,根据哈密顿原理,拉格朗日函数的变分为零,即:

$$\delta L = 0 \tag{6}$$

$$\delta L = -\int_0^\infty \delta f(H)[\ln f(H) + \alpha + \beta H - \gamma \ln H]\mathrm{d}H = 0 \tag{7}$$

因为

$$\delta f(H) \neq 0 \tag{8}$$

所以

$$\ln f(H) + \alpha + \beta H - \gamma \ln H = 0 \tag{9}$$

这样,与最大波高熵对应的密度函数为:

$$f(H) = \mathrm{e}^{-\alpha-\beta H+\gamma \ln H} \tag{10}$$

把式(10)代入式(2),得到:

$$\mathrm{e}^{\alpha} = \int_0^\infty \mathrm{e}^{-\beta H+\gamma \ln H}\mathrm{d}H = \int_0^\infty \mathrm{e}^{-\beta H}H^{\gamma}\mathrm{d}H \tag{11}$$

令

$$\beta H = h \tag{12}$$

代入式(11),得到:

$$\mathrm{e}^{\alpha} = \int_0^\infty \mathrm{e}^{-h}h^{\gamma}\beta^{-\gamma+1}\mathrm{d}h = \beta^{-(\gamma+1)}\Gamma(\gamma+1) \tag{13}$$

将式(13)代入式(10),得到:

$$f(H) = \frac{\beta^{(\gamma+1)}}{\Gamma(\gamma+1)}H^{\gamma}\mathrm{e}^{-\beta H} \tag{14}$$

式(14)中包含 β 和 γ 两个参量,下面我们将进一步探讨它们的关系。对式(11)和式(13)两边分别求 β 的偏导数:

$$\frac{\partial\alpha}{\partial\beta} = -\int_0^\infty H\mathrm{e}^{-\alpha-\beta H}H^{\gamma}\mathrm{d}H = -\widetilde{H} \tag{15}$$

$$\frac{\partial\alpha}{\partial\beta} = -\frac{\gamma+1}{\beta} \tag{16}$$

综合以上两式,得到:

$$\widetilde{H} = \frac{\gamma+1}{\beta} \tag{17}$$

将式(17)代入式(14),得到:

$$f(H) = \frac{(\gamma+1)^{\gamma+1}}{\Gamma(\gamma+1)}\left(\frac{H}{\widetilde{H}}\right)^{\gamma}\frac{1}{\widetilde{H}}\mathrm{e}^{-(\gamma+1)\frac{H}{\widetilde{H}}} \tag{18}$$

取无因次波高:

$$\widetilde{H} = \frac{H}{\widetilde{H}} \tag{19}$$

并令：

$$f(\widetilde{H}) = \widetilde{H}f(H) \tag{20}$$

得到式(18)的无因次形式：

$$f(\widetilde{H}) = \frac{(\gamma+1)^{\gamma+1}}{\Gamma(\gamma+1)}\widetilde{H}^{\gamma}\mathrm{e}^{-(\gamma+1)\widetilde{H}} \tag{21}$$

与式(18)对应的分布函数为：

$$F(H) = 1 - \frac{1}{\Gamma(\gamma+1)}\int_{0}^{(\gamma+1)\frac{H}{\widetilde{H}}} \mathrm{e}^{-H}H^{\gamma}\mathrm{d}H \tag{22}$$

式(18)和式(22)是与最大波高熵对应的密度函数和分布函数，我们称之为最大熵分布，其中 γ 是表征不同海况的参数，我们称之为状态参量。

3 意义

最大熵分布是从理论上导出的半理论半经验公式，函数中的状态参量是与一定的海(浪)况相对应的，且可以通过实测数据确定。因此，与瑞利分布相比，最大熵分布更能反映不同海况的波高分布。其更重要的意义在于从全新的角度提出了一种研究波高分布的新方法，这对于研究波高的统计分布是一个很好的尝试，对海洋的研究无疑将起到很大的推进作用。

参考文献

[1] Miu S Q. Maximum information entropy principle and its application to statistical mechanics//Entropy and Interdisciplinary Science. Beijing: Meteorology Press, 1988: 30 - 35.

[2] Longuet-Higgins M S. On the statistical distribution of the height of sea waves. J Mar Res, 1952, 11(3): 245 - 266.

[3] Tayfun M A. Narrow-band nonlinear sea waves. J Geophys Res, 1980, 78(12), 1937 - 1943.

[4] 周良明，郭佩芳. 最大熵原理应用于海浪波高分布的研究. 海洋科学进展，2005, 23(4): 414 - 421.

中尺度涡的矢量公式

1 背景

南海特别是其南部海域，由于地形复杂，又是季风区，因此是中尺度涡多发海域，形成南海的多涡结构。所谓多涡结构，一般是指南海海盆多个局部环流共存的现象。鉴于南海南部海域是中尺度涡的多发海域，兰健等[1]基于 GDEM 的温盐资料，利用 P 矢量方法，讨论了位于南海南部海域（以下简称为“研究海域”）的中尺度涡，分析了它们的三维结构及其季节变化规律。

2 公式

MOODS 数据是对全球范围的海洋观测数据进行处理后得到的，它包括：只有温度剖面；既有温度剖面，又有盐度剖面；声速剖面；表层温度（浮标测得）。基于 MOODS 数据，一个普遍的数字环境模式（GDEM）被建立起来，得到空间分辨率为 0.5°×0.5°的气候年平均和月平均的温度和盐度场。

Wunsch 和 Grant[2] 指出，如果地转平衡、质量守恒、绝热过程和无穿越等密度面的混合这些前提假设成立，则可以直接由水文资料确定大尺度的环流结构。在上述条件下，可以得到如下位势密度守恒方程：

$$\vec{V} \cdot \nabla\rho = 0 \tag{1}$$

另外，在地转平衡和静力平衡条件下，可以得到如下位势涡度守恒方程：

$$\vec{V} \cdot \nabla q = 0 \tag{2}$$

式中，$\vec{V} = (u,v,w)$ 为地转流速矢量；ρ 为位势密度；$q = f \cdot \partial\rho/\partial z$ 为位势涡度。由式(1)和式(2)可知，地转流速矢量 $\vec{V}$ 平行于 $\nabla q \times \nabla\rho$。

Chu[3] 定义单位向量 $\vec{P}$ 为：

$$\vec{P} = \frac{\nabla\rho \times \nabla q}{|\nabla\rho \times \nabla q|} \tag{3}$$

则地转流速矢量可表示为：

$$\vec{V} = r(x,y,z)\vec{P} \tag{4}$$

式中，$r(x,y,z)$ 是比例系数。利用两层海水之间的热成风关系，可以求得此系数，从而最终得到地转流速矢量 $\vec{V} = (u,v,w)$。

兰健等[1]基于 GDEM 的温盐资料,利用 P 矢量方法讨论了南海南部海域的中尺度涡,对它们的三维结构及其季节变化规律分析结果见图 1 和图 2。

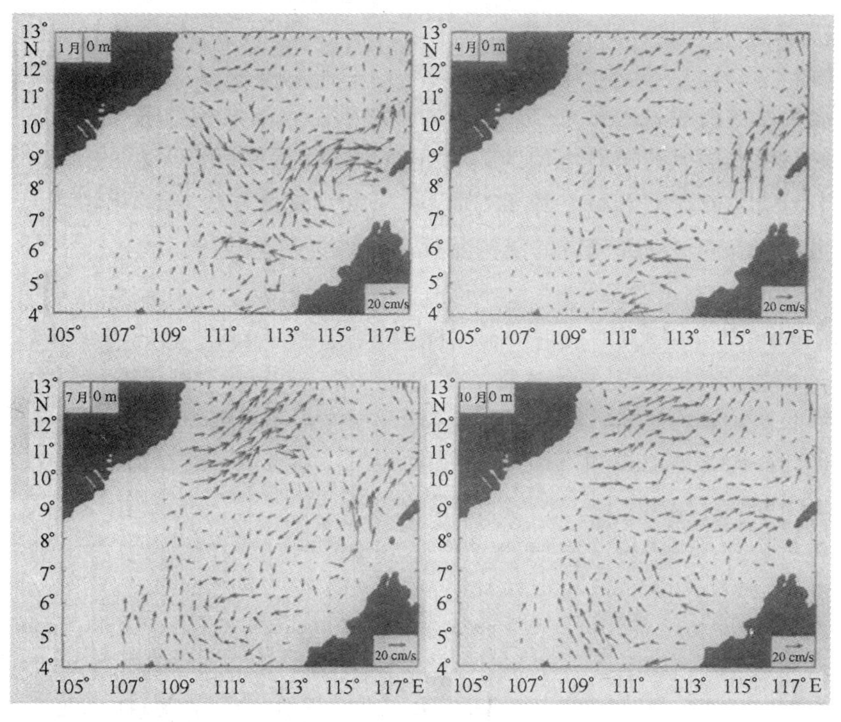

图 1　南海南部海域表层月平均流场

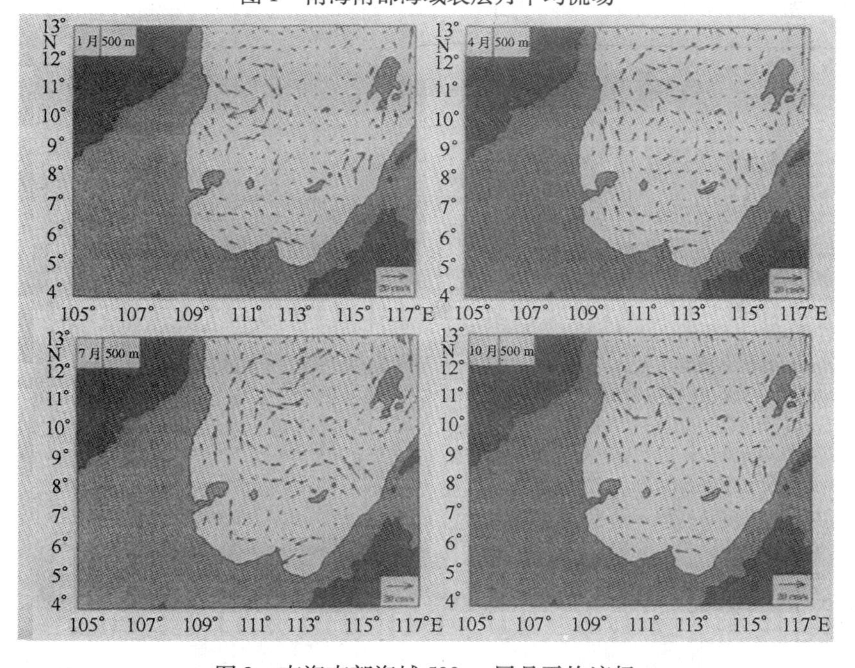

图 2　南海南部海域 500 m 层月平均流场

3 意义

中尺度涡旋的空间尺度通常在数十至数百千米范围,时间尺度为数周至数月乃至十几个月,这些涡旋所含的能量比海洋中其他类型运动的能量都大[4]。中尺度涡旋一般可由平均流的不稳定性、海面风的强迫作用或是海底地形变化等原因而产生的,而且通常是非常不规则的[5]。因此,基于 GDEM 三维温盐资料,采用 P 矢量方法,计算南沙南部海域的三维环流结构,可以明确南沙南部海域的结构及其存在的变化规律。

参考文献

[1] 兰健,于非,鲍颖. 南海南部海域的多涡结构. 海洋科学进展,2005,23(4):408 - 413.

[2] Wunsch C, Grant B. Towards the general circulation of the North Atlantic Ocean. Prog Oceanogr, 1982, 11:1 - 59.

[3] Chu P C. P-Vector method for determining absolute velocity from hydrographic data. Marine Technology Society Journal, 1995,29(3):3 - 14.

[4] Robinson A R. Overview and summary of eddy science // Robinson A, R. Eddies in Marine Science. New York: Springer-Verlag,1983: 3 - 15.

[5] 李燕初,李立,林明森,等. 用 TOPEX/POSEIDON 高度计识别台湾西南海域中尺度强涡. 海洋学报, 2002,24(增刊1):163 - 170.

云类空间结构的聚类算法

1 背景

卫星云图中气象信息的自动提取和定量判别及其计算机实现是当今气象卫星信息处理的主流。云类识别是卫星云图处理的重要内容。云类自动判识研究中分类效果较好且比较有代表性的是动态聚类方法和神经网络方法,但它们在改进和提高云分类效果的同时也存在一些缺陷。目前常用的模糊 C 均值聚类方法(FCM),在一定程度上改进了卫星云图的云分类效果,但是也存在一定的局限性。针对 FCM 方法的优势和不足,王彦磊等[1]结合实际采集的云类样本对 FCM 方法的上述缺陷进行改进调整,并将其应用于云类样本的特征空间聚类。

2 公式

2.1 云类样本空间的 FCM 聚类

模糊 C 均值聚类算法的基本原理如下:

设 $X=\{X_1,X_2,\cdots,X_n\}\subset R^p$ 是任一有限数据集合,V_{cn}是所有 $c\times n$ 阶的矩阵集合,c 是满足关系 $2\leqslant c\leqslant n$ 的整数,那么 X 的模糊 c 划分空间为:

$$M_f=\{U\in V_{cn}u_{ik}\in[0,1],\forall i,k;\sum_{i=1}^{c}u_{ik}=1,\forall k;0<\sum_{k=1}^{n}u_{ik}<n,\forall i\}$$

式中,U 矩阵的元素 u_{ik} 表示第 k 个数据 X_k 属于第 i 类的隶属度。

设 $X=(V_1,V_2,\cdots,V_c)$表示各类的聚类中心,$V_i\in R^p$,$1\leqslant i\leqslant c$,则 FCM 聚类准则函数为:

$$J_m(U,V)=\sum_{k=1}^{n}\sum_{i=1}^{c}u_{ik}^{m}d_{ik}^{2},1\leqslant m\leqslant\infty$$

式中,$d_{ik}^2=\|X_k-X_i\|_A^2=(X_k-V_i)^{\mathrm{T}}A(X_k-V_i)$,当 A 为单位矩阵时,d_{ik} 表示欧氏距离。为得到数据集合 X 的最佳模糊 c 划分,需要求 $\min\{J_m(U,V)\}$ 约束下的解(U,V),这可以通过迭代优化算法来完成,整个计算过程就是反复修改聚类中心和分类矩阵(隶属度矩阵),该算法简称 FCM 算法。

FCM 算法虽然是当前理论上较为成熟、应用面较为广泛的模糊聚类算法。但该方法也存在一些内在的缺陷:①聚类数目需要事先给定;②不能直接检测不规则结构的模式子集(只能检测类内紧致、类间较好分离以及球形聚类子集);③局部优化较好、全局优化欠佳,聚类效果高度依赖于初始聚类中心的选取。因此,要提高聚类精度,必须针对 FCM 算法的上述缺陷进行改进。

2.2 FCM 算法的改进

为解决常规 FCM 算法的缺陷,针对样本特征量聚类的具体情况,提出如下改进措施:将诸样本特征量的均值作为 FCM 聚类的初始中心,以约束和指导聚类过程,聚类迭代过程中通过不断调整优化聚类中心和类属矩阵(隶属度矩阵),最后得到样本投影空间的云分类结果。改进后的模糊 C 均值聚类算法可在一定程度上改进 FCM 难以检测不规则结构模式子集的缺陷。基本计算流程如下:

① 设定聚类数 c(云的样本类),$2 \leqslant c \leqslant n$,$n$ 是数据项数;固定 m,$1 \leqslant \mathrm{m} < \infty$;

② 计算各云类样本的特征量平均值 V_0;

③ 取迭代步数 $b=0$,利用步骤⑥得到隶属度矩阵 $U^{(0)}$;

④ 依次取迭代步数 $b=1,2,3,\cdots$;

⑤ 利用 $U^{(b)}$ 和下式计算 c 个聚类中心 $V_i^{(b)}$ $(i=1,2,\cdots,c)$:

$$V_i = \left(\sum_{k=1}^{n} u_{ik}^{m} X_k\right) / \left(\sum_{k=1}^{n} u_{ik}^{m}\right);$$

⑥ 按如下方式调整 $U^{(b)}$ 为 $U^{(b+1)}$,对 $k=1 \sim n$:

a. 计算 I_k 和 $\overline{I_k}$:

$$I_k = \{i \mid 1 \leqslant i \leqslant c; d_{ik} = \|X_k - V_i\| = 0\}$$

$$\overline{I_k} = \{1,2, \wedge, c\} - I_k$$

b. 计算数据 X_k 的新的隶属度,若 I_k 为空集,则:

$$u_{ik} = 1 / \sum_{j=1}^{c} (d_{ik}/d_{jk})^{2(m-1)}$$

否则,对所有 $i \in \overline{I_k}$,置 $u_{ik} = 0$,并取 $\sum_{i \in I_k} u_{ik} = 1$, $k=k+1$;

⑦ 用一矩阵范数 J 来比较 $U^{(b)}$ 和 $U^{(b+1)}$。若 $\|J^{(b)} - J^{(b+1)}\| < \varepsilon$,则停止迭代,否则令 $b=b+1$,返回步骤④。其中矩阵范数为:

$$J(U,V) = \sum_{k=1}^{n} \sum_{i=1}^{c} u_{ik}^{m} d_{ik}^{2}$$

3 意义

针对常规 FCM 方法在处理上述问题时表现出的局限性,提出用样本特征均值替代模糊聚类中随机初始中心的改进办法，一定程度上克服了模糊 C 均值聚类难以检测不规则结构模式子集的缺陷。该方法简单易行，计算量小，扩展性强。改进后的云类特征聚类结果既消除了采样误差，又保持了云类样本的基本特征结构，基于该特征分类判据的实况云图分类结果可提取和描述云图的基本云类特征。

参考文献

[1] 王彦磊，张韧，孙照渤，等. 基于模糊 C 均值聚类的云图样本修正与云类自动识别. 海洋科学进展，2005，23(2)：219－226.

莱州湾多样性指数的计算

1 背景

随着中国沿海经济的迅速发展,污染已经成为中国近海所面临的重要环境问题。作为海洋环境恶化重要表现的近海富营养化改变了海水中的营养物质结构,必将引起浮游植物组成与多样性的变化[1-5]。为此,郝彦菊等[6]研究莱州湾海区的浮游植物多样性的变化。

2 公式

浮游植物采样工具为浅海3型浮游生物网,在每个大面站从底(离底2.0 m)到表垂直上拖,样品用5%的甲醛溶液固定、保存,留待实验室内用显微镜进行物种鉴定和细胞计数;浮游植物物种多样性指数的计算采用Shannon-Wiener指数(H),其计算公式为:

$$H = -\sum_{i=1}^{S} P_i \log_2 P_i$$

郝彦菊等[6]对莱州湾海区浮游植物多样性的变化的研究结果见表1和图1。

表1 莱州湾4个航次的调查中浮游植物类群的变化

浮游植物类群	时间			
	1989-06	1989-08	2001-06	2001-09
硅藻种类数	63	95	43	44
甲藻种类数	13	23	5	5
金藻种类数	1	2	0	0
优势种	微型原甲藻	掌状冠盖藻 伏氏海线藻[2]	斯氏几内亚藻[7] 夜光藻	拟弯角毛藻 伏氏海毛藻 中肋骨条藻
优势种所占总量的百分比	49.26%	37.65%;10.99%	46.19%;29.63%	20.07%;18.80%;8.94%

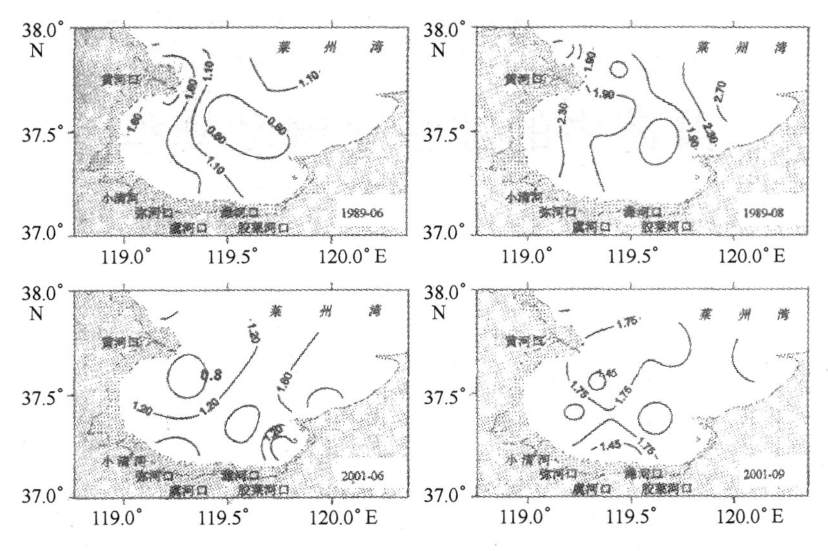

图 1　莱州湾浮游植物多样性指数(*H*)的分布

3　意义

郝彦菊等[6]对莱州湾海区的研究结果表明,莱州湾海水中营养盐的含量在升高。且莱州湾浮游植物物种组成发生了很大变化,多样性指数降低,但叶绿素 a 含量的变化不大。可以看出莱州湾海区活性磷酸盐浓度是叶绿素 a 和浮游植物多样性的主要影响因子。所以通过 Shannon-Wiener 指数计算公式的计算可以了解浮游植物多样性减少与海水营养盐增加之间的内在关系,对进一步了解海水富营养化问题、保护海洋生态环境具有重要意义。

参考文献

[1] Cardmate B J, Palmer M, Collims S L. Species diversity enhances ecosystem functioning through interspecific facilitation. Nature, 2002,415:426 – 429.

[2] Irigoien X, Harris R P, Verheye H M, et al. Copepod hatching success in marine ecosystems with high diatom concentrations. Nature, 2002,419: 387 – 389.

[3] Li W K W. Macroecological patterns of phytoplankton in the northuestern North Atlantic Ocean. Nature, 2002,419: 154 – 157.

[4] Pimm S L, Russell G L, Gittleman J L, et al. The future of kiodiversity. Science, 1995,269:347 – 350.

[5] Polishchuk L V. Contribution analysis of discarbance-caused changes in phytoplankton diversity. Ecology, 1999,80:721 – 725

[6] 郝彦菊,王宗灵,朱明远,等. 莱州湾营养盐与浮游植物多样性调查与评价研究. 海洋科学进展, 2005,23(2):197 – 204.

渠道中的线性化流动模型

1 背景

台湾海峡是东海与南海之间水交换的唯一通道。海洋调查资料表明,台湾海峡终年存在着一股沿海峡指向东北的海流,一般称为台湾海峡暖流[1]。张庆华等[2]求解了一个渠道中的线性化流动问题,同时考虑纵向海面坡度和风应力的驱动,得到台湾海峡流通量的解析表达式,很好地揭示了台湾海峡冬季逆风流的形成机制。台湾海峡海流的实测资料稀少,锚碇测流站资料更加难得。郭景松等[3]试图利用张庆华给出的解析表达式以及卫星高度计资料,对台湾海峡的流量变化进行诊断计算。

2 公式

采用张庆华等[2]所建立的渠道中的线性化流动模型。设海水密度 ρ 和垂直及侧向涡动黏滞系数 A_v 与 A_h 为常数;渠道宽度 $L = 150$ km 作为水平运动尺度;深度 $h = 50$ m;速度尺度 $U = 20$ cm/s;科氏参数 $f = 0.6 \times 10^4$/s。取直角坐标系(x , y , z),海岸为 $x = 0$ 和 $x = L$,z 轴铅直向上为正,面为 $z = 0$,海底为 $z = -h$, y 轴沿海峡东北向为正。由于 Rossby 数 $\varepsilon = \dfrac{U}{fL} = 0.02 < 1$,故可忽略惯性项和非定常项,再利用静压近似,得到海水运动的控制方程组为:

$$A_h \frac{\partial^2 V}{\partial x^2} + A_v \frac{\partial^2 V}{\partial z^2} - ifV = gD \tag{1}$$

$$\frac{\partial u}{\partial x} + \frac{\partial w}{\partial z} = 0 \tag{2}$$

边界条件为:

$$V|_{x=0} = V|_{x=L} = 0 \tag{3}$$

$$\rho A_v \frac{\partial V}{\partial z}|_{z=0} = T = \tau_1 + i\tau_2 = \text{常数} \tag{4}$$

$$V|_{z=-h} = W|_{z=-h} = 0 \tag{5}$$

这里,水平流速 $V = u + iv$,其中,u,v,w 分别为 x,y,z 方向的流速分量。

海面坡度为：$D = D_1 + iD_2$，$D_1 = \frac{\partial \xi}{\partial x}$，$D_2 = \frac{\partial \xi}{\partial x}$。根据上面的方程组和有关参数，经求解得到沿渠道总流量为：

$$Q = \int_0^L \int_{-h}^0 V \mathrm{d}x \mathrm{d}z = \left(-0.713\tau_1 + 1.34\tau_2 - 5.42 \times 10^6 \frac{\partial \xi}{\partial y} \right) \times 10^6 \ \mathrm{m^3/s} \tag{6}$$

式中，τ 的单位为 $10^{-5}\mathrm{N/cm^2}$，计算中取 $A_h = 5 \times 10^7 \ \mathrm{cm^2/s}$，$A_v = 50 \ \mathrm{cm^2/s}$。

郭景松等[3]利用张庆华给出的解析表达式以及卫星高度计资料，对台湾海峡流量变化的诊断计算结果见表1。

表1　台湾海峡逐年月平均流量诊断计算结果 Sv

月份	年份								
	1993	1994	1995	1996	1997	1998	1999	2000	2001	平均
1	1.62	1.56	0.67	2.75	0.91	0.82	2.21	1.11	-0.73	1.21
2	0.93	1.24	1.35	2.62	-0.33	-0.68	2.45	1.53	0.29	1.04
3	0.27	0.92	1.99	2.25	0.82	-0.62	1.29	1.72	1.82	1.16
4	0.69	1.10	1.62	2.46	2.49	1.34	1.39	1.83	1.92	1.65
5	1.45	1.20	1.81	2.66	2.06	1.32	2.92	2.21	2.11	1.97
6	2.56	1.60	2.53	3.89	2.15	1.70	2.52	2.78	1.71	2.38
7	2.59	1.45	1.71	2.98	3.42	3.26	2.31	2.83	2.01	2.51
8	1.69	1.66	1.99	1.01	2.47	2.33	1.35	2.20	2.53	1.91
9	1.73	1.95	2.02	0.45	0.79	0.78	-0.88	0.60	0.58	0.89
10	0.65	0.99	0.57	-0.41	0.18	0.53	-0.82	-0.03	-0.52	0.13
11	0.39	0.60	0.35	-0.86	0.14	1.39	0.51	0.46	0.14	0.35
12	0.53	0.48	1.32	0.85	0.51	1.73	0.76	0.02	0.48	0.74
平均	1.21	1.19	1.38	1.65	1.26	1.01	1.27	1.44	0.99	1.27

1993—2001 年的 9 年风应力和海面坡度别对流量的贡献及总流量见图 1。

3　意义

季风是台湾海峡流量变化的基本动力，但季风的作用应该是通过包括西北太平洋在内的大尺度风场表现出来，其不均匀性导致东海和南海海面高度变化存在较大差异，进而影响到台湾海峡的海面坡度与流量的变化。渠道中的线性化流动模型尽管较为简单，计算所

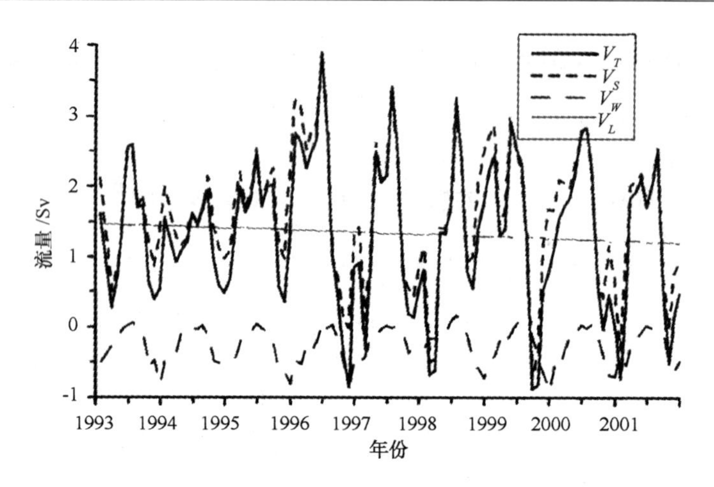

图1　通过台湾海峡总流量及分流量的变化

（V_T 为总流量；V_S 为海面倾斜引起的流量；V_W 为局地风引起的流量；V_L 为流量的长期倾斜趋势）

得流量值可能存在一定偏差，振幅与极值似比实际情况偏小，但所得结果仍能较好地反映出流量随季节的变化趋势。虽然台湾海峡南宽北窄，与模式的等宽假设有一定出入，但计算只涉及流量，因此影响不会很大。

参考文献

[1]　Guan B X. Evidence for a counter-wind current in winter off the southeast coast of China. Chin J Oceanol Limnol, 1986, 4(4): 319 - 332.

[2]　张庆华，乔方利. 台湾海峡暖流成因的研究. 海洋学报，1993, 15(3): 19 - 28.

[3]　郭景松，胡筱敏，袁业立. 利用卫星高度计资料对台湾海峡流量变化的诊断分析. 海洋科学进展，2005, 23(1): 20 - 26.

辐聚和辐散的大气运动公式

1 背景

暖池是指海表面温度(SST)高于28℃(或29℃)的暖水区。暖池区是全球空气对流最强烈的地区且活动持久,是气候异常的源地之一。研究表明[1],暖池温度的微小变化对大气的辐聚、辐散以及垂直运动进而对全球气候变化都有很大的影响。对西半球暖池的研究表明[2-5],尽管暖池中间存在南美大陆狭长地带的间隔,但是大气对暖池的变化却是作为一个整体响应的。众所周知,大气环流在本质上是热力驱动环流,与大气的辐合和辐散密切联系。基于大气环流的这个特征,刘娜等[6]定义了印度洋—太平洋暖池的强度变化指数和面积变化指数,分析了其年代际变化的特征。

2 公式

首先根据原始资料计算 SST 和风场的各月气候平均值,然后用月平均的 SST 和风场数据减去对应气候平均值得到 SST 和风场的月距平。对风场的月距平资料做如下处理。

根据 Helmholtz 定理,速度场 $\vec{V}$ 可以分解为无辐散分量 $\vec{V}_\Psi$ 和无旋分量 $\vec{V}_\phi$ 两部分[7],即:

$$\vec{V} = \vec{V}_\Psi + \vec{V}_\phi \tag{1}$$

式中,$\nabla \cdot \vec{V}_\Psi = 0$;$\nabla \times \vec{V}_\phi = 0$。

对于二维速度场无辐散分量,可以用流函数 ψ 表达,即:

$$\vec{V}_\Psi = \vec{k} \times \nabla\psi \tag{2}$$

在笛卡儿坐标系下的表达式为:

$$u_\psi = -\frac{\partial\psi}{\partial y}, v_\psi = \frac{\partial\psi}{\partial x} \tag{3}$$

类似地,无旋部分可以用速度势 ϕ 表达,即:

$$\vec{V}_\phi = \nabla\phi \tag{4}$$

在笛卡儿坐标系下的表达式为:

$$u_\phi = \frac{\partial\phi}{\partial x}, v_\phi = \frac{\partial\phi}{\partial y} \tag{5}$$

容易验证，

$$\zeta = \Delta\psi \tag{6}$$

$$D = \Delta\phi \tag{7}$$

式中，ζ 为旋度；D 为散度。

式(6)和式(7)的左端量可以通过NCAR/NCEP再分析大气资料计算得到，从而使问题变成求解两个Poisson方程。对于球面Poisson方程，采用经典的Fishpack算法进行求解。这样我们就可以由850 hPa和200 hPa高度上的月距平风场计算得到对应的流函数和速度势的分布。

强度变化指数定义为暖池所在矩形区域(35°N—25°S，20°E—130°W)面积平均的SST距平。面积变化指数定义为SST的28℃等值线所包围的暖池面积距平，其中面积大小为该等值线所包围的地理经纬度网格数(1°×1°)。按照以上定义，通过计算统计得到暖池面积指数和强度指数所表征的暖池变化(图1)。

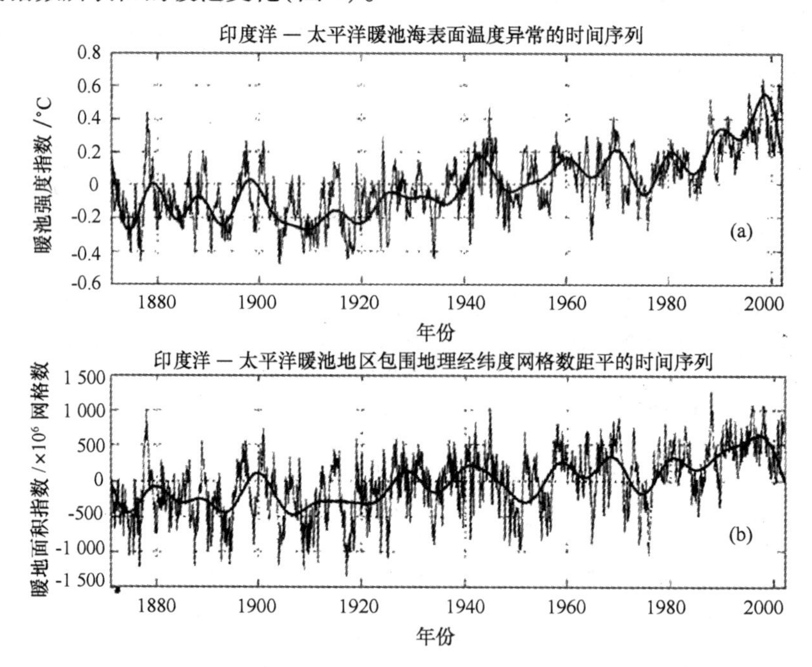

图1　印度洋—太平洋暖池变化指数的时间序列(1871年1月至2002年12月)

(a)为用海表面温度表示的暖池强度指数(℃)；(b)为用暖池面积表示的暖池面积指数($\times 10^6$ 网格数)

黑线：通过3个月低通滤波；粗黑线：经过10 a滑动平均.

3　意义

通过计算统计可以得到暖池面积指数和强度指数所表征的暖池变化。进而由暖池强度指数或面积指数的变化分析暖池长期的年代际变化,探讨暖池对其上空大气环流的变化所起的作用[8]。通过对年代际变化及其大气响应的资料进行处理,可以将大气运动分解成无辐散(或有旋)和有辐散(或无旋)两部分,采用有辐散大气运动分量,侧重于大气对东半球暖池整体变化的响应。

参考文献

[1] Graham N E, Barnett T P. Sea surface temperature, surface wind divergence and convection over tropical oceans. Science, 1987,238: 657 -659.

[2] Wang C, Enfield D B. The tropical Western Hemisphere warm pool. Geophys. Res Lett,2001,28: 1635 -1638.

[3] Wang C. Atlantic climatic variability and its associated atmospheric circulation cells. J Climate,2002,15: 1516 -1536.

[4] Enfield D B. Tropical Atlantic sea surface temperature variability and its relation to El Niño-Southern Oscillation. J Geophys Res,1997,102: 929 -945.

[5] Enfield D B, Alfaro E J. The dependence of Caribbean rainfall on the interaction of the tropical Atlantic and Pacific Oceans. J Climate,1999,12: 2093 -2103

[6] 刘娜,于卫东,陈红霞,等. 印度洋—太平洋暖池年代际变化及其大气响应. 海洋科学进展,2005,23(3):249 -255.

[7] Holton J R. An Introduction to Dynamic Meteorology. London: Academic Press, 1992.

[8] 李克让,周春平,沙万英. 西太平洋暖池基本特征及其对气候的影响. 地理学报,1998,53(6):511 -519.

海浪有效波高的概率统计分布

1 背景

确定与实际状况相符的有效波高的概率统计分布一直都是随机海浪研究的一项重要课题。依据随机波的线性模型导出的传统海浪理论[1]，与客观实际有一定的偏差[2-3]。随着海洋高新技术的发展，非线性海浪统计特征量的研究逐渐成为随机海浪理论中的热点。赵有星等[4]以 Srokosz 提出的非线性海浪波面高度的 Beta 分布为基础[5]，参照线性有效波高的对数——正态分布[6]做类似的变换，导出了基于波面高度 Beta 分布的有效波高概率统计分布——对数 - Beta 分布。

2 公式

2.1 Beta 分布

海浪波面 Beta 分布的推导是从随机变量分布的 Pearson[7]系统出发的。该分布首先由 Pearson 提出，后由 Johnson 和 Kosz[8-9]加以详细阐述和推导。Srokosz 在此基础上，以 λ_n 作为波面分布函数的原始参量，提出了一种推导弱非线性海浪波面高度概率密度函数的新途径，发展了波面高度 Beta 型分布模式，并在仅考虑偏度影响的情况下用实测数据对其得到的 Beta 波面高度分布函数加以验证[5]。由于海浪的非线性与偏度和尖度有着密切的关系，Zhang 等在 Srokosz 的基础上，以偏度 λ_3 和尖度 λ_4 同时作为非线性影响的情况验证了波面高度的 Beta 分布[10]。

对于 Perason 系统的随机变量，其概率密度函数满足以下微分方程：

$$\frac{1}{f(x)}\frac{\mathrm{d}f(x)}{\mathrm{d}x}=\frac{-(a+x)}{c_0+c_1x+c_2x^2} \tag{1}$$

式中，

$$\int_{-\infty}^{\infty}f(x)\mathrm{d}x=1 \quad f(x)\geqslant 0 \tag{2}$$

由式(1)可得：

$$x^r(c_0+c_1+c_2x^2)\frac{\mathrm{d}f(x)}{\mathrm{d}x}=-(a+x)x^rf(x) \quad (r=1,2,\cdots) \tag{3}$$

将式(3)两侧分别从 $-\infty$ 到 $+\infty$ 积分，并假定 $x\to\pm\infty$ 时，$x^rf(x)\to 0$，得到：

$$-rc_0k'_{r-1}+[a-(r+1)c_1]k'_r+[1-(r+2)c_2]k'_{r+1}=0 \tag{4}$$

式中，k'_r 为波面高度的 r 阶原点矩：

$$k'_r=\int_{-\infty}^{\infty}x^r f(x)\,\mathrm{d}x \tag{5}$$

为使推导简化又不失一般性，在此取 $k'_1=0$ 和 $k'_2=1$ 。如此处理之后，x 并非绝对波面高度 ζ，而是实际波面相对于标准差 $\sqrt{k_2}$ 的无因次波面高度，即：

$$x=\zeta/\sqrt{k_2} \tag{6}$$

与此相应的有 $k'_n=k_n$ 。在式(4) 中令 r=1,2,3，与式(1)联立解得式(7)：

$$\left.\begin{aligned}&f(x)=\frac{\Gamma(p+q)(x-a_2)^{q-1}(a_1-x)^{p-1}}{\Gamma_{(p)}\Gamma_{(q)}(a_1-a_2)^{p+q-1}} \quad a_2\leqslant x\leqslant a_1\\&f(x)=0 \quad x>a_1 \text{ 或 } x<a_2\end{aligned}\right\} \tag{7}$$

式中，Γ 为伽马函数，$\Gamma(x)=\int_0^{\infty}\mathrm{e}^{-t}t^{x-1}\mathrm{d}t$。

各参数表示如下：

$$\beta_1=k_3^2/k_2^3=\lambda_3^2,\beta_2=k_4/k_2^2=\lambda_4+3 \tag{8}$$

$$\sigma=10\beta_2-12\beta_1-18,c_0=\frac{4\beta_2-3\beta_1}{\sigma} \tag{9}$$

$$c_1=a=\frac{\sqrt{\beta_1}(\beta_2+3)}{\sigma},c_2=\frac{2\beta_2-\beta_1-6}{\sigma} \tag{10}$$

$$m_1=\frac{a+a_1}{c_2(a_2-a_1)},m_2=-\frac{a+a_2}{c_2(a_2-a_1)} \tag{11}$$

$$p=1+m_1,q=1+m_2 \tag{12}$$

其中，a_1 和 a_2 为方程，$c_2x^2+c_1x+c_0=0$ 的根，即：

$$a_1=\frac{(-c_1-\sqrt{c_1^2-4c_0c_2})}{2c_2},a_2=\frac{(-c_1-\sqrt{c_1^2-4c_0c_2})}{2c_2} \tag{13}$$

式(7)中的 x 是相对于标准差 $\sqrt{k_2}$ 的无因次化波面高度，而并非绝对波面高度 ζ。为了应用方便，将其还原为以绝对波面高度 ζ 表示的形式：

$$\begin{aligned}&f(\zeta)=\frac{\Gamma(p+q)(\zeta/\sqrt{k_2}-a_2)^{q-1}(a_1-\zeta/\sqrt{k_2})^{p-1}}{\Gamma_{(p)}\Gamma_{(q)}(a_1-a_2)^{p+q-1}\sqrt{k_2}} \quad a_2\sqrt{k_2}\leqslant\zeta\leqslant a_1\sqrt{k_2}\\&f(\zeta)=0 \quad \zeta\leqslant a_2\sqrt{k_2} \text{ 或 } \zeta\geqslant a_1\sqrt{k_2}\end{aligned} \tag{14}$$

式中，ζ 为绝对波面高度。

2.2 非线性海浪有效波高的概率统计分布——对数 - Beta 分布

对于线性海浪过程，变换 $\zeta=\ln H$ 可将波面高度的高斯分布转换为有效波高的对数 - 正态分布[6]；基于非线性假设，侯一筠等[11]在对数变换中引入非线性形状参数 β，采用类似于$\zeta = \ln H$的变换$\zeta = \ln H/\beta$,将其早先提出的一种波面高度概率分布转换为有效波高的分布。

对数变换可以将变量的分布区间由$(-\infty,\infty)$转换到$(0,\infty)$,这一性质恰好符合波面高度分布到有效波高分布转换的需要。基于对数变换的性质和Ochi与侯一筠等在相关方面的尝试。对波面Beta分布式(14)做变换$\zeta = \ln H/\gamma$,得到非线性海浪有效波高的概率分布函数:

$$f(H) = \frac{1}{H\gamma}\frac{\Gamma(p+q)\left(\frac{\ln H}{\gamma\sqrt{K_2}} - a_2\right)^{(q-1)}\left(a_1 - \frac{\ln H}{\gamma\sqrt{k_2}}\right)^{(p-1)}}{\Gamma(p)\Gamma(q)(a_1 - a_2)^{p+q-1}\sqrt{k_2}} \tag{15}$$

式中,H为无因次有效波高;γ为本文引入的非线性参数。将此分布函数称为对数-Beta分布。式(15)中的H是实际有效波高H^*相对于平均有效波高。$\tilde{H}$的无因次有效波高,即:

$$H = H^* / \tilde{H} \tag{16}$$

为了进一步简化对数-Beta分布,以期用实际波面高度资料直接推得对应有效波高的概率密度函数,根据大量实际波面高度资料以及对应的有效波高数据,利用数值求解的方法求得γ与λ_3,λ_4的近似系:

$$\gamma = \frac{1 + \exp(-6\sqrt{(\lambda_3^2 + \lambda_4^2)})}{2} \tag{17}$$

在式(15)中有$p,q,a_1,a_2,\sqrt{k_2},\gamma$等多个参量,但是这些参数都可由偏度$\lambda_3$和尖度$\lambda_4$根据式(8)至式(13)和式(17)简单地表示出来。所以推导的有效波高对数-Beta分布,实际上只有偏度λ_3和尖度λ_4两个参量。

λ_3和λ_4具有明确的物理意义,偏度λ_3是波面关于平均水面不对称的一个量度,尖度λ_4是反映波峰尖锐程度的一个量度,这两个参数由实际波面高度资料唯一确定。

侯一筠等[2,11]导出的有效波高的分布函数如下式所示:

$$f(H) = \frac{1}{\sqrt{2\pi}H\beta}\left|1 - \frac{\delta}{\beta}\ln\frac{H}{a}\right| e^{-\frac{\delta}{\beta}\ln\frac{H}{a}} e^{-\frac{1}{2\beta^2}\ln^2\frac{H}{a}\exp\left(-\frac{2\delta}{\beta}\ln\frac{H}{a}\right)} \tag{18}$$

在这个有效波高概率分布式中,无因次有效波高参数α、波陡δ和形状参数β都是与海浪状态有关的非定常量,每次计算必须根据实测有效波高资料求得相关的统计值,然后通过对有效波高概率分布函数本身积分,最后运用数值求解的方法来求得,计算过程非常繁琐,不便于实际应用,如何将这些参量与海浪状态联合起来还有待于进一步的研究[12]。

需要指出的是,在式(15)中,提出有效波高的非线性对数-Beta分布使用λ_3和λ_4两个参量来表示有效波高的对数-Beta分布,从而说明了理论的合理性和广泛的适用性:

$$f(x) = \frac{1}{\sqrt{2\pi}\sigma x}e^{-\frac{(\ln x-\mu)^2}{2\sigma^2}}, 0 \leqslant x < \infty \tag{19}$$

式中,μ和σ为根据实测资料所得的参数[6]。

3 意义

基于 Srokosz 提出的波面高度的非线性 Beta 分布，根据变换关系导出了建立在波面数据之上的有效波高对数 - Beta 分布，发展了线性海浪有效波高双参数对数 - 正态分布。计算方法简洁，便于工程应用。有效波高的对数 - Beta 分布的优点是基本参数较少，物理意义明确，且可以方便地确定，波面高度的偏度 λ_3 和尖度 λ_4 完全可以直接由波面资料获得。用这两个非线性参数作为有效波高对数 - Beta 分布的基本演化参量，可由波面高度数据直接求得有效波高的概率统计分布。

参考文献

[1] Sun F. Statistical distribution of the characteristics of three-dimensional wave. Science in China Ser(Series A), 1988(5): 501 - 508.

[2] 侯一筠，卢筠，李明悝，等. 有效波高的非线性统计及在南海卫星高度计资料分析中的应用. 海洋与湖沼，2001，32(5)：541 - 546.

[3] Kinsman B. Wind Waves. Englewood Cliffs, New Jersey: Pretice-Hall Inc, 1965.

[4] 赵有星，于定勇. 有效波高的对数 - Beta 分布. 海洋科学进展，2005，23(3)：353 - 358.

[5] Srokosz M A. A new statistical distribution for the surface elevation of weakly nonlinear water waves. J Phys Oceanogr, 1998, 28: 149 - 155.

[6] Ochi M K(刘德辅，等译). 不规则海浪随机分析及概率预报. 北京：海洋出版社，1985.

[7] Pearson K. Contributions to the mathematical theory of evolution, Ⅱ. Skew variations in homogeneous material. Philos Trans Roy Soc London Ser, 1895, 186: 343 - 414.

[8] Johnson N L, Kosz S. Distributions in Statistics: Continuous Univariate Distributions 1. John Wiley and Sons, 1970.

[9] Johnson N L, Kosz S. Distributions in Statistics: Continuous Univariate Distributions 2. John Wiley and Sons, 1970.

[10] Zhang J, Xu D L. Beta distribution of surface elevation of random waves. Ocean Engineering, 2000, 15(1): 53 - 60.

[11] 侯一筠，李明悝，谢强，等. 随机波面概率统计中的动力学应用. 海洋与湖沼，2000，31(4)：349 - 353.

[12] 徐德伦，于定勇. 随机海浪理论. 北京：高等教育出版社，2001.

海岸线变化速率的计算

1　背景

海岸线变化速率是一种被海岸工程学家和地质学家用于分析海岸变化过程和预测未来海岸变化趋势的常用方法。海岸线变化速率时间分析法，是利用历史时期岸线位置随时间的变化计算岸线变化速率，进而分析海岸的变化过程和发展趋势。岸线变化率计算结果能否真实反映研究海岸的变化特征、再现海岸变化的实际过程、预测岸线未来变化趋势主要取决于计算方法、数据总量和观测频度、数据精度、总的观测时间长度等因素。吕京福等[1]以山东日照变化规律有明显差异的2个岸段的长期定位观测资料为例，分析上述各因素对岸线变化率计算结果的影响，探讨时间分析法在不同类型海岸应用的可行性，以及提高岸线变化预测精度的途径。

2　公式

海岸线变化速率的计算一般采用简单的数学方法来分析岸线位置随时间的变化关系。最常用的计算方法是端点法。绝大多数文献中的海岸线变化速率统计数据都是根据该方法得到的。此外，平均速率法、线性回归法和折剪法也因其在数据处理方面具有不同的优势而逐渐被引入到岸线变化率的计算中[2]。

2.1　端点法

端点法仅用2个历史岸线位置数据来计算岸线变化率EPR。其数学表达式为：

$$\mathrm{EPR} = \frac{D_2 - D_1}{T_2 - T_1} \tag{1}$$

式中，D_1 和 D_2 分别为时间 T_1 和 T_2 时的岸线位置，一般参与计算的是时间跨度最大的2个数据。

2.2　平均速率法

对于一组多于2个的数据系列，为了减小选点的任意性，降低时间跨度最长的两点的测量误差的影响，可以对这组数据中的每2个值应用端点法，得到任意2点间的EPR值，再对所有的EPR值求平均，得到岸线变化平均速率AOR，这就是平均速率法。其数学表达式为：

$$\mathrm{AOR} = \frac{1}{N}\sum_{i=1}^{N} \mathrm{EPR}_{ij} \tag{2}$$

式中，$i,j,=1,2\cdots,n(i>j)$；$N=n(n-1)/2$；n 为数据总数；EPR_{ij} 为对任意两点 i,j 应用端点法求得的 EPR 值。

2.3 折剪法

折剪法是对线性回归法的一种修正，即在每次应用线性回归法时都略去其中的一个数据，然后再对根据这种方法得到的所有 LR′值进行平均，得到岸线变化率 JK。其数学表达式为：

$$JK = \frac{1}{N}\sum_{i=1}^{N} LR'_i \tag{3}$$

式中，$N=n-1$，n 为数据总数，LR'_i 为略去第 i 个数据后的一元趋势线斜率。

研究区域位置见图 1。

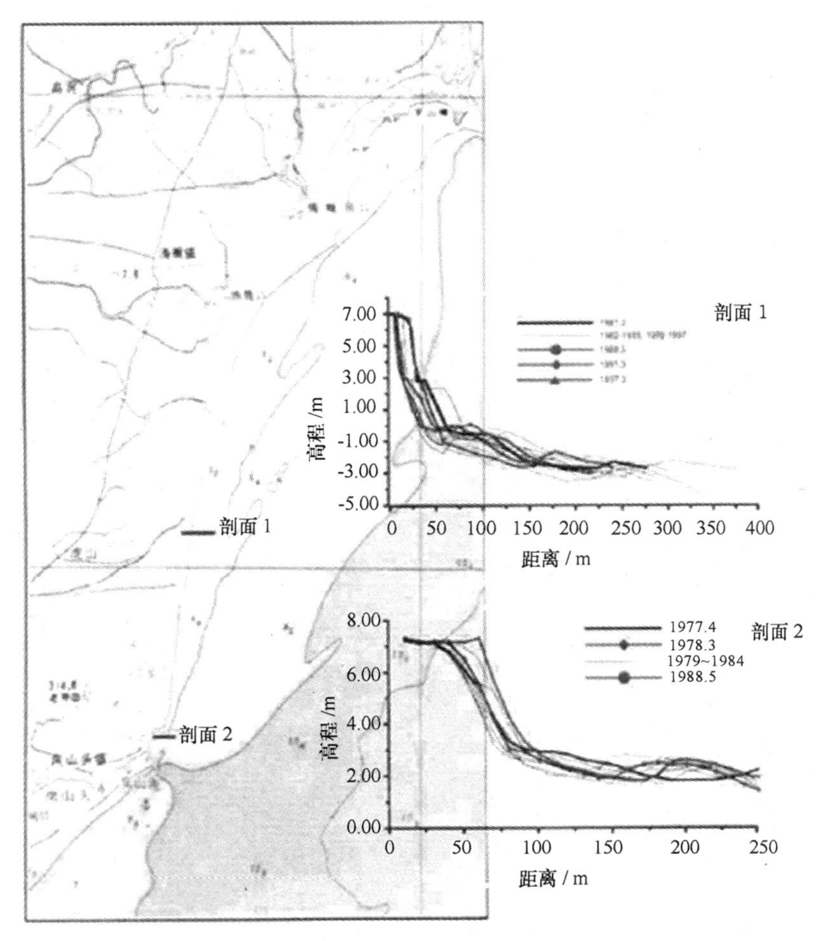

图 1　研究区域位置及海滩剖面变化

吕京福等[1]分析了上述各因素对研究区域岸线变化率计算结果的影响，并探讨了时间分析法在不同类型的海岸应用的可行性，结果见图 2 和表 1。

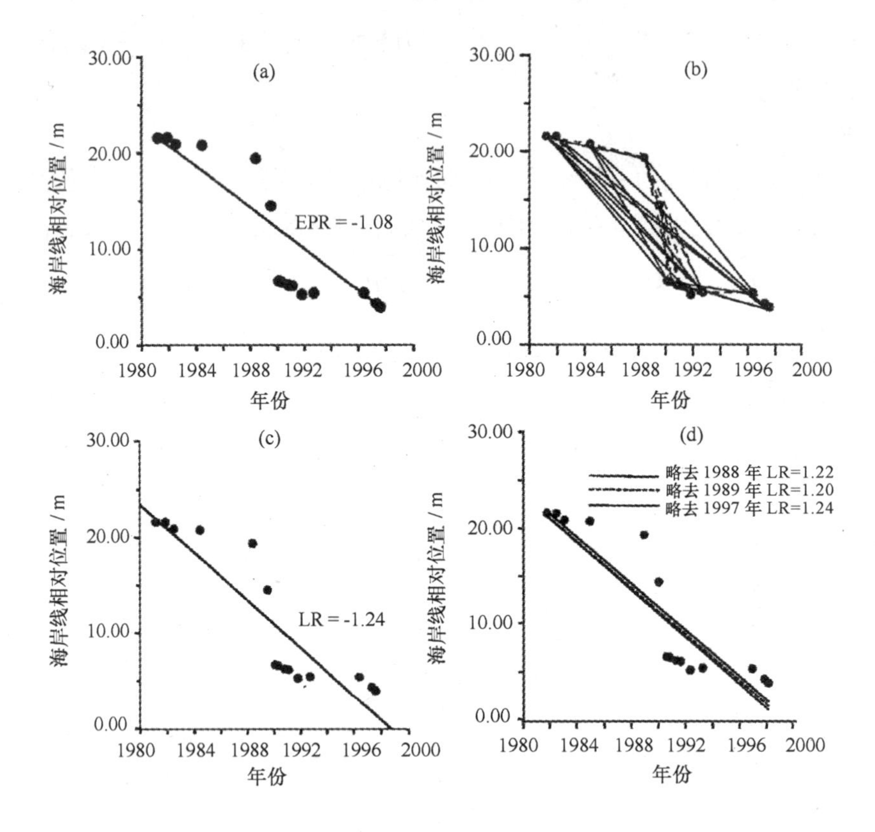

图 2　剖面 1 岸线随时间变化及 4 种计算方法的应用

(a)端点法;(b)平均速率法;(c)线性回归法;(d)折剪法.

表 1　4 种海岸线变化率计算方法在剖面 1 和剖面 2 上应用结果的比较

岸段	计算方法	岸线变化率/($m \cdot a^{-1}$)	
		剖面 1	剖面 2
Ⅰ	端点法	-1.08	0
	平均速率法(未考虑最小临界时间)	-1.59	-1.41
	线性回归法	-1.24	-1.61
	折剪法	-1.22	-1.70
	平均值误差	-1.28 ±0.21	-1.18 ±1.18
Ⅱ	端点法	-1.08	0
	平均速率法(T_{min} =4)	-1.12	-1.80
	线性回归法	-1.24	-1.61
	折剪法	-1.22	-1.70
	平均值误差	-1.15 ±0.08	-1.28 ±1.28

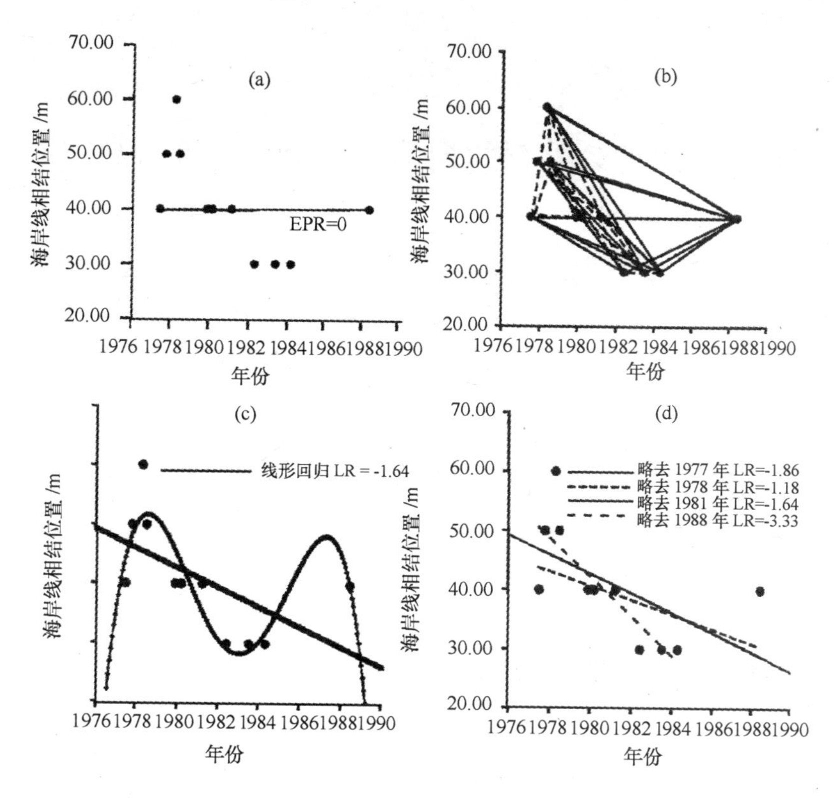

图 3　剖面 2 岸线随时间变化及 4 种岸线变化率计算方法的应用
(a)端点法；(b)平均速率法；(c)线性回归法；(d)折剪法.

3　意义

利用数学方法计算海岸线变化速率,并以之为依据研究海岸变化过程,预测未来变化趋势。端点法、平均速率法、回归法和折剪法对海岸变化规律的反映各有优势。端点法反映海岸长期变化的总趋势;考虑最小临界时间的平均速率法能有效减小短期变化对海岸长期变化趋势计算结果的影响。线性回归法在反映岸线长期变化特征的同时,均方根差可以揭示数据的分散特征;折剪法虽然计算量明显增加,但对评价个别数据点对岸线变化总规律的影响,以及剔除个别错误值或异常值方面有独特优势。

参考文献

[1]　吕京福，印萍，边淑华，等．海岸线变化速率计算方法及影响要素分析．海洋科学进展,2003,21(1):51－59.

[2]　Dolan R, Fenster M S, Holme S J. Temporal analysis of shoreline recession and accretion. Journal of Coastal Research, 1991, 7(3):723－744.

海底地形影像的仿真与反演模型

1　背景

合成孔径雷达 SAR 是一种具有高空间分辨率的主动式微波成像雷达,海洋 SAR 图像记录的是瞬时海面粗糙度的空间分布,而海面粗糙度的变化与众多的海洋和大气现象有关。因此 SAR 图像中包含丰富的海洋和大气信息,从中可以提取许多海洋要素。

反演模型被归结为已知 SAR 海面附加条件求解海洋水体运动及边界特征的数学物理反问题,提出了一种该问题的一种最小偏差解,并推导了一套实用的最速下降法作为求解方法。夏长水等[1]利用袁业立[2]提出的海底地形 SAR 影像仿真与反演模型,对渤海塘沽海区的一张 Radarsat SAR 影像进行了仿真和水深反演研究。

2　公式

2.1　SAR 成像机理

袁业立从波数谱平衡方程出发,推导了海面微尺度波的饱和谱形式,并结合 Bragg 后向散射理论,导出雷达雷达后向散射截面可以写成两个函数的积[2]:

$$\sigma_{oc} = M(\theta,k)G(\bar{u},\theta_1) \tag{1}$$

式中,θ 为雷达波入射角;θ_1 为风去向;M 为一个与雷达参数有关的函数;G 为与大尺度海流对海面毛细重力波的调制有关的函数,具体表达式为:

$$M(\theta,k) = \frac{\pi}{8}\mathrm{actan}^4\theta F_1(\theta)m_3^{-1}[2gk\sin\theta + \gamma(2\kappa\sin\theta)^3]^{1/2} \tag{2}$$

$$G(\bar{u},\theta_1) = \left(l_m l_n + \frac{1}{2}l_a l_\beta \zeta_{a\beta} L_m L_n\right)\frac{\partial u_m}{\partial x_n} \tag{3}$$

当取零阶近似式,上式为:

$$G(\bar{u},\theta_1) = \cos^2\theta_1\frac{\partial u}{\partial x} + \cos\theta_1\sin\theta_1\left(\frac{\partial u}{\partial y} + \frac{\partial v}{\partial x}\right) + \sin^2\theta_1\frac{\partial v}{\partial y} \tag{4}$$

式中,F_1 为与雷达极化方式有关的函数;$\vec{u}$ 为大尺度海流流速;$\vec{l}$ 为海面微尺度波波向;$\vec{L}$ 为主波波向。函数 G 代表了大尺度海流对海面毛细重力波的调制作用,海底地形通过影响海流的变化从而引起 SAR 影像明暗的变化。

2.2 SAR 影像仿真模型

从式(1)可以看出,M 只与雷达参数有关,对同一张 SAR 影像 M 是一个定值,决定 SAR 影像中明暗的是 G,在仿真模式中我们就用 G 的灰度图作为 SAR 的仿真图。为了求得 G 必须先计算流场,于 SAR 对海底地形的可视性主要表现在浅海和潮流较强的海区,运动的水平尺度即 SAR 影像中的类地形条纹的特征尺度为几千米,因此可以采用二维深度平均的浅水方程来描述海水的运动。得到流场后可以按式(3)求出仿真的 G 值。因此仿真模型由式(3)和浅水方程组组成。

二维深度平均的浅水方程组为:

$$\frac{\partial \zeta}{\partial t} + \frac{\partial (Hu)}{\partial x} + \frac{\partial (Hv)}{\partial y} = 0 \tag{5}$$

$$\frac{\partial u}{\partial t} + u\frac{\partial u}{\partial x} + v\frac{\partial u}{\partial y} - fv + \tau_{bx} + g\frac{\partial \zeta}{\partial x} = 0 \tag{6}$$

$$\frac{\partial v}{\partial t} + u\frac{\partial v}{\partial x} + v\frac{\partial v}{\partial y} + fu + \tau_{by} + g\frac{\partial \zeta}{\partial y} = 0 \tag{7}$$

式中,t 为时间;ζ 为水位;H 为总水深;$H = h + \zeta$,h 为未扰动水深;u,v 为海流沿 x,y 方向的分量;f 为科氏系数;g 为重力加速度;τ_{bx},τ_{by} 为底摩擦力沿 x,y 方向的分量。

边界条件:闭边界法向流速为0,即 $\vec{n} \cdot \vec{u} = 0$,$\vec{n}$ 为闭边界法向。在开边界处输入潮波振荡:

$$\zeta = \sum_{i=1}^{N} f_i H_i \cos[\sigma_i t + (V_{oi} + V_i) - G_i] \tag{8}$$

式中,N 为分潮数;f_i,σ_i 和($V_{oi} + V_i$)分别为第 i 个分潮的交点因子、角频率和初位相;H_i 和 G_i 分别为第 i 个分潮的振幅和迟角调和常数。

初始条件一般可取为零,即设 $u = v = \zeta = 0$ 差分格式采取 ADI 方法。

2.3 SAR 影像水深探测反演模型

2.3.1 SAR 影像水深探测问题的提法

SAR 影像海底水深探测问题是一种 SAR 影像定量表示与海水运动数学物理模式相结合的反演方法,由浅水运动数学物理模式和海面 G 值2部分组成。由于 SAR 是在某一时刻($t = t_0$)拍摄而成,因此浅水运动方程在这里为定常形式:

$$u_0\frac{\partial u_0}{\partial x} + v_0\frac{\partial u_0}{\partial y} - fv_0 = -g\frac{\partial \zeta_0}{\partial x} - \frac{\tau_{bx0}}{H_0} - \left.\frac{\partial u}{\partial t}\right|_{t=t_0} \tag{9}$$

$$u_0\frac{\partial v_0}{\partial x} + v_0\frac{\partial v_0}{\partial y} - fu_0 = -g\frac{\partial \zeta_0}{\partial y} - \frac{\tau_{by0}}{H_0} - \left.\frac{\partial v}{\partial t}\right|_{t=t_0} \tag{10}$$

$$\frac{\partial H_0 u_0}{\partial x} + \frac{\partial H_0 v_0}{\partial x} = -\left.\frac{\partial \zeta}{\partial t}\right|_{t=t_0} \tag{11}$$

式中,$H_0 = \zeta_0 + h$ 其中下标0都表示所示参量在 t_0 时刻的值。

雷达后向散射截面与海面 G 值的关系可由数据处理进行换算,这里 G 的表达式为:

$$G(\vec{u},\theta_1) = \cos^2\theta_1 \frac{\partial u}{\partial x} + \cos\theta_1 \sin\theta_1 \left(\frac{\partial u}{\partial y} + \frac{\partial v}{\partial x}\right) + \sin^2\theta_1 \frac{\partial v}{\partial y} \tag{12}$$

方程中的3个时间变化项 $\left.\frac{\partial u}{\partial t}\right|_{t=t_0}, \left.\frac{\partial v}{\partial t}\right|_{t=t_0}, \left.\frac{\partial \zeta}{\partial t}\right|_{t=t_0}$ 作为参数而非自变量来处理,在已知这3个参数的情况 $u|_{t=t_0}, v|_{t=t_0}, H|_{t=t_0}, \zeta|_{t=t_0}$ 可由方程(9)至方程(12)确定,未扰动水深可由:

$$h = H|_{t=t_0} - \zeta|_{t=t_0} \tag{13}$$

确定。式(9)至式(13)即为利用SAR影像探测海底水深的数学物理反问题。

2.3.2 反问题的最小偏差解

目标反函及其变化梯度:上述反问题式(9)至式(13)可用最小化如下目标泛函的方法解决。

$$J(U,V,\zeta,H) = \iint_S (f_1^2 + f_2^2 + f_3^2 + f_4^2)\,\mathrm{d}x\mathrm{d}y \tag{14}$$

式中,S 为地形探测研究海域。

$$f_1 = a_1\left(-fv + g\frac{\partial \zeta}{\partial x} + C_b\frac{U}{H} + U\frac{\partial U}{\partial x} + V\frac{\partial U}{\partial y} + \left.\frac{\partial U}{\partial t}\right|_0\right)$$

$$f_2 = a_2\left(fU + g\frac{\partial \zeta}{\partial y} + C_b\frac{V}{H} + U\frac{\partial V}{\partial x} + V\frac{\partial V}{\partial y} + \left.\frac{\partial U}{\partial t}\right|_0\right)$$

$$f_3 = a_3\left(U\frac{\partial H}{\partial x} + V\frac{\partial h}{\partial y} + H\left(\frac{\partial U}{\partial x} + \frac{\partial V}{\partial y}\right) + \left.\frac{\partial \zeta}{\partial t}\right|_0\right)$$

$$f_4 = a_4\left(S_{11}\frac{\partial U}{\partial x} + S_{12}\left(\frac{\partial U}{\partial y} + \frac{\partial V}{\partial x}\right) + S_{22}\frac{\partial V}{\partial y} - \left.\frac{\sigma_0}{(M)\theta}\right|_0\right) \tag{15}$$

式中,a_1, a_2, a_3, a_4 为加权系数。

泛函的变化梯度为:

$$\frac{1}{2}\mathrm{grad}_U J = \left(\frac{C_b}{H} + \frac{\partial U}{\partial x}\right)f_1 + \left(f + \frac{\partial V}{\partial x}\right)f_2 + \frac{\partial H}{\partial x}f_3 - \frac{\partial}{\partial x}[Uf_1 + Hf_3 + S_{11}f_4] - \frac{\partial}{\partial y}[Vf_1 + S_{12}f_4] \tag{16a}$$

$$\frac{1}{2}\mathrm{grad}_V J = \left(-f + \frac{\partial U}{\partial y}\right)f_1 + \left(\frac{C_b}{H} + \frac{\partial V}{\partial y}\right)f_2 + \frac{\partial H}{\partial y}f_3 - \frac{\partial}{\partial x}[Vf_2 + S_{12}f_4] - \frac{\partial}{\partial y}[Vf_2 + Hf_3 + S_{22}f_4] \tag{16b}$$

$$\frac{1}{2}\mathrm{grad}_\zeta J = -g\left(\frac{\partial f_1}{\partial x}\right) + \frac{\partial f_2}{\partial y} \tag{16c}$$

$$\frac{1}{2}\mathrm{grad}_H J = \frac{C_b}{H^2}(Uf_1 + Vf_2) + \left(\frac{\partial U}{\partial x} + \frac{\partial V}{\partial y}\right)f_3 - \frac{\partial}{\partial x}(Uf_3) - \frac{\partial}{\partial y}(Vf_3) \tag{16d}$$

SAR影像地形探测的最速下降法步骤:以下我们将根据沿负梯度方向函数值下降最快

这一原理,设计最速下降法步骤:

给定探测研究海域 S 上的猜值:

$$\{U_0, V_0, \zeta_0, H_0\} \tag{17}$$

式中,$h_0 = H_0 - \zeta_0$,如它们可以是:h_0 取小比例尺电子海图的水深分布图,U_0, V_0, ζ_0 设为 0。

对给定的 h_0 用正问题计算 t_0 时刻的

$$\left\{\frac{\partial U}{\partial t}\Big|_0 + \frac{\partial V}{\partial t}\Big|_0 + \frac{\partial \zeta}{\partial t}\Big|_0\right\} \tag{18}$$

它们可以在正问题计算调和常数稳定后用 t_0 时刻和相邻时刻的值差分得到。这样我们可按式(14)和式(15)计算泛函值:

$$J_0 = (U_0, V_0, \zeta_0, H_0) \tag{19}$$

按式(16a)、式(16b)、式(16c)和式(16d)计算:

$$\mathrm{grad}_u J_0, \mathrm{grad}_v J_0, \mathrm{grad}_\zeta J_0, \mathrm{grad}_H J_0 \tag{20}$$

并令

$$(U_1, V_1, \zeta_1, H_1) = (U_0, V_0, \zeta_0, H_0) - (\lambda_U \mathrm{grad}_U J_0, \lambda_V \mathrm{grad}_V J_0, \lambda_\zeta \mathrm{grad}_\zeta J_0, \lambda_H \mathrm{grad}_H J_0) \tag{21}$$

将式(21)代入式(14)和式(15)中,可得 $J_0(\lambda_U, \lambda_V, \lambda_\zeta, \lambda_H)$ 采用 Fibonacci 方法搜索最佳步长确定最小化的最佳步长 $(\lambda_U^n, \lambda_V^m, \lambda_\zeta^m, \lambda_H^m)$ 后,令

$$\{U_1, V_1, \zeta_1, H_1\} = \{U_0, V_0, \zeta_0, H_0\} - \{\lambda_U^n \mathrm{grad}_U J_0, \lambda_V^m \mathrm{grad}_V J_0, \lambda_\zeta^m \mathrm{grad}_\zeta J_0, \lambda_H^m \mathrm{grad}_H J_0\} \tag{22}$$

$$h_1 = h_1 - \zeta_1 \tag{23}$$

检验不等式

$$\left|\frac{J_1 - J_0}{J_0}\right| < \delta_1\%(=5\% \sim 10\%)或\left(\frac{\iint_S (h_1 - h_0)\mathrm{d}\vec{x}}{\iint_S \mathrm{d}\vec{x}}\right)^{1/2} < \delta_2(=0.1 \sim 0.5\ 样\ \mathrm{m}) \tag{24}$$

若以上任一不等式成立,则终止计算,且 $h = h_1$;若以上不等式均不成立,以 h_1 代替步骤 2 中的 h_0,重复步骤 2 至步骤 5,直至

$$\left|\frac{J_{n+1} - J_n}{J_n}\right| < \delta_1 或 \left(\frac{\iint_S (h_{n+1} - h_n)\mathrm{d}\vec{x}}{\iint_S \mathrm{d}\vec{x}}\right)^{1/2} < \delta_2 \tag{25}$$

得到满足,得到最终的反演水深 $h = h_{n+1}$。

3 意义

利用 SAR 影像在进行海底地形的仿真与反演具有可行性与有效性。对于水深小于 100

m 的海区,在已知该海区粗网格的水深和边界上的潮汐调和常数的条件下,获取该海区 SAR 影像并作适当处理后,就可以在对该海区进行潮流模拟的基础上用反演模式来得到较高精度的水深资料。

参考文献

[1] 夏长水,袁业立. 塘沽海区海底地形的 SAR 影像仿真与反演研究. 海洋科学进展,2003,21(4):437 - 445.

[2] Yuan Y L. Representation of high frequency spectra of ocean waves and the basis for analyzing SAR images. Oceanologiaet Liminologia Sinica,1997,28(Supplement):125.

脂肪酶的酯化反应模型

1 背景

有机相中脂肪酶催化反应动力学研究是酶上程领域中一个引起广泛兴趣的研究课题[1]。目前的研究较多地集中于水解反应和转酯反应[2]。与自由酶相比,使用固定化酶可提高酶在有机相中的扩散效果和热力学稳定性,是调节控制酶活性常用的手段。

2 公式

2.1 不同醇浓度下酸浓度对酯化反应初速度的影响

酯化反应为动力学所控制,基本无扩散限制的影响。脂肪酶催化的已酸乙酯合成反应符合双底物 Ping-Pong Bi-Bi 反应机制[3]。即经过脂肪酶(E)先与己酸(RCOOH)结合形成脂肪酯—己酸复合物(E－RCOOH),接着该复合物转变成酸基脂肪酶中间体(F),在释放出水后,该酸基酶中间体被乙醇(R′OH)进攻而形成已酸乙酯(RCOOR),并释放出游离的脂肪酶。

按 King Altman 的方法,反应动力学速度方程为:

$$V = V_{max}/\{K_{mA}/[A] + K_{mB}/[B] + 1\} \tag{1}$$

2.2 底物对反应初速度的抑制作用

反应动力学方程式(Ⅰ)的基础上修正脂肪酶催化合成已酸乙酯反应动力学方程式为:

$$V = V_{max}/\{K_{mA}/[A] + K_{mA} \cdot [B]/([A] \cdot K_i) + K_{mB}/[B] + 1\} \tag{2}$$

将式(Ⅱ)改成双倒数形式,经整理后,得到式(Ⅲ),从方程式(Ⅲ)分析可知,当[B]较高时,

$$1/V = 1/V_{max} + K_{mA}/(V_m \cdot [A]) + K_{mA} \cdot [B]/(K_i \cdot V_m \cdot [A]) + K_{mB}/(V_m \cdot [B]) \tag{3}$$

方程右边的最后一项可忽略,这样,$1/V$ 与[B]呈线性关系。将高浓度醇(0.2 mo/L、0.3 mol/L、0.5 mol/L、0.6 mol/L)对相应的 $1/V$ 一次作图后求得乙醇对反应的抑制常数 K_i ＝89.1 mmol/L。

最后相应的有醇抑制时的脂肪酶催化合成己酸乙酯反应的动力学方程可描述为:

$$V = 79.82/\{85.34/[A] + 85.34 \cdot [B]/(89.1 \cdot [A]) + 33.59/[B] + \}\text{mmol}/(\text{min} \cdot \text{g}) \tag{4}$$

式中,[A]:己酸浓度/($mol \cdot L^{-1}$);FH_2O:酰基脂肪酶水复合物;R′OH:乙醇;[B]:乙醇浓

度/(mol · L^{-1});FR′OH:酰基脂肪酶乙醉复合物;E:脂肪酶;V:酯化反应初速度/(mmol · min^{-1} · g^{-1});K_i:乙醇抑制常数/(mmol · L^{-1});RCOOH:己酸;V_{max}:酯化反应最大速度/(mmol · min^{-1} · g^{-1});ERCOOH:脂肪酶己酸复合物;K_{mA}:己酸米氏常数/(mmol · L^{-1});ERCOOR′:脂肪酶己酸乙酯复合物;K_{mB}:乙醇米氏常数/(mmol · L^{-1});ER′OH:脂肪酶乙醇死端复合物;F:酰基脂肪酶中间体;RCOOR:己酸乙酯。

有机相酶促反应系统中水的含量是影响酶催化活性的重要因素之一,研究是在反应体系维持最适水含量的环境中进行。

3 意义

酶固定化以后,影响其动力学的因素增多,反应机制变得更加复杂[4]。因为:①酶在固定化过程中的扭曲影响了三维构像而可能改变酶催化活力;②底物、产物和其他效应物在载体间的迁移扩散速度受到限制,不等分布可能会产生内外扩散限制;③载体的疏水、亲水及电荷性质使固定化酶的微环境与宏观反应体系不同,对酶产生微环境效应。这些影响因素有时还相互交叉存在,它们综合决定着固定化酶的动力学性质。

参考文献

[1] 徐岩,赵成明,章克昌. 固定化脂肪酶有机相中催化己酸乙酯反应动力学研究. 生物工程学报,1999,15(4):533-536.

[2] Miller D A, Prausuity J M, Blanch H W. Kinetics of lipase-catalysed interesterification of trigly cerides in cyclohexane. Engyme and Microkial Technology, 1991,13(2):98-103.

[3] Fersht A. Euzvme Structure and Mechanism. 2nd. New York: W. H. Freeman, 1985:104-123.

[4] Chapliu M F, Bucke C. Euzyme Technology. New York: Cambridge University Press, 1990:167-196.

自絮凝细胞颗粒的生成模型

1　背景

酵母细胞自絮凝形成颗粒作为固定化细胞方法实现酒精连续发酵，与各种载体固定化酵母细胞技术相比，以细胞固定化方法简单、生物反应器中可以获得更高细胞浓度的突出优点，展示了良好的工业前景[1]。以具有自絮凝能力的粟酒裂殖酵母变异株和具有优良酒精发酵性能的酿酒酵母变异株为亲株，采用原生质体融合技术选育的融合株 SPSC，既具有优良酒精发酵性能，又能够自絮凝形成颗粒[2]，可以在生物反应器中实现固定化。反应器中产物酒精生成动力学是整个连续发酵工艺过程。

2　公式

2.1　融合株 SPSC 自絮凝细胞颗粒的描述

图 1 所示为电镜下的自絮凝酵母细胞颗粒，可以看出细胞虽然密集凝聚在一起形成颗粒，但细胞之间的空隙较大，这对于营养底物向颗粒内部细胞的扩散和颗粒内部细胞产生代谢产物向外部环境的扩散是十分有利的，与通常的各种载体固定化酵母细胞过程相比，细胞自絮凝形成颗粒的内扩散阻力很小。

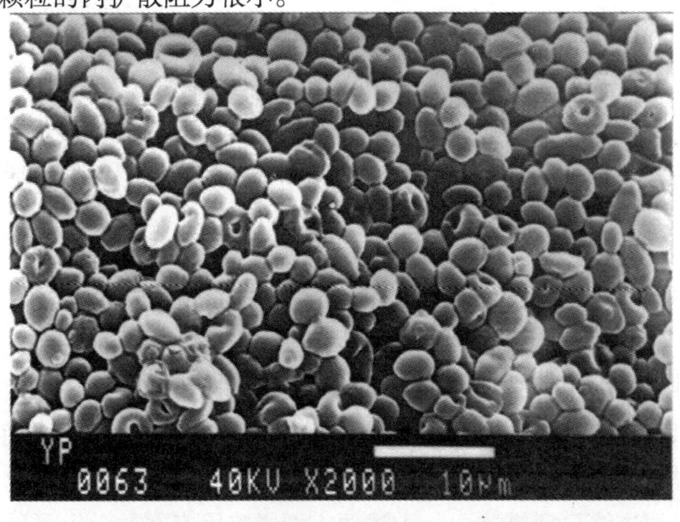

图 1　自絮凝酵母细胞颗粒的电镜照片

能够定量描述自絮凝细胞颗粒的特征是固定化细胞生物反应器设计的前提条件,这种细胞自絮凝形成的颗粒与通常的颗粒相比有很大的不同,不仅形状极不规则,而且为非刚性颗粒,强度很差,在生物反应器中特定的流体力学和发酵工艺条件下与基质呈悬浮状形态时呈特定的粒度分布[1]。用生物反应器中特定发酵工艺条件下的 Stockes 等沉降速度当量直径来描述这种自絮凝细胞颗粒的大小,即:

$$d_p = \sqrt{\frac{18u_t\mu}{\rho_s - \rho_L}}$$

通过实测自絮凝细胞颗粒在发酵液中的沉降速度 u_t、湿密度 ρ_s、发酵液的物性参数 μ 和 ρ_L,就可以计算出颗粒的等沉降速度当量直径 d_p,图 2 为融合株 SPSC 自絮凝细胞颗粒的粒径分布情况。

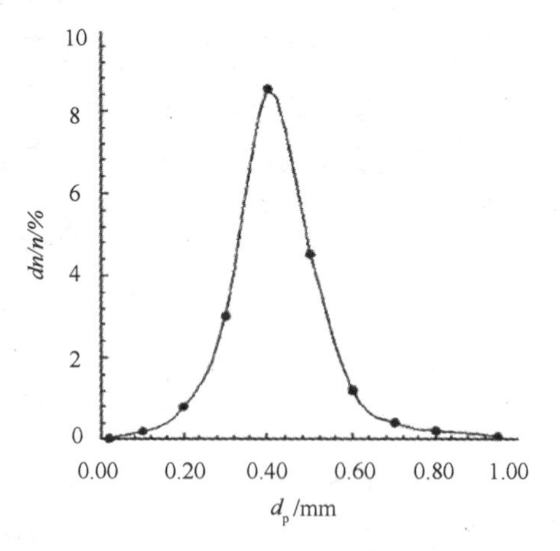

图 2　自絮凝细胞颗粒的粒径分布

从图 2 可以看出,在正常发酵状态下 SPSC 自絮凝细胞颗粒的粒径分布基本上呈正态分布,其均值为 0.405 mm。

2.2　融合株 SPSC 自絮凝细胞颗粒培养过程的生长特征

描述 SPSC 自絮凝酵母细胞颗粒培养过程细胞生长的动力学模型方程可以表达为:

$$\mu = \frac{\mu_m S}{K_s + S} = \frac{0.134S}{19.23 + S}$$

2.3　融合株 SPSC 自絮凝细胞颗粒连续发酵过程产物酒精生成动力学

在 SPSC 自絮凝酵母细胞颗粒酒精连续发酵过程中,对动力学特征的影响主要来自两方面因素。一方面为限制性底物糖浓度,在连续发酵状态下反应器中始终保持比较低的糖浓度,因此不会出现间歇发酵中遇到的底物抑制现象,对产物酒精生成动力学的影响可以用描述细胞生长的 Monod 模型描述;另一方面为产物酒精浓度,其对产物生成的抑制始终存在,可以采用反抛物线模型描述[3]。上述两方面影响因素在数学上可以叠加,即:

$$v = \frac{v_m S}{K_P + S}\left[1 - \left(\frac{P}{P_m}\right)^{\alpha}\right]$$

式中：μ 为自絮凝细胞颗粒的比生长速率/h^{-1}；v 为比酒精生成速率/h^{-1}；μ_m 为自絮凝细胞颗粒的最大比生长速率/h^{-1}；v_m 为最大比酒精生成速率/h^{-1}；K_s，K_P 为描述自絮凝细胞颗粒生长和酒精生成的 Monod 模型参数/$(g \cdot L^{-1})$；S 为限制性底物糖浓度/$(g \cdot L^{-1})$；P 为酒精浓度/$(g \cdot L^{-1})$；P_m 为自絮凝细胞颗粒发酵过程最大酒精耐受浓度/$(g \cdot L^{-1})$。

3 意义

在测定了融合株 SPSC 自絮凝颗粒分布的基础上，研究了其培养过程细胞颗粒生长和连续发酵过程产物酒精生成的动力学规律，建立了动力学模型。进而深入研究了自絮凝细胞颗粒酒精连续发酵过程中产物酒精生成过程的宏观动力学。

参考文献

[1] 白凤武，靳艳，冯朴荪，等．融合株 SPSC 发酵生产酒精的工艺研究—自絮凝细胞颗粒粒径分布、细胞生长和产物酒精生成动力学．生物工程学报，1999，15(4)：455－460.

[2] 靳艳，白凤武，冯朴荪，等．融合株 SPSC 发酵生产酒精的工艺研究Ⅰ．絮凝速率、发酵过程的最适温度和 pH 值．微生物学报，1996，36(2)：115－120.

[3] Luong J H T. Kinetics of ethanol inhibition in alcohol fermentation. Biotechnology and Bioengineering, 1985，27(3)：280－285.

蛹虫草菌胞外多糖发酵模型

1 背景

多年来,国内外一直致力于虫草菌效体的人工培养和虫草生物活性物质虫草多糖的研究,并对其理化特性、分子结构、生物学功能和药理作用进行了报道[1-3]。蛹虫草菌胞外多糖发酵与一般微生物胞外多糖发酵特性类似,发酵过程具有典型的假塑性非牛顿型流体特性,发酵后期的高黏度发酵液会影响氧的传递,而导致菌体生长的停止和多糖合成的抑制,可通过增加通气和加大搅拌速度来解决[1]。以蛹虫草菌(*Cordyceps militaris*)为材料,对其胞外多糖(EPS)的发酵过程及其动力学进行了研究探讨。

2 公式

采用 Weiss[4] 等所用的 Logistic 方程和 Luedeking-Piret 方程来描述蛹虫草菌胞外多糖发酵的动力学过程。菌体生长描述采用 Logistic 方程:

$$dX/dt = \mu X(1 - X/X_m) \tag{1}$$

初条件 $t=0$ 时,$X=X_o$

式中 X_m 为最大菌体浓度,比生长速度 μ 设为常数,

该方程的积分式为:

$$\mu_t = \ln(X_m/X_o - 1) + \ln[X/(X_m - X)] \tag{2A}$$

$$或\ X(t) = X_o \exp(\mu_t)/(1 - (X_o/X_m))[1 - \exp(\mu_t)] \tag{2B}$$

由实验数据,以 $\ln[X/(X_m - X)]$ 对 t 作图得的直线斜率即为 μ 截距:

$$\ln[X_o/(X_m - X_o)]$$

产物(多糖 P)的形成和底物(甜菜糖 S)消耗采用 Luedeking-Piret 方程:

$$dP/dt = m_1 X + m_2(dX/dt) \tag{3}$$

$t=0$ 时 $P=P_o$

方程中 m_1,m_2 为模型参数,依发酵条件的变化而不同。把方程(1)代入方程(3)得:

$$dP/dt = m_1 X + m_2 \mu X(1 - X/X_m) \tag{4}$$

方程(2)代入方程(4),积分得方程(5):

$$P(t) = P_o + m_2[X(t) - X_o] + m_1(X_m/\mu)\ln[1 - (X_o/X_m)(1 - \exp\mu t)] \quad (5)$$

稳态时，$dP/dt = 0 \quad X = X_m$

则由方程(3)得：

$$m_1 = (dP/dt)st/X_m \quad (6)$$

方程(5)可写成如下形式：

$$P(t) = m_2A(t) + m_1B(t) + P_o \quad (7A)$$

式中

$$A(t) = X(t) - X(0) \quad (7B)$$

$$B(t) = (X_m/\mu)In[1 - (X_o/X_m)(1 - e^{\mu t})] \quad (7C)$$

式中，μ、X_m、X_o、m_1 均已知。因此以$[P(t) - P_o - m_1B(t)]$对 $A(t)$作图，直线斜率即 m_2 值。

发酵过程中的底物消耗主要与菌体生长和产物合成及其代谢有关，因此，底物消耗速度可由下式表示：

$$dS/dt = -[1 - (Y_{x/s})](dX/dt) - [1/Y_{p/s}](dP/dt) - KeX \quad (8)$$

将式(3)代入方程(8)，可得：

$$dS/dt = -[m_1/Y_{p/s} + Ke]X - [1/(Y_{x/s}) + m_2/(Y_{p/s})](dX/dt) \quad (9)$$

或者：

$$dS/dt = -b_1X - b_2(dX/dt) \quad (10A)$$

$$t = 0 \qquad S = S_o$$

式中，$b_1 = m_1/Y_{p/s} + Ke$、$b_2 = 1/(Y_{x/s}) + m_2/(Y_{p/s})$，依上述同一原理当菌体生长处于稳态时，即$dX/dt = 0$，可利用式(10A)求得 $b_1 = -[(dS/dt)/X]$稳定，进而对式(10A)积分可得：

$$S(t) = S_o - b_2A(t) - b_1B(t) \quad (10B)$$

依同样原理，即以$[S_o - S(t) - b_1B(T)]$对 $A(t)$作图，所得直线斜率为 b_2(图1)。

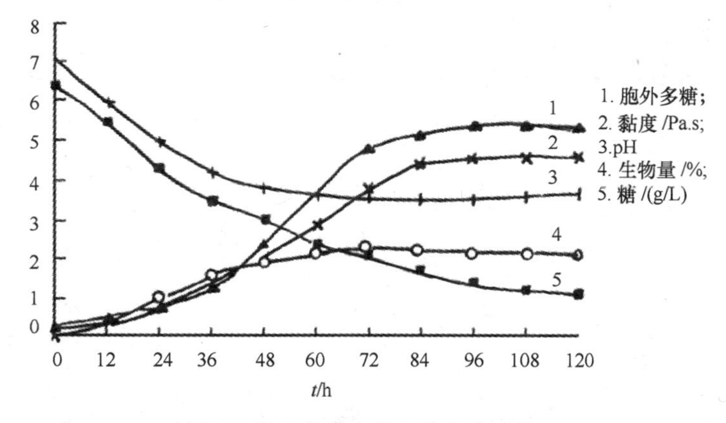

图1 蛹虫草菌胞外多糖发酵进程

式中,b_1 动力学参数,单位g/(g·h);X 菌体浓度,单位g/L;m_1 动力学模型参数,单位g/(g·h);X_m 最大菌体浓度,单位g/L;p 多糖浓度,单位g/L;b_2 动力学参数,单位 g/g;P_m 最大多糖浓度,单位g/L;m_2 动力学模型参数,单位 g/g;t 时间,单位 h;S_o 初始底物浓度,单位g/L;P_o 初始多糖浓度,单位g/L;S 底物浓度,单位g/L;X_o 初始菌体浓度,单位g/L;μ 动力学模型参数,单位 1/h。

根据公式,进行试验。图 1 为采用优化后的发酵培养基配方和发酵条件,进行的蛹虫草菌胞外多糖发酵进程曲线。图中描述了菌体量(X)、多糖产量(P)、残糖消耗(S)、发酵液黏度和发酵过程 pH 随发酵进程时间(t)的变化情况。

从图 1 中可以看出,菌体开始生长速度较慢,24 h 后加快,36 h 进入指数生长,到 72 h 菌体生长进入到稳定期。与之相对应,底物糖消耗在此期间内下降很快,到 72 h 糖消耗降到,2.0% 以下,pH 值从初始的 7.0 降低到 3.5。

3 意义

蛹虫草菌胞外多糖发酵过程具有典型的假塑性非牛顿型流体特性,发酵后期的高黏度发酵液会影响氧的传递,通过增加通气和加大搅拌速度来解决导致菌体生长的停止和多糖合成的抑制。采用 Logistic 和 L－P 方程对蛹虫草菌胞外多糖发酵得到了较好的理论描述,并取得了相关的动力学模型参数,阐明了蛹虫草菌胞外多糖发酵的动力学特征。

参考文献

[1] 李信,许雷,蔡昭铃. 蛹虫草菌胞外多糖发酵及其发酵动力学. 生物工程学报, 1999,15(4),507－511.

[2] 陈传盈,冯观泉,许尧兴,等. 冬虫夏草工业深层发酵研究. 中草药,1992,23(8):409－411,416.

[3] 李信,许雷,裴鑫德. 蛹虫草(*Cordyceps militaris*)菌丝体液体培养基的优化和发酵条件的研究·核农学报,1998:12(1):35－40.

[4] Weiss R M, Ouis D F. Extracellular microbial poplysaccharides. I. substrate, biomass and product kimetic equations for batch xanthan gum fermentation. Biocechnology and Bioergineering, 1980,22(4):859－873.

链霉素发酵的多元统计公式

1 背景

在抗生素发酵过程中,影响菌体生产和产物形成的因素很多,各参数之间相互关联,变化其中某一个参数常会引起其他参数的变化[1]。生产过程很多重要信息都隐含在这些大量数据中,因此用基于数据的模型监控发酵过程显得很有必要[2-3]。工业上链霉素发酵基本依靠生产经验,使生产中链霉素发酵水平时高时低。利用主元分析法将链霉素发酵过程中大量生产数据矩阵简化,揭示影响链霉素发酵的主要过程变量[4]。

2 公式

2.1 主元分析法

设 $X = (x_{1,} x_2 \cdots x_m)^T$ 是一个均值 u 为方差为 $\sum$ 的随机变量,即 $X \sim (u, \sum)$。则主元变换为下面的变换:

$$X \to t = p^T(x - u) \tag{1}$$

其中 p 是正交的,且有

$$p^T \sum p = A = \begin{bmatrix} \lambda_1 & & & \\ & \lambda_2 & & \\ & & \cdots & \\ & & & \lambda_m \end{bmatrix} \tag{2}$$

其中 $\lambda_1, \lambda_2 \cdots \lambda_m$ 为协方差阵 $\sum$ 的特征值,且有 $\lambda_1 \geqslant \lambda_2 \geqslant \cdots \geqslant \lambda_m \geqslant 0$,$p_1, p_2 \cdots p_m$ 为单位化正交特征向量,即 X 的主元是以 $\sum$ 的单位化正交特征向量为系数的线性组合。这样,X 的第 i 个主元就可定义为向量 t 的第 i 个元素,即:

$$t_i = p_i^T(x - u) \tag{3}$$

其中 p_i 是 P 的第 i 列,称之为第 i 个主元的载荷向量,t_i 称之为分数向量。

X 的主元有很多重要性质[5]:

①$E(t_i) = 0$,②$\mathrm{var}(t_i) = \lambda_i$,③$\mathrm{cov}(t_i, t_j) = 0 (i \neq j)$,④$\mathrm{var}(t_1) \geqslant \mathrm{var}(t_2) \geqslant \cdots \geqslant$

$\mathrm{var}(t_m)$,⑤ $\sum_{i=1}^{m}\mathrm{var}(t_i) = tr\sum$,⑥ $\prod_{i=1}^{m}\mathrm{var}(t_i) = \left|\sum\right|$,⑦$X$ 的任一标准性组合的方差都不会大于 λ_i,⑧ 比值 $\sum_{i=1}^{k}\lambda_i/\sum_{i=1}^{m}\lambda_i$ 表示前 K 个主元对总体的贡献率,⑨ 主元分量依赖于测量初始变量的尺度。

在实际应用中,往往根据性质 9,对变量组 $X = (x_1, x_2\cdots x_m)^{\mathrm{T}}$ 进行标准化处理,即:

$$X^* = D_\sigma^{-1}(x - u) \tag{4}$$

其中 $D_\sigma = diag(\sigma_1, \sigma_2\cdots\sigma_m)$,$u$ 为 X 的均值向量,σ_i 为 x_i 的标准差

假设一个工业过程对 m 个过程变量进行了 n 次测量,形成了 $m\times n$ 矩阵 X,标准化处理得到 X^*,有

$$\sum{}^* = 1/nX^*X^{*\mathrm{T}} \tag{5}$$

特征分解得到

$$\sum{}^* = p^{\mathrm{T}}\Lambda p \tag{6}$$

其中为特征值矩阵,这是一个以 $\lambda_1, \lambda_2\cdots\lambda_m$ 为对角元素的对角矩阵,其中 $\lambda_1\geqslant\lambda_2\geqslant\cdots\geqslant\lambda_m\geqslant 0$。$p$ 为特征向量矩阵,p_i 为 λ_i 对应的特征向量。

由于前 K 个主元($K<P$} 反映了 $X = (x_1, x_2\cdots x_m)^{\mathrm{T}}$ 中的大部分信息,我们就达到了用少数几个不相关变量表征多数相关变量所包含的信息的目的。

为了说明前 K 个主元概括原变量信息的大小,这里通常根据性质 8 来确定,当 K 个主元的方差贡献率达 80% 以上时,就可认为 X 中的大部分信息已被前 K 个主元所包含。

2.2　主元分析法用于链霉素发酵

链霉素发酵过程机理比较复杂,过程变量多。主元分析法能使一个维数很大的数据矩阵简化,揭示其主要结构。选用链霉素发酵过程变量为 8 个:碳源浓度(c)、氮源浓度(n) ,pH、黏度(s) ,罐温[T(℃)]、发酵时间[t(h)]、碳氮源浓度比(c/n)、空气流量(F)组成数据矩阵 $X(8\mathrm{x}\ n)$,用不同批次产物浓度有好有坏的数据进行主元分析,揭示影响最终产率的主要过程变量。主元分析法中的降维方法很多,此处是利用对载荷矩阵的分析:即从第一个载荷向量 p_1 中选取绝对值最大的系数所对应的变量,然后将变量从数据集中剔除,再继续用主元分析法分析剩余的数据集合,用同样的判据选择第二个变量。重复此过程,依据主元性质 8,选定前 4 个主元,它们对总体方差的贡献率达到 80% 以上,可认为此 4 个主元能充分表达考察过程。分析结果表明,影响链霉素发酵的主要过程变量有:发酵时间 、碳氮源浓度比、碳源浓度和黏度。

$$\begin{bmatrix} c \\ n \\ \mathrm{pH} \\ S \\ T(^0c) \\ t(h) \\ c/n \\ F \end{bmatrix} \xrightarrow{\text{主元分析}} \begin{bmatrix} c \\ S \\ c/n \\ t(h) \end{bmatrix}$$

2.3 回归分析用于产物浓度预测

用主元分析法得到的4个变量是影响发酵产物的主要因素，我们可以通过它们去预测发酵产物浓度，回归方程如式(7)所示，回归预测结果见图1和图2。从图上可以看出，由于发酵过程的非线性，用简单的线性方程去拟合，误差比较大。

$$\left\{\begin{aligned} p &= X \cdot B \\ X &= [cStc/n] \\ B &= [-99\ 922\ 570\ 114\ 172\ -73\ 159]T \end{aligned}\right\} \tag{7}$$

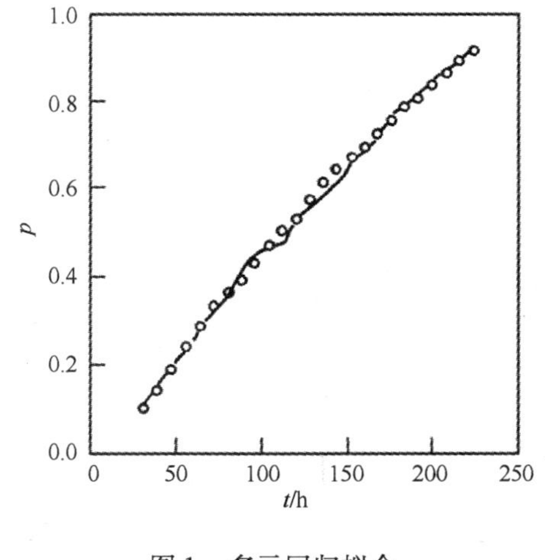

图1　多元回归拟合

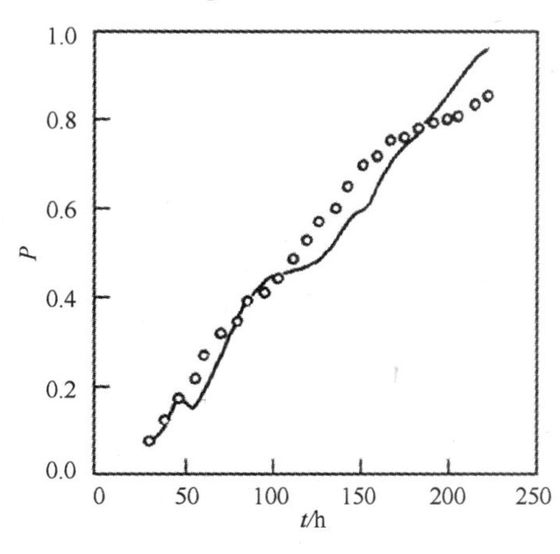

图2　多元回归检验

如图3所示，碳源浓度、碳氮源浓度比均有明显的三段线性趋势。发酵前期($t < t_1$)，碳源浓度、碳氮源浓度比均维持在较高水平，并且保持基本恒定。发酵中期($t_1 < t < t_2$)，碳源浓度、碳氮源浓度比下降，维持在一适中水平上，并且基本保持恒定。发酵后期($t > t_2$)，碳源浓度、碳氮源浓度比持续下降。在整个发酵期，黏度基本呈上升趋势。

2.4 混合模型用于产物浓度预测

混合模型处理过程如图4所示，当在线和离线变量测量值输入数据集后，利用已建立的规则基模式识别系统将链霉素发酵过程分成三段，每一段利用多元线性回归法进行产物浓度预测。这样,就将非线性发酵过程用简单的分段线性函数来表示,简化过程模型,便于过程监测和控制。回归方程如式(8)。利用主元分析法得到4个变量,分段预测发酵各阶段的产物浓度误差较小。因此通过监控发酵各阶段的主要变量,利用混合模型预测发酵产物浓度,指导过程生产。

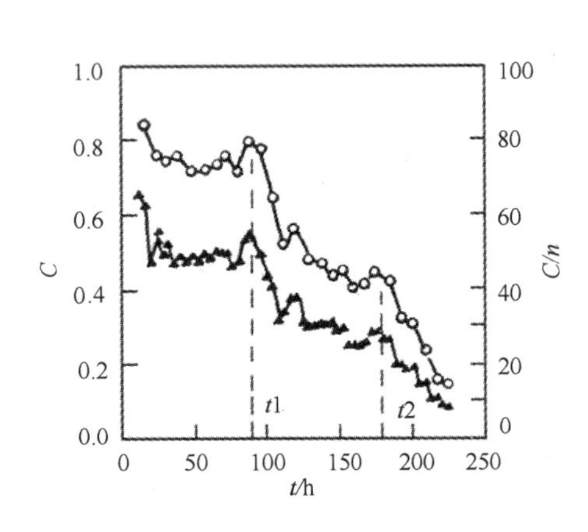

图3　c 浓度和 c/n 浓度比随时间变化

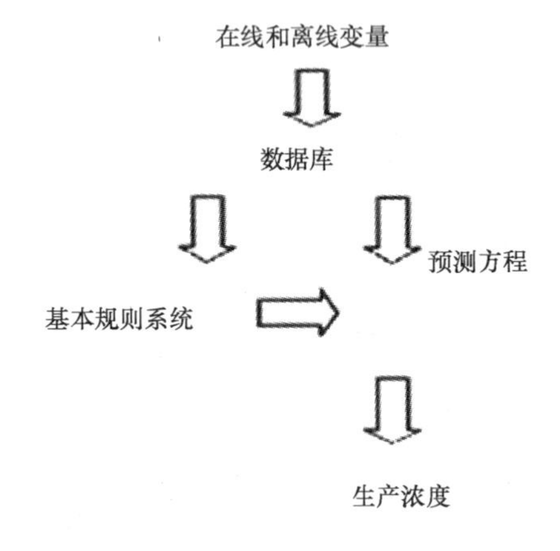

图4　混合模型处理过程

$$\begin{cases} p_1 = X \cdot B_1 (t < t1) \\ p_2 = X \cdot B_2 (t1 < t < t2) \\ p_3 = X \cdot B_3 (t < t2) \\ X = [cStc/n] \\ B_1 = [610 - 778 - 16\ 417\ 820\ 284]T \\ B_2 = [7\ 317\ 365 - 669\ 125 - 54\ 864]T \\ B_3 = [38\ 000 - 530 - 400 - 10 - 280\ 630]T \end{cases} \tag{8}$$

3　意义

将主元分析法用于实际工业链霉素发酵过程分析,该方法能有效地减少过程控制变量,将影响链霉素发酵的众多变量的大部分信息抽提出来。为发酵过程建模和控制带来方便。利用已建立的规则基系统可将链霉素发酵过程分成三个阶段表示,即生长期、生产期和衰退期。链霉素发酵的非线性过程可近似用这三段时期线性模型表示,并利用多元回归分析进行产物浓度预测,取得了较好的效果。

参考文献

[1] 陈元青,陈琦,王树青. 多元统计分析方法在链霉素发酵中的应用. 生物工程学报,1999,15(3):368-372.

[2] Santen A, Koot G L M, Zullo L C. Statistical data analysis of a chemical plant. Compaters & Chemical Engineering. 1997,21(supplement 1): S1123-S1129.

[3] 方开泰. 实用多元统计方法. 上海:华东师范大学出版社,1986.

[4] 周纪芗. 回归分析. 上海:华东师范大学出版社,1993.

[5] Michael H, Kaspar W, Harmon Ray. Chemometric methods for process monitoring and high-performance. controller desigh. AICHE Journal, 1992,38(10):1593-1608.

尿激酶原和葡萄糖的速率计算

1 背景

昆虫细胞杆状病毒表达系统可用于表达一系列在医药和科学研究上有重要应用价值的蛋白[1],与其他表达系统相比具有表达水平高,可进行翻译后修饰,产生具有生物活性的蛋白和糖蛋白[2-3]。因此,昆虫细胞杆状病毒表达系统是当前昆虫细胞培养研究的热点和重点。尿激酶原(ProUK)是一种纤维蛋白溶酶原的激活剂,是目前治疗血栓性疾病一类较好的溶栓药物[4],孙洪亮等[1]研究尿激酶原(ProUK)在昆虫细胞中的表达特点。

2 公式

比生长速率和葡萄糖比消耗速率的计算

细胞比生长速率 μ 的定义如下:

$$\mu = \frac{1}{X}\frac{\mathrm{d}X}{\mathrm{d}t} \tag{1}$$

细胞在指数生长期内细胞比生长速率 μ 基本不变,对式(1)积分

$$X = X_o e^{\mu t} \tag{2}$$

由细胞生长曲线的对数图很容易确定细胞的指数生长期。截取细胞指数生长期的实验点对式(2)进行拟合,拟合参数为 X_o,μ

葡萄糖比消耗速率 q_{o_2} 的定义式如下:

$$q_{o_2} = \frac{1}{X}\frac{\mathrm{d}S}{\mathrm{d}t} \tag{3}$$

式(3)比式(1):

$$q_{o_2} = \mu\frac{\mathrm{d}S}{\mathrm{d}t} \tag{4}$$

细胞指数生长期葡萄糖比消耗速率 q_{o_2} 的计算采用式(4),指数生长期内实验点的葡萄糖浓度对细胞密度作图,由直线斜率求得 $\frac{\mathrm{d}S}{\mathrm{d}t}$,再乘以指数生长期细胞的比生长速率葡萄糖比消耗速率 q_{o_2} 对时间的曲线中 q_{o_2} 是两个取样点间平均葡萄糖比消耗率,求法如下:

$$q_{o_2} = \frac{2}{X_1 + X_2}\frac{\Delta S}{\Delta t} \tag{5}$$

式(7)是式(3)的近似式,x_1 和 x_2 是两取样点的细胞密度、ΔS 是两取样点葡萄糖浓度的变化值、Δt 是两取样点时间间隔。所求得 q_{o_2} 的时间坐标是对应两取样点时间的平均值。

根据公式,进行了实验。图 1 给出了采用表面通气方式表达尿激酶原(ProUK)的反应器实验,实验代号 sr2。

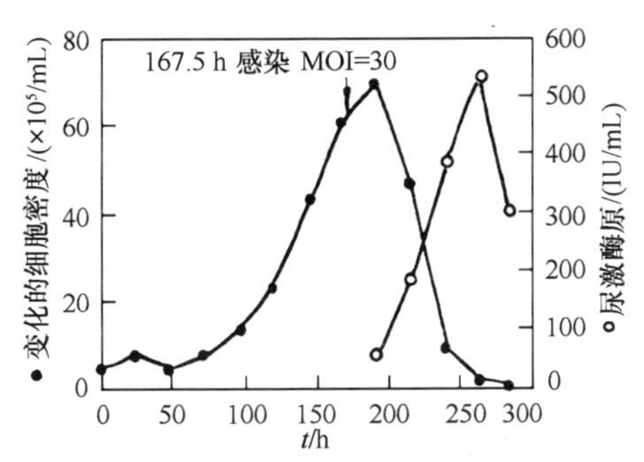

图 1　尿激酶原在 2 L 机械搅拌反应器中的表达

图 2 是尿激酶原在转瓶中的表达实验,实验代号 sr9p。

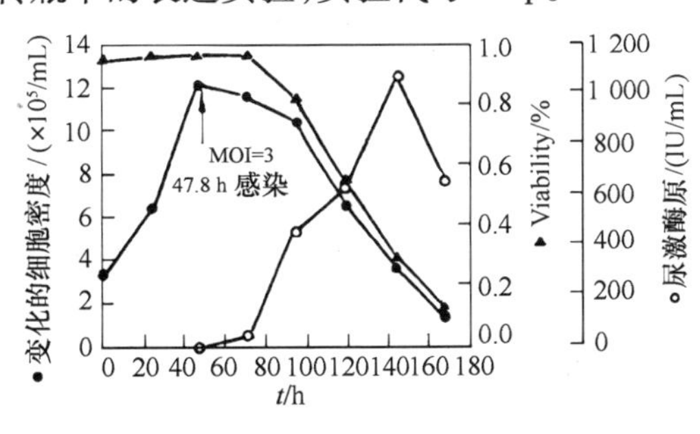

图 2　尿激酶原在转瓶中的表达

3　意义

尿激酶原是一种纤维蛋白溶酶原的激活剂,是目前治疗血栓性疾病一类较好的溶栓药物[1],在医疗上有重要的应用价值。昆虫细胞杆状病毒表达系统是当前昆虫细胞培养研究的热点和重点。研究结果表明:良好的细胞状态是尿激酶原高效表达的关键。细胞的比生长速率和乳酸生成/葡萄糖消耗之比可用于衡量细胞的状态。并且孙洪亮等[1]研究了尿激酶原表达过程中葡萄糖、乳酸的代谢变化。实验结果表明细胞状态对尿激酶原的表达水平有显著影响。

参考文献

[1] 孙洪亮,常韶华,李佐虎.昆虫细胞杆状病毒表达系统表达尿激酶原.生物工程学报,1999,15(3):373-377.

[2] 邓继先,萧成祖.昆虫杆状病毒载体的细胞培养和重组蛋白生产.中国生物工程杂志,1993,13(4):53-56.

[3] Lee SH, Park TH. Growth limiting factors influeneing high-density culture of insect cells in grace's medium. Biotechnol lett, 1994,16(4):327-332.

[4] 孙天宵,徐长法.溶栓剂的蛋白质工程.生物工程进展,1996,16(2):43-49.

法氏囊病的病毒增殖计算

1 背景

传染性法氏囊病是对养鸡业危害最为严重的病毒性传染病之一。目前对该病的主要预防方法是进行疫苗接种。疫苗的生产为传统转瓶生产，具有产量低，劳动强度大等缺点。利用生物反应器生产疫苗，具有高产量、高质量、低劳动强度等优点。但对病毒生长的在线监测问题没有解决[1]。在研究了接种病毒后的鸡胚成纤维细胞(CEF)代谢与传染性法氏囊病病毒(IBDV)增殖的关系，从代谢角度分析病毒在细胞上的生长情况。

2 公式

病毒增殖与细胞培养关系的理论推导[2]。成纤维细胞增殖达到一定密度($\sim 10^5/\text{cm}^2$)，细胞将不再增殖[3]。试验在此密度(对于 CEF 为 $2.3 \times 10^5/\text{cm}^2$)进行，可认为总细胞数 $X-r$ 为常数。据此提出以下 3 点假设：①葡萄糖仅用于维持细胞生长(病毒为活体寄生物，其复制原料来自活细胞)；②染毒细胞与未染毒细胞的葡萄糖比消耗速率均为常数(忽略其他条件差异，仅考虑病毒对细胞影响；③细胞染毒比例越大，病毒滴度越高(不考虑细胞和病毒个体差异，病毒数与染毒细胞数成正比；不考虑病毒失活，病毒数越多，病毒滴度越高)。由假设 1，对实验样本有

$$-\frac{\mathrm{d}S_i}{\mathrm{d}t} = q_{s/X_i}X_i + q_{s/X_u}X_u \tag{1}$$

对照组有

$$-\frac{\mathrm{d}S_u}{\mathrm{d}t} = q_{s/X_u}X_T \tag{2}$$

由实验条件得

$$X_T = X_i + X_u = const \tag{3}$$

由式(1)和式(3)得

$$-\frac{\mathrm{d}S_i}{\mathrm{d}t} = (q_{s/X_i} + q_{s/X_u})X_i + q_{s/X_u}X_T \tag{4}$$

由式(4)得

$$\Delta S_i = -\left[\int_o^t (q_{s/X_i} + q_{s/X_u}) X_i \mathrm{d}t + \int_o^t (q_{s/X_u}) X_T \mathrm{d}t\right] \tag{5}$$

由式(2)得

$$\Delta S_u = -\int_o^t (q_{s/X_u}) X_T \mathrm{d}t \tag{6}$$

由式(5)和式(6)

$$\frac{\Delta S_i - \Delta S_u}{\Delta S_u} = \left(\int_o^t (q_{s/X_i} + q_{s/X_u}) \frac{X_i}{X_T} \mathrm{d}t\right) / \int_o^t (q_{s/X_u}) \mathrm{d}t \tag{7}$$

令

$$\alpha = -\frac{\Delta S_i - \Delta S_u}{\Delta S_u} = \frac{S_i - S_u}{S_o - S_u} \tag{8}$$

令

$$x = \frac{X_i}{X_T} \tag{9}$$

由假设2得

$$q_{s/X_i} = \lambda_{q_{s/X_u}} \qquad (\lambda \text{ 为常数}) \tag{10}$$

由式(7)至式(10)得

$$\alpha \int_o^t q_{s/X_u} \mathrm{d}t = \int_o^t (1 - \lambda) q_{s/X_u} \mathrm{d}t \tag{11}$$

式(11)两边微分并整理得出

$$x = \frac{1}{1-\lambda}\left[\alpha + \frac{\mathrm{d}\alpha}{\mathrm{d}t}\left(\int_o^t q_{s/X_u} \mathrm{d}t / q_{s/X_u}\right)\right] \tag{12}$$

令

$$f(t) = \int_o^t q_{s/X_u} \mathrm{d}t / q_{s/X_u} \tag{13}$$

合并式(12)和式(13)得

$$x = \frac{1}{1-\lambda}\left[\alpha + \frac{\mathrm{d}\alpha}{\mathrm{d}t} f(t)\right] \tag{14}$$

式(14)两边微分并整理得

$$\frac{\mathrm{d}x}{\mathrm{d}t} = \frac{1}{1-\lambda}\left\{[1 + f'(t)]\frac{\mathrm{d}\alpha}{\mathrm{d}t} + \frac{\mathrm{d}^2\alpha}{\mathrm{d}t^2}(t)\right\} \tag{15}$$

当病毒滴度最高时,由假设3得

$$x = x_{\max}, \text{即} \frac{\mathrm{d}x}{\mathrm{d}t} = 0 \tag{16}$$

由式(15)和式(16)得

$$\left\{[1 + f'(t)]\frac{\mathrm{d}\alpha}{\mathrm{d}t} + \frac{\mathrm{d}^2\alpha}{\mathrm{d}t^2} f(t)\right\} = 0$$

α 为常数显然式(17)的一个解。

式中，X_u 未感染细胞密度，cells/L；S_i 接毒培养时葡萄糖浓度，mol/L；X_i 感染细胞密度，cells/L；q_{s/X_i} 染毒细胞葡萄糖比消耗速率，mol/(cell · L^{-1})；X_T 总细胞密度，cells/L；q_{s/X_U} 染毒细胞葡萄糖比消耗速率，mol/(cell · L^{-1})；S_u 未接毒培养时葡萄糖浓度，mol/L。

表明当 α 为常数时，病毒滴度最高。由于病毒本身也存在衰老死亡，所以最高病毒滴度在 α ~ 培养时间曲线的拐点处获得，此点即为收毒最佳点。

为了从实验上验证病毒增殖与细胞培养的上述关系，并排除不同因素对两者上述关系的影响，李有根等[1]设计了3组实验，结果（图1）可看出，不同接毒量对细胞代谢（本实验通过葡萄糖代谢参数 α 反映）和病毒增殖（本实验通过病毒滴度 $TCID_{50}$ 反映）都有影响。

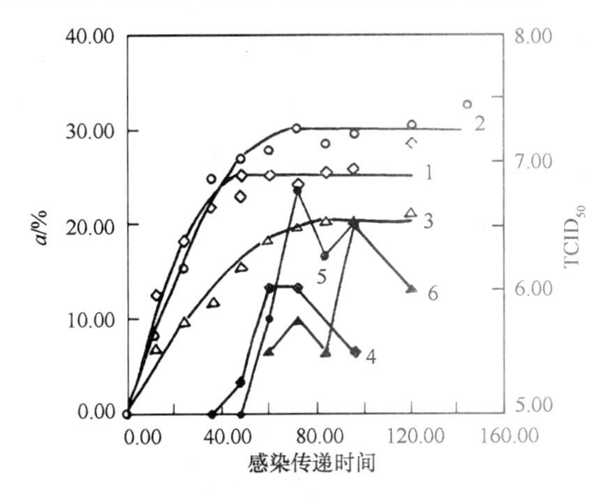

图1 接毒量对细胞代谢和病毒增殖的影响

血清浓度和 pH 对细胞代谢和病毒增殖的影响实验见图2和图3。

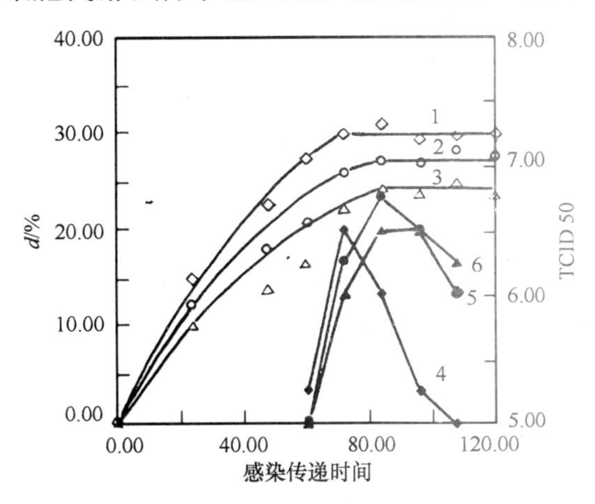

图2 血清浓度对细胞代谢和病毒增殖的影响

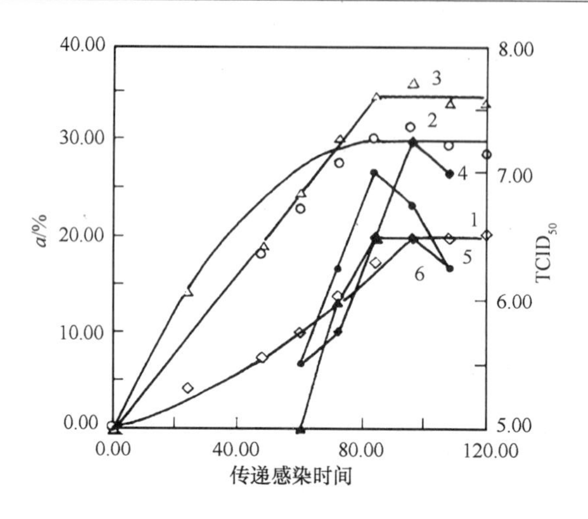

图 3　pH 对细胞代谢和病毒增殖的影响

3　意义

当葡萄糖代谢参数 α 为常数时，病毒滴度最高[1]。血清对细胞代谢很有影响，但血清对病变影响相对较小，病变高峰时 3 者的病毒滴度相差不大。pH 越高，葡萄糖代谢参数 α 越大，病变越快，但病变高峰时病毒滴度低，最大病毒滴度随 pH 增大而减小。选取葡萄糖能在线监测的代谢参数与病毒增殖相关联，从理论和实验两方面论证了葡萄糖消耗与病毒增殖的关系。表明可用监测葡萄糖浓度来监测病毒增殖。为利用生物反应器大规模生产疫苗的在线监测提供了参考和依据。

参考文献

［1］　李有根，聂峰光，戚艺华，等．分析细胞代谢确定传染性法氏囊病病毒在鸡胚细胞上的增殖．生物工程学报，1999，15(2)：235－239.

［2］　Singhui R，Horvath B J，Betty K，et al. Assessment of virus infection in cultured cells using metabolic monitoring. Cytotechnology，1996，22(1－3)：79－85.

［3］　弗雷什尼 R I 编，潘李珍等译．实用动物细胞培养技术．北京：世界图书出版公司，1996：1－3.

葡萄糖对细胞生长的计算

1 背景

中国仓鼠卵巢(Chinese Hamster Ovary, CHO)细胞构建重组细胞的宿主,广泛应用于生产具有重要药用价值的重组蛋白药物。重组 CHO 细胞生产的人红细胞生成素(Erythropoietin, EPO)已经获准上市[1]。对重组 CHO 细胞生长代谢特点研究有助于优化细胞的培养过程,对提高产物的生产率具有重要意义。

2 公式

计数细胞密度(X_A)。第 n 个取样点的细胞密度由下式给出:

$$X_n = X_{s,n} + X_{A,n} \tag{1}$$

细胞对营养物的得率系数:

$$Y_{X/S} = \frac{X_i - X_o}{S_o - S_i} \tag{2}$$

产物对营养物的得率系数:

$$Y_{P/S} = \frac{P_i - P_o}{S_o - S_i} \tag{3}$$

在批培养过程中,EPO 不断累积,EPO 浓度与细胞密度和培养时间之间的关系可由下式给出:

$$P = \int_o^t Q_P X \mathrm{d}t \tag{4}$$

式中,G—葡萄糖浓度,mmol/L;L—乳酸浓度,mmol/L;P—产物浓度,mmol/L 或 IU/mL;P_o—培养开始时产物浓度,mmol/L 或 IU/mL;t—培养时间,h;P_t—培养 t 时刻产物浓度,mmol/L 或 IU/mL; X_o—接种密度,cell/mL;Q_p—EPO 的比生成速率,IU/cell/mL;S_o—培养开始时营养物浓度,mmol/L;S_t—培养 t 时刻营养物浓度,mmol/L;X_m—贴壁生长的细胞密度,cell/mL;X_s—悬浮生长的细胞密度,cell/mL;X_t—培养 t 时刻的活细胞密度,cell/mL;$Y_{p/s}$ —产物对营养物的得率系数,mmol/mmol;下角标 48—培养 48 h 时; $Y_{x/s}$ —细胞对营养物的得率系数,cell/mmol;0—培养开始 t—培养 t 时刻。

图 1 为不同起始葡萄糖浓度下重组 CHO 细胞批培养的葡萄糖利用和细胞生长曲线,结

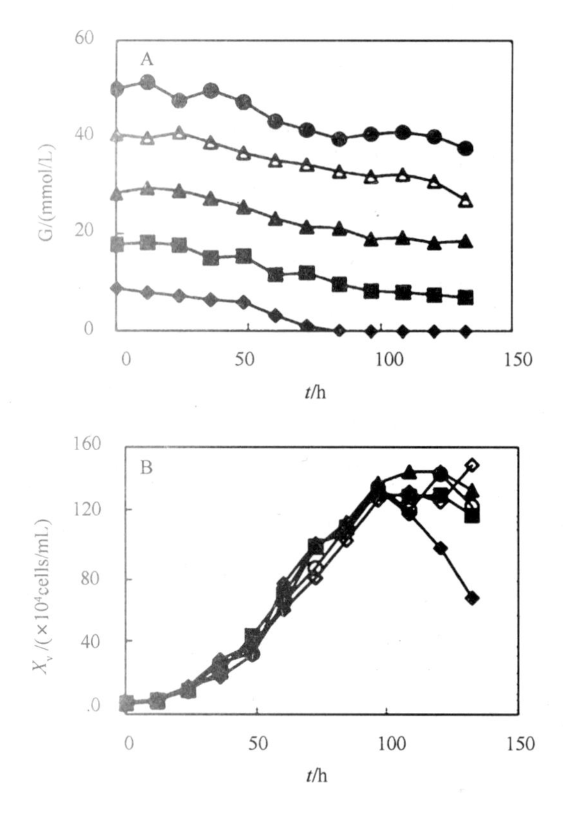

图 1　不同起始葡萄糖浓度的批培养中的葡萄糖利用(A)和重组 CHO 细胞的生长(B)

果表明,在批培养过程中,葡萄糖浓度从 8.9 mmol/L 上升到 48 mmol/L,并没有增加最大活细胞密度。表明葡萄糖是重组 CHO 细胞生存不可缺少的营养物,显示出 CHO 细胞具有与其他细胞不同的能量代谢特点。

3　意义

研究结果表明:在 CHO 细胞批培养中,乳酸对葡萄糖的得率系数首先随着葡萄糖浓度的增加而增加,葡萄糖浓度达到一定浓度后,乳酸对葡萄糖的得率系数基本上维持恒定。在孙祥明[1]实验中,葡萄糖浓度对谷氨酰胺代谢没有明显的影响。EPO 的累积浓度首先随着起始葡萄糖浓度的增加而增加,进而又随着葡萄糖浓度的增加而下降,表明存在一最适浓度,在此浓度下重组 CHO 细胞的 EPO 表达最大。葡萄糖是细胞培养过程中重要的碳源和能源物质,也是过程优化和控制的主要参数之一[2]。研究葡萄糖对重组 CHO 细胞生长、代谢和产物 EPO 表达的影响,为 EPO 生产过程的优化提供依据。

参考文献

[1] 孙祥明,张元兴. 葡萄糖对重组 CHO 细胞生长代谢及 EPO 表达的影响. 生物工程学报,2001,17(6):698 - 702.

[2] Zhou W C, Rehm J, Hu W S. Hight viable cell concentratiou fedbatch cultures of hybridoma cells through orr line nutrient feeding Biotechnoll. Bioeng, 1995, 46:579 - 587.

肿瘤坏死因子的吸附公式

1 背景

肿瘤坏死因子(Tumor Necrosis Factor a) (TNFa)是由人体内巨噬细胞和活化 T 细胞等产生的一种细胞因子[1],其作为一种炎症介质,对人体的作用具有双重性:适量的 TNFa 对机体呈现保护性反应。正常情况下,血浆中有较低水平的 TNFa 存在,这时维持机体内环境的稳定及组织的更新、改建,都起着重要的调节作用。但另一方面,过量的 TNFa 对机体产生不利的作用[2]。目前认为,肿瘤坏死因子 a 及其他一系列炎症介质共同介导了内毒素休克时的多器官疾病病生理改变,且 TNFa 在其发病过程中所起的主导作用。

2 公式

2.1 静态吸附量和吸附率的测定

树脂的吸附量和吸附率:

$$Q = \frac{(C_o - C_e) \times V}{V_2} \qquad \% = \frac{(C_o - C_e)}{C_o} \times 100\%$$

式中,Q 为吸附量;C_o 为起始浓度;C_e 为平衡浓度;V_1 为溶液体积;V_2 为树脂体积;% 为吸附率。

2.2 吸附等温线

对于固 - 液吸附过程,由于真实液体体系的非理想性,一直缺乏合理的模型描述平衡,对平衡模型的研究主要是沿用气 - 固吸附过程的一些表达式。在稀溶液吸附平衡的研究中,由于稀溶液相对更接近理想状态,人们应用较多的平衡方程是 Langmuir 方程,该方程是基于均一表面单层吸附这一假设的[3]。其一般形式为:

$$q^* = \frac{q_m c}{K_d + c} \text{或} q^* = \frac{q_m K_b c}{1 + K_d c}$$

式中,q_m 为饱和吸附容量,K_d 为吸附平衡的解离常数,K_b 为结合常数。根据 Giles 等[4]的等温线分类,二者的吸附等温线形态均呈“L”形,表示在溶液中 TNFa 比溶剂分了更易被吸附,即溶剂没有强烈的竞争吸附能力。但经半肤氨酸修饰后,其起始部分斜率大于 NIA - 110,表明溶剂分了对 TNFa 的竞争吸附更小。当平衡浓度增大时,半肤氨酸修饰的 NK - 110 吸附等温线有一较快的上升阶段，这可能是由于被吸附的 TNFa 分子对液相中的 TNFa 吸引作用，或吸附分了形成更紧密的排列也可能有多层吸附的发生。

选用 8 种不同结构和性质的氨基酸修饰 NK－110 树脂，经静态吸附实验，比较吸附量和吸附率的大小（图 1）。

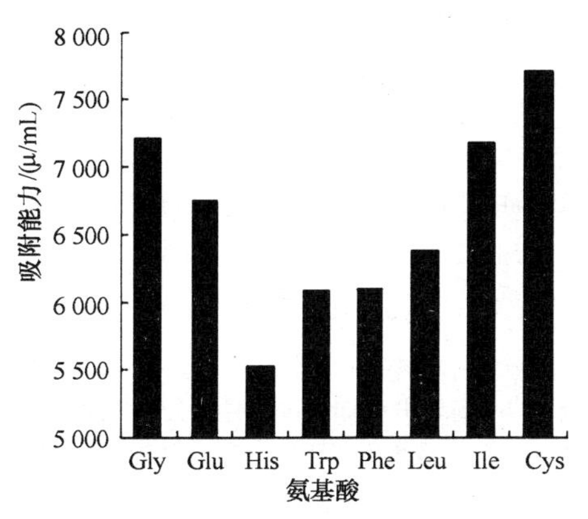

图 1　氨基酸修饰 NK－110 对肿瘤坏死因子的吸附作用

氨基酸的性质、固定量、对吸附性能的影响见表 1[5]。

表 1　氨基酸的特性和固定量对吸附能力的影响

氨基酸	分子量	特性		R 群变化	溶度/(g/100mL)	pK			PI	固定量/(μg/mL)	吸附能力/(u/mL)	E%
						COOH	NH_2	R 群				
Gly	75	产水的	有极	0	25	2.35	9.78	–	6.06	149.86	7189.84	79.89
Glu	147	产水的	酸性	–	0.86	2.1	9.47	407	3.08	149.53	6743.67	74.92
His	155	产水的	碱性	+	4.16	1.8	9.33	6.04	7.64	151.78	5524.25	61.38
Trp	204	疏水的	无极	0	1.14	2.46	9.41	–	5.88	156.21	6070.44	67.45
Phe	165	疏水的	无极	0	2.96	2.2	9.31	–	5.76	154.81	6085.10	67.61
Leu	131	疏水的	无极	0	2.43	2.33	9.74	–	6.04	151.49	6383.03	70.92
IIe	131	疏水的	无极	0	4.12	2.32	9.76	–	6.04	152.77	7148.16	79.42
Cys	121	产水的	有极	0	容易	1.92	10.7	8.37	5.15	624.54	7683.80	85.38

3　意义

选择特定的吸附剂直接吸附血浆中的 TNFa，使其浓度迅速降低，设法阻断 TNFa 在致病过程中的作用环节。而早期降低 TNFa 活性亦能减少其他细胞因子的释放，这样既减少了 TNFa 本身的直接作用;又减弱了由其激活介质所产生的继发性效应,从而达到阻断或减弱致病介质发挥作用的目的。通过静态吸附量和吸附率的计算和 Langmuir 平衡方程的应用,了解氨基酸修饰 NK－110 对肿瘤坏死因子的吸附作用,为进一步研制新型的、高特异性和高吸附量的 TNFa 吸附剂提供了理论依据。

参考文献

[1] Xuau D,Nicolau D P,Nightingale C H, et al. Circulating tumor necrosis factor-alpha production during the progression of rat endotoxic sepsis Chemotherapy,2001,47(3):194－202.

[2] 魏佼,俞耀庭, 孔德领. 氨基酸修饰大孔吸附树脂 NK－110 对肿瘤坏死因子吸附性能的研究. 生物工程学报,2001,17(4):432－435.

[3] Sun Y(孙彦). Engineering of biological separation(生物分离工程). Beijing: Chemistry industry Press, 1998: 136－137.

[4] GU T R(顾惕人). ZHU S Y(朱涉瑶),LI W L(李外郎). Interface Chemistry(表面化学). Beijing: Science Press,1999: 309－345.

[5] Wu G Y(吴冠芸),Pan HZ(潘华珍),Wu H(吴辉). Common experimental data manual in biochemistry and molecular biology(生物化学与分子生物学实验常用数据手册). Beijing:Science Press,1999: 155－156.

乙醇氧化酶的计算

1 背景

巴斯德毕赤酵母作为外源基因的表达宿主,已成功表达出一系列胞内和胞外蛋白[1],并已建立起了一套较成熟的发酵工艺。巴斯德毕赤酵母基因工程菌的外源基因,由胞内AOX 酶(乙醇氧化酶)基因启动子调控。在非甲醇碳源条件下(如甘油或葡萄糖),AOX 酶基因表达被抑制,外源基因也处于不表达状态[2]。而以甲醇为唯一碳源时,AOX 酶在胞内大量合成,同时外源基因被调控表达。在一般情况下,AOX 酶的变化直接反映了外源基因的表达状况,因此通过分析检测胞内 AOX 酶的含量和变化速率,就可以确定外源基因所处的状态。

2 公式

2.1 测定 AOX 酶活性原理

在甲醇为唯一底物的情况下,菌体中 AOX 酶催化甲醇的反应可以表示为:

$$CH_3OH + O_2 \xrightarrow{AOX} HCHO + H_2O_2$$

在 28℃, 0.101 MPa, 含氧 20.9%, 水蒸气饱和的大气, 纯水中的饱和氧浓度为 7.168 mg/L,即使全部反应完全,消耗甲醇 9.56 mg/L 左右,比加入的甲醇量 160 mg/L 小很多,因此整个催化过程可以视为溶氧控制。根据米氏方程,氧消耗速率 R_{O_2},可以表示为式(1)的形式:

$$r_{o_2} = \frac{r_{o_{2\max}} \times [DO]}{K_m + [DO]} = \frac{k + e_x \times OD_{600} \times [DO]}{K_m + [DO]} \tag{1}$$

比氧消耗速率 q_{o_2}用式(2)表示:

$$q_{o_2} = \frac{q_{o_2} \times [DO]}{K_m + [DO]} = \frac{k + e_x \times [DO]}{K_m + [DO]} \tag{3}$$

式中:$r_{o_{2\max}}$ 为最大氧消耗速率;r_{o_2} 为氧消耗速率;[DO]为溶氧浓度;e_x 为单位菌体内的酶浓度;k 为比例系数;K_m 为米氏常数;OD_{600}为以吸光度表示的菌体浓度;$q_{o_{2\max}}$为最大比氧消耗速率;q_{o_2}为比氧消耗速率。

如果溶氧浓度远大于 K_m,则氧的比消耗速率与单位菌体内的 AOX 酶活成正比,因此可以用溶解氧的变化速率来表示 AOX 酶的活性。

2.2 AOX 酶催化反应动力学规律

存甲醇为唯一碳源的情况下,溶氧值高于 DO_{eri}时,酶催化反应与溶氧值无关,比氧消耗速率等于最大比消耗速率 $q_{O_{2max}}$,其值等于图 1 直线的斜率,通过计算 $q_{O_{2max}}=0.409$。当溶氧值低于 DO_{eri}时,供氧成为控制因素。对于表达菌体的反应可以表示成式(3)的形式:

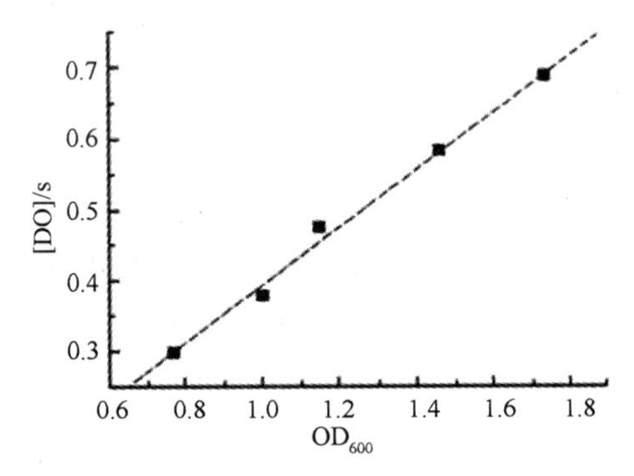

图 1 耗氧速率与菌体浓度的关系

$$r_{O_2}=-\frac{d[DO]}{dt}=q_{o_2}\times OD_{600} \tag{3}$$

将式(2)代入式(3)积分整理得式(4):

$$\frac{[DO]_o-[DO]_t}{t}=q_{o_{2max}}\times OD_{600}+\frac{K_m}{t}\times In\frac{[DO]_t}{[DO]_o} \tag{4}$$

定义 AOX 酶活力如下:

在一个大气压下,28℃,pH6.2、浓度为 0.2 mol/L 的磷酸盐缓冲液中,以过量的甲醇 160 mg/L 为唯一营养源进行酶催化反应,单位时间内溶氧的变化值为 AOX 酶活力单位。单位菌体浓度的酶活力为比活力 E_{Aox},同时也是胞内 AOX 酶含量的值。酶活力 E_{Aox}和酶比活力 E'_{AOX} 可以分别用式(5)和式(6)表示:

$$酶活力\ E_{AOX}=\Delta DO/\Delta t\ 氧消耗速率 \tag{5}$$

$$酶比活力E'_{AOX}=E_{AOX}/OD_{600}\ 比氧消耗速率 \tag{6}$$

其中:E_{AOX} – 酶活力 u(溶氧/min)

E'_{AOX} – 酶的比活力 u/单位吸光度。

将耗氧速率对菌体浓度作图,得到图 5 的结果。从图 2 可以看出,耗氧速率与菌体浓度呈很好的直线关系,相关系数达到 0.997。这个结果说明,氧消耗速率可以直接反映菌体浓度。在相同条件下,菌体浓度与 AOX 酶浓度成正比,因此氧消耗速率实际上反映的是 AOX 酶的活性。

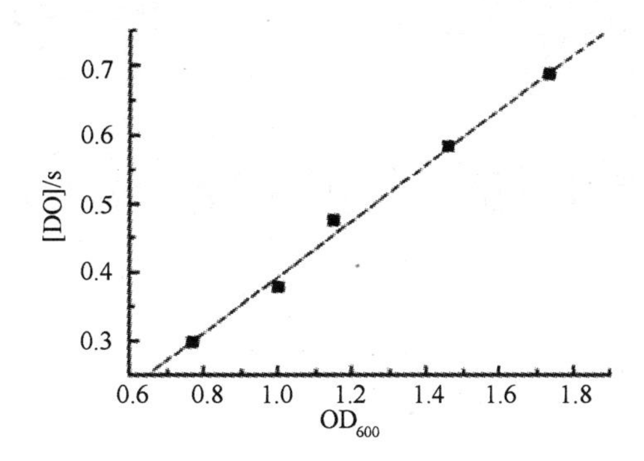

图 2　耗氧速率与菌体浓度的关系

3　意义

细胞在利用甲醇的同时,也要按一定的摩尔比消耗氧,在特定的条件下,即只有甲醇作为唯一营养源时,氧的消耗速率可以反映甲醇的消耗速率,用甲醇的消耗速率或氧的消耗速率来定义 AOX 酶的活性,通过测定活体细胞对氧的消耗情况,就可以确定 AOX 酶活力。根据活细胞氧化甲醇过程中消耗氧的情况,测定溶氧的变化,通过 AOX 酶催化反应动力学,计算 AOX 酶的活力。

参考文献

[1] TU X L(涂宣林). ZHU Y S(朱运松). SONG H Y(宋后燕) Cloning and expression of PAcDNA in Pichia pastoris. Chinese Joural of Biotechnology(生物工程学报),1998,14(4):439-444.

[2] 顾小勇,李强,曹竹安. 毕赤酵母基因工程菌胞内 AOX 酶的检测方法. 生物工程学报,2001,17(4):474-477.

谷氨酸胺的化学降解公式

1　背景

谷氨酸胺是动物细胞培养中一种很特殊的必需氨基酸，常用培养基中其浓度在0.7～5 mmol/L之间，可作为细胞生长的主要要能源和氮源，并参与合成嘌呤、嘧啶、蛋白质[1]。并且谷氨酸胺的水解又是培养体系中主要毒性副产物氨的重要来源。在批式培养中，一部分谷氨酰胺被细胞作为能源消耗进入三羧酸循环，生成两分子氨，而参与生物量合成的谷氨酰胺并不产生游离的氨。辛艳等[1]研究谷氨酰胺的化学降解规律及其在不同谷氨酰胺浓度的批次培养中对杂交瘤细胞生长的影响。

2　公式

谷氨酸胺化学降解的影响：由于培养液中谷氨酸胺浓度的降低除了归因于细胞消耗外，化学降解也占了相当一部分，实际被细胞所利用的谷氨酸胺 G_{cell} 的消耗速率可表示为下式的形式：

$$\frac{dC}{dt} = \frac{dC_{cell}}{dt} - kC$$

其中，C 为体系中实际的谷氨酸胺浓度；G_{cell} 为细胞实际利用的谷氨酸胺浓度；k 为一级降解速率常数；t 为时间。

图1描述了贮存(4℃)和培养条件下谷氨酰胺的化学降解曲线。

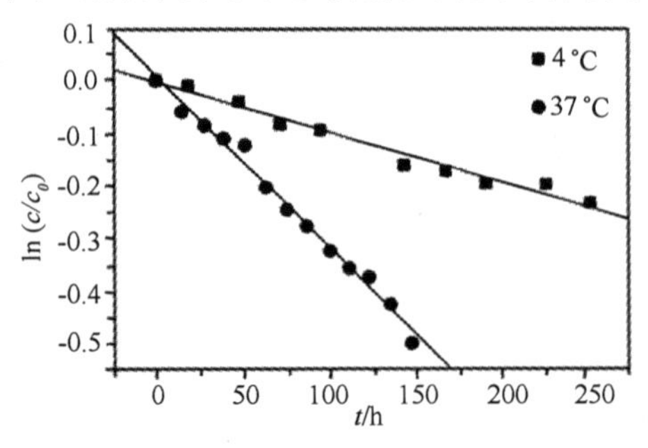

图1　谷氨酰胺化学降解曲线

图 2 是低浓度下典型的批次培养实验的谷氨酰胺代谢曲线（含空白）和细胞生长曲线。从图中可以看到，谷氨酰胺耗尽后约 8 h 细胞达到最大密度，随后即开始死亡。

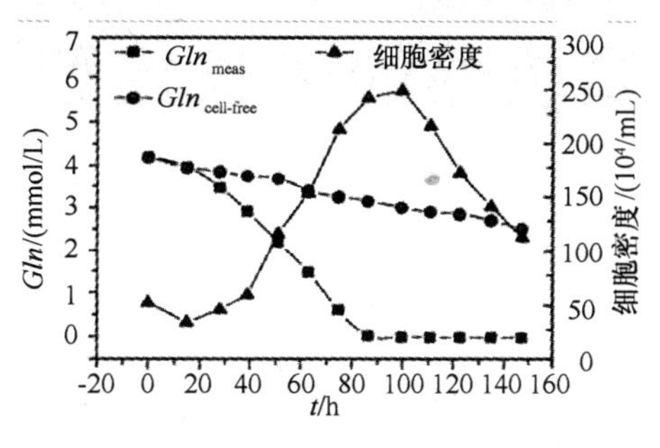

图 2 细胞生长曲线

由此可求得各浓度下扣除化学降解部分后的谷氨酸胺消耗曲线，亦即被细胞利用的谷氨酸胺消耗曲线。将上式对 t 积分即可得到培养过程中细胞实际利用的谷氨酸胺量，进而可以计算出谷氨酸胺的实际利用率以及细胞代谢中氨对谷氨酸胺的实际得率（即扣除降解所产生的氨）。

在常规谷氨酸胺浓度下，批次培养结束时，各种氨基酸都有大量富余，说明低浓度下，谷氨酸胺的耗尽是细胞开始死亡的直接原因，只是有一定的滞后期，Higareda[2] 等也观察到同样的现象。

3 意义

为了提高谷氨酰胺的实际利用率，可在不明显影响 C50 细胞生长和死亡速率的情况下，采用尽量低的初始浓度，并以补料方式使其维持在较低浓度，从而减少培养体系中氨的积累[1]。简单的批次培养中，为了得到更高的细胞密度和活力指数则可以适当提高谷氨酰胺的浓度，使副产物的积累在细胞的耐受程度以内即可。应用谷氨酸胺的化学降解公式，对于设计最佳的谷氨酸胺给料浓度和方式，以减少氨的积累，具有重要意义。

参考文献

[1] 辛艳，杨艳，李强. 谷氨酚胺在杂交瘤细胞培养中的降解与代谢. 生物工程学报，17(4)：478 – 480.

[2] Higareda A E, Possani L D, Ramirez O T. The use of culture redox potential and oxygen uptake rate for assessing glucose and glutamine depletion in hybridoma cultures. Biotechnology & Bioengineering, 1997, 56: 555 – 563.

螺旋藻的生长模型

1 背景

螺旋藻是一类螺旋状、不分枝的丝状微藻[1]。它含有丰富的蛋白质、维生素以及多种酶类和微量元素等生理活性物质,具有较高的营养价值和医疗保健功效[2]。其潜在的巨大开发利用价值已引起人们日益广泛的关注。曾文炉等[1]通过光生物反应器中螺旋藻的批式和连续培养实验,考察了两种条件下细胞生长及其对碳源底物的消耗与利用特性,并建立了相应的动力学模型。

2 公式

2.1 批式培养生长动力学

2.1.1 细胞生长模型

根据生物的新陈代谢规律,细胞或生物体的生物量变化速率应是其同化与异化速率之差。设同化速率正比于生物量的 m 次方,而异化速率则反比于生物量本身,系数分别为 α 和 β 。以数学形式表示为:

$$\frac{dX}{dt} = \alpha x^m - \beta x$$

此方程的解为

$$x = A[1 - \exp^{-k(t-t_o)}]^{\frac{1}{1-m}}$$

其中,

$$A = \left[\frac{\alpha}{\beta}\right]^{\frac{1}{1-m}} \qquad k = (1 - m)^{\beta}$$

令

$$B = \exp^{kt_o}$$

由此得到细胞生长的 Richards 模型[3]。

$$x = A(1 - B\exp^{-kt})^{\frac{1}{1-m}}$$

2.1.2 培养基碳源消耗模型

碳源消耗量与细胞浓度密切相关。在培养初期,由于细胞浓度低,培养基中碳源的消耗量也不多。随着细胞的旺盛生长，碳源消耗量将急剧增加，由此导致其浓度快速下降。可假设培养液中的剩余碳源浓度与细胞生物量浓度呈二阶负指数相关关系，即

$$C_{total} = c_1 + c_2 \exp^{-\frac{x}{c3}} + c_4 \exp^{-\frac{x}{c5}}$$

此即螺旋藻细胞批式培养时培养基中碳源消耗模型。

2.2 连续培养动力学

2.2.1 细胞产率

为简化起见，将螺旋藻细胞连续培养体系看做是一个单级恒化器（CSTR）。忽略细胞培养过程中产物的形成以及维持代谢的底物消耗，则参照稳态条件下单级 CSTR 的物料衡算，可得如下关系[4]：

$$x = Y_{x/s}(S_o - S)$$

在连续培养过程中，可以预见，随着稀释率的增大，自反应器中流出也即反应器中的底物浓度也将上升。当稀释率达到一定值时，底物浓度将接近极限值即等于流入反应器的培养液中的浓度。由此可假设反应器中底物浓度与稀释率的关系为 Monodl 类型的方程式，即

$$S = S_1 + \frac{S_2 D}{S_3 + D}$$

将其代入前式，由

$$x = Y_{x/s}\left[S_o - S_1 - \frac{S_2 D}{S_3 + D}\right]$$

连续培养式细胞产率 P 等于稀释率与细胞浓度之积，即

$$P = Dx = DY_{x/s}\left[S_o - S_1 - \frac{S_2 D}{S_3 + D}\right]$$

此为连续培养时的细胞产率模型。

从图 1 可以看出，模型方程较为能够准确地描述螺旋藻细胞浓度随培养时间的变化（$R^2 = 0.9996$）。

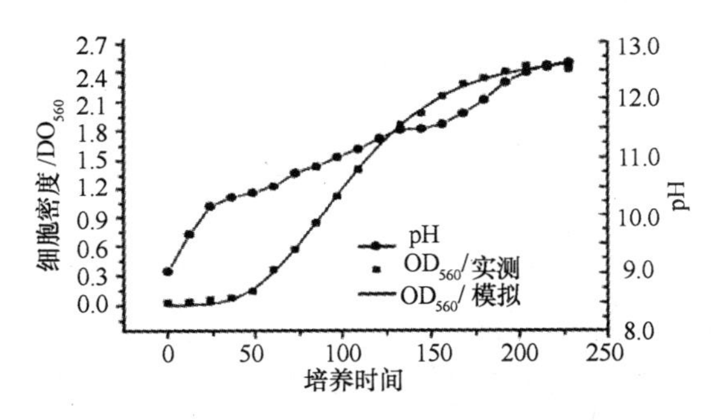

图 1　批式条件下细胞生长和 pH 值的变化曲线

批式培养过程藻液中的碳源总量及其各种成分的变化情况如图 2 所示。

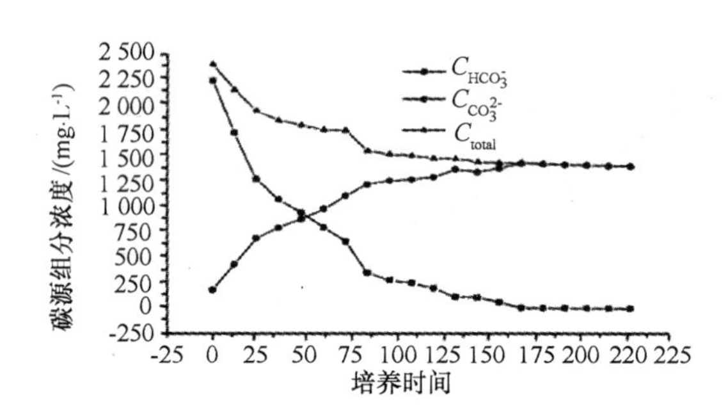

图2　碳源组分浓度随培养时间的变化

可以看出,随着培养过程的进行,碳源总量和碳酸氢根形式的碳量呈下降趋势,而碳酸根形式的碳量却呈上升趋势。比较图3中的模型拟合曲线与实验数据,可以发现模型方程能较好地描述稀释率与碳源和细胞浓度的关系。

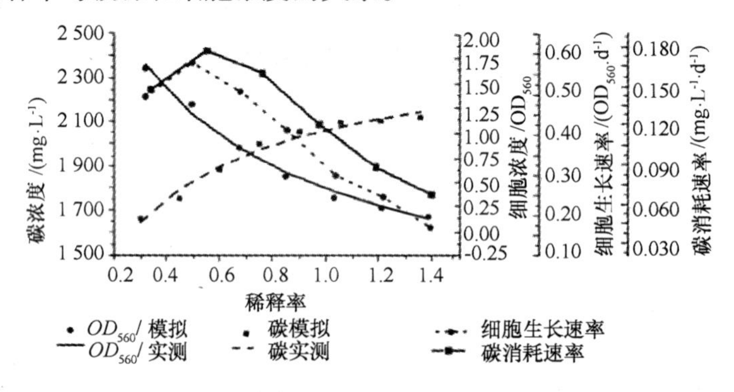

图3　细胞浓度和细胞产率等与稀释率的关系

2.2.2　底物消耗

根据细胞得率系数的概念,可将底物消耗速率表示为

$$-\frac{\mathrm{d}S}{\mathrm{d}t}=\frac{1}{Y_{x/s}}\frac{\mathrm{d}X}{\mathrm{d}t}$$

联系细胞产率方程式,得

$$-\frac{\mathrm{d}S}{\mathrm{d}t}=\frac{1}{Y_{x/s}}\frac{\mathrm{d}X}{\mathrm{d}t}=D\left[S_o-S_1-\frac{S_2D}{S_3+D}\right]$$

此为螺旋藻细胞连续培养时的底物消耗模型。式中,A为生长上限参数(OD_{600});C_3,C_5为模型参数(OD_{560});C_1,C_2,C_4为模型参数(mg/L);k为同化或生长速率常数(h^{-1});C_{total},$C_{Hco_3^-}$,$C_{co_3^{2-}}$为总碳,碳酸氢根碳和碳酸根碳浓度(mg/L);m为异化或降解速率参数;P为细胞产率,g/(L·d);S,S_o为反应器和进料中的碳浓度,mg/L;S_3为模型参数,d^{-1};S_1,S_2为模型参数,mg/L;t,t_o为培养时间,h;x为细胞生物量(OD_{560});B为细胞初始生长参数;$Y_{x/s}$为

得率系数,(OD_{560}/mg or g/gC);α,β 为模型参数。

3 意义

在内循环气升式光生物反应器中,曾文炉等[1]分别研究了螺旋藻细胞在批式和连续培养条件下的生长特性,结果表明:Richards 模型和指数衰减模型可较好地描述批式培养时细胞和碳源底物浓度与培养时间的关系。连续培养时随着稀释率的增大,细胞和底物浓度分别呈下降和上升趋势。所提出的连续培养动力学模型可较好地拟合实验数据。为提高工业化生产的效率提供参考。

参考文献

[1] 曾文炉,蔡昭铃,欧阳藩. 螺旋藻批式与连续培养及其生长动力学. 生物工程学报,2001,17(4):414 - 419.

[2] Birkhauser Verlag. Mass production of Spirulina. Experimentia,1982,38:41 - 46.

[3] Richards F J. A flexible growth function for empirical use. Journal of Experimental Botany, 1959,10(2): 290 - 300.

[4] YU J T(俞俊棠)et al. Biotechnology. Shanghai:East China University of Science and Technolog Press(华东理工大学出版),1992.

重组 CHO 细胞密度的计算

1 背景

促红细胞生成素(EPO)是治疗肾衰性和癌症化疗引起贫血的有效药物,也可用于择期手术的自身输血血液储备,具有广阔的市场前景。利用重组 CHO 细胞培养生产的重组 EPO 已经获准上市[1]。提高 EPO 生产率的主要途径是实现细胞培养的高密度和提高细胞的产物表达能力。灌注培养是实现细胞高密度培养的有效选择[2]。细胞培养的高密度有赖于过程控制的优化,即维持适当的营养物浓度不至于导致细胞生长的营养限制,控制低的代谢副产物浓度,避免其对细胞生长的抑制。

2 公式

第 n 个取样点的细胞密度由下式给出:

$$X_n = X_m + X_s \tag{1}$$

式中,X_m 为计数培养液中的悬浮细胞密度;X_s 为单细胞悬浮液的计数细胞密度。

得率系数的计算:在重组 CHO 细胞的批培养过程中,96 h 起细胞的生长基本上进入稳定期,因此细胞对营养物的得率系数由下式计算:

$$Y_{X/S} = \frac{X_{96} - X_o}{S_0 - S_{96}} \tag{2}$$

式中, $Y_{X/S}$ 为细胞对营养物的得率系数;X 为细胞密度;S 为营养物浓度。代谢产物对营养物的得率系数由下式计算:

$$Y_{P/S} = \frac{P_{96} - P_o}{S_o - S_{96}} \tag{3}$$

式中, $Y_{P/S}$ 为产物对营养物的得率系数;P 为产物浓度;S 为营养物浓度。

根据公式,在起始氨浓度为 5.66 mmol/L 的培养过程中,培养 96 h 和 120 h 所对应的葡萄糖浓度均略高于其他起始氨浓度批培养过程所对应的葡萄糖浓度,细胞密度则明显地低于其他起始氨浓度批培养过程所对应的细胞密度(表 1)。这反映了在不同氨浓度下,单位细胞水平的葡萄糖代谢有着明显的不同。

表 1　不同起始氨浓度下重组 CHO 细胞批培养 96 h 和 120 h 对应的活细胞密度和葡萄糖浓度

A_6 /(mmol/L)	G_0 /(mmol/L)	X_0 /(×10^5 cells/mL)	96 h		120 h	
			X_{96}/(10^5 cells/mL)	G_{96}/(mmol/L)	X_{120}/(10^5 cells/mL)	G_{120}/(mmol/L)
0.21	22.5	0.57	12.2	12	12.2	11
1.74	22.5	0.56	9.6	13	10.2	10
3.09	22.5	0.58	7.7	13	8.4	10
4.28	22.5	0.87	4.5	13	5.6	10
5.66	22.5	0.76	2.8	14	3.4	13

在重组 CHO 细胞的培养过程中，细胞对葡萄糖的得率系数随着氨浓度的增加而明显下降(图 1)。

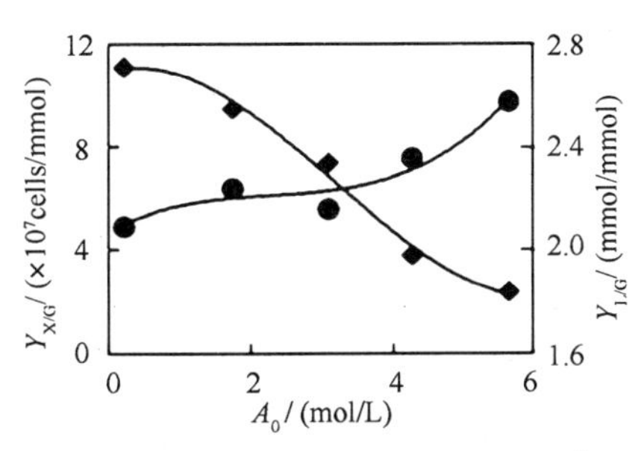

图 1　重组 CHO 细胞批培养过程中起始氨浓度对细胞对葡萄糖得率系数(◆)和乳酸对葡萄糖得率系数(●)的影响

3　意义

氨和乳酸是细胞培养过程中的主要代谢副产物[3]。与乳酸相比，较低浓度的氨就会对细胞的生长产生抑制。氨对重组 CHO 细胞生长有明显的抑制作用并遵循二级抑制模型。氨对细胞生存的毒性作用不仅取决于氨的浓度，也取决于细胞在此氨浓度下生存的时间[3]。通过计算重组 CHO 细胞密度，可以得出氨对重组 CHO 细胞代谢的影响，为重组 CHO 细胞高密度培养过程中的氨控制及过程优化提供依据。

参考文献

[1]　孙祥明，张元兴．重组 CHO 细胞培养过程中氨对细胞代谢的影响．生物工程学报，2001，17(3)：304 – 97

308.

[2] Konstantinov K B, Tsai Y, Moles D, et al. Control of long-term perfusion Chinese hamster ovary cell culture by glucose auxostat. Biotechnol Prog, 1996, 12: 100 – 109.

[3] Lanks K. End products of glucose and glutamiue metabolism by L929 cells. J Biod Chem, 1987, 262: 10093 – 10098.

细菌素培养基的评价公式

1 背景

微生物的生长和代谢产物的积累受制于培养基的组分如碳源、氮源等多种因子的影响。在多因子起作用的生化过程中,如何快速地找出主要因子并进行优化并不是一件易事[1]。响应面方法(Response surface methodology, RSM)是统计技术的合称,它包括实验设计、建模、因子效应评估以及寻求因子最佳操作条件[2]。研究以细菌素产量较高的CM培养基为基础,利用响应面方法对影响细菌素产量的培养基各组分进行评价并对主要影响因子进行优化。

2 公式

2.1 中心组合设计(Central Composite Design,CCD)

中心组合设计参照文献[3]进行。用标准多项式回归方法,对实验数据进行拟合,便得到一个二次多项式。该方程为描述响应变量(因变量)与自变量的经验模型。对于2因子系统,模型可表述为:

$$Y = b_0 + b_1x_1 + b_2x_2 + b_{12}x_1x_2 + b_{11}x_1^2 + b_{22}x_2^2$$

式中,Y为预测响应值即细菌素浓度;b_0为截距;b_1,b_2为线性系数;b_{11},b_{22}:为平方系数。对此方程所代表的面进行分析,可以推测出最适操作条件在实验所覆盖的区域,或是指明在于什么方向再进行实验可得到更好的结果。

用国际上最常用的统计软件SAS/Statistic Version 6.12对实验数据进行回归分析。用学生t检验测试回归系数的显著性。显著性的水平作如下标记:＊＊＊代表$p<0.01$,＊＊代表$P<0.05$,＊代表$P<0.10$。多项式模型方程拟合的性质由确定系数R^2($=SSR/S_{YY}$,)表达,其统计学上的显著性由F检验确定。用微分计算预测最佳点。

在实际中进行实验,CM培养基氮源的改变对菌体生长和细菌素产量的影响见图1。

当大豆蛋白胨用高浓度时,乳链菌肽的效价低,而用低浓度时乳链菌肽的浓度反而增加。其他因素对乳链菌肽的效价影响不明显。这些结果与这部分因子实验的回归分析是一致的(表1)。

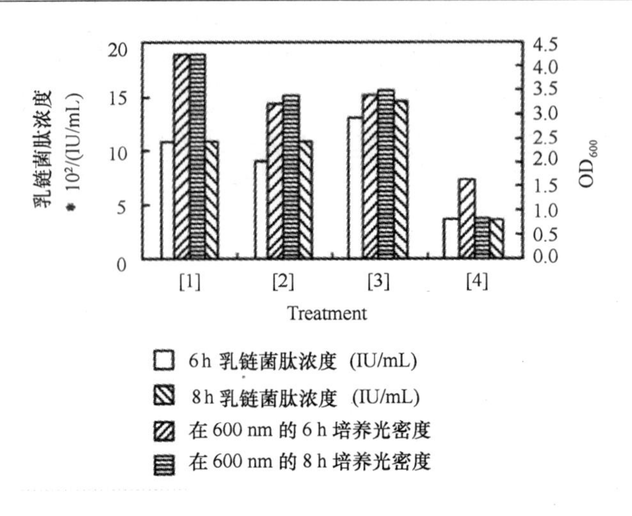

图 1　氮源对菌体生长和乳链菌肽效价的影响

表 1　部分重复因子设计对乳链菌肽和菌体生长回归分析的结果

项目	对乳链菌肽的回归分析			对 OD_{600} 的回归分析		
	回归系数	t 检验	显著性的水平	回归系数	t 检验	显著性水平
截距	1 146.15	41.89	0.000 1**	3.40	60.74	0.000 1***
x1	47.44	1.55	0.145 0	0.14	2.31	0.037 9**
x2	−75.31	−2.46	0.028 6**	0.16	2.53	0.024 9**
x3	33.44	1.09	0.294 2	0.25	4.05	0.000 4***
x4	324.81	10.62	0.000 1***	0.64	10.27	0.000 1***
x5	22.69	0.74	0.471 5	0.02	0.25	0.808 2
x6	−38.19	−1.25	0.233 9	0.03	0.54	0.601 3
	$R^2=0.9055$, $F=20.752>F_{6,13,0.01}=4.62$			$R^2=0.9116$, $F=22.341>F_{6,13,0.01}=4.62$		

3　意义

用于培养细菌素产生菌的常用培养基有 CM 培养基,SM8 培基,SM8 培养基等[1],这些培养基的共同特点是考虑菌体生长及中和代谢抑制物乳酸以促进菌体生长,没有考虑细菌素的积累及培养基中有机氮源含量过高会给细菌素的分离纯化带来困难。研究以细菌素产量较高的 CM 培养基为基础,利用响应面方法对影响细菌素产量的培养基各组分进行评价并对主要影响因子进行优化得到较好的结果,同时对菌株在优化培养基中的动力学进行了分析,为上罐发酵提供依据。

参考文献

[1] 李孱,白景华,蔡昭铃,等. 细菌素发酵培养基的优化及动力学初步分析. 生物工程学报,2001,17(2):187-192.

[2] Ismail A, Soultani S, Ghoul M. Optimizatin of the enzvmaic synthesis of butyl glucoside using response surface methodology. Biotehnol Prog, 1998, 14: 874-878.

[3] Souza M C De O, Roberto I C, Milagres A M F. Solid-state fermentation for xylanase production by Thermoascus aurantiacus using response surface methodology. Applied Microkiology and Biotechnology, 1999, 52(6): 768-772.

厌氧氨氧化菌的生长模型

1 背景

厌氧氨氧化（$5NH_4^+ + 3NO_3^- \rightarrow 4N_2 + 9H_2O + 2H^+$；$NH_4^+ + NO_2^- \rightarrow N_2 + 2H_2O$）是 20 世纪 90 年代中期发现的一个新的生物反应[1]，利用厌氧氨氧化可同时取得生物硝化和反硝化的效果[2]，因此在环境工程上具有较高的利用价值。从厌氧氨氧化菌混培物的生长特性来看，要进行该生物反应的工程开发，需解决接种物的增殖问题。如果能够获得足量接种物，又能使其适度增殖，将厌氧氨氧化应用于产生是完全可能的[1]。

2 公式

2.1 氨浓度与厌氧氨氧化

厌氧氨氧化速率与基质浓度有关。观察 0 ~ 70 mmol/L 范围内氨浓度对反应速率的影响发现，反应速率与氨浓度之间呈抑制型曲线（图 1）。可采用 Haldan 模型来处理[3]。即

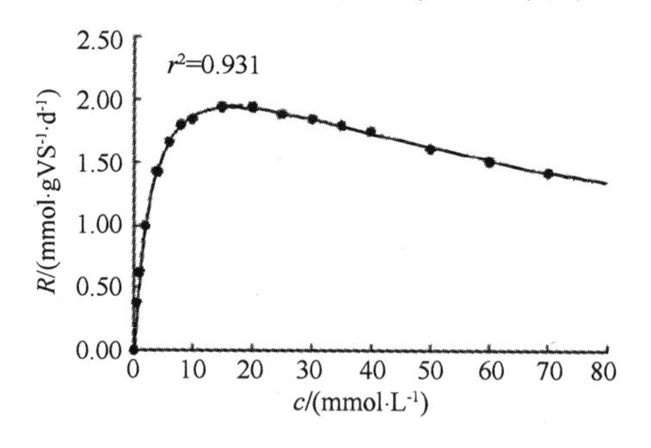

图 1　氨浓度对厌氧氨氧化速率的影响

$$v = \frac{V_{\max}}{1 + \frac{K_m}{S} + \frac{S}{K_i}} \tag{1}$$

用 Slide Write Plus Program 6.0，以 Haldane 模型对测定数据作非线性拟合，可得表观最大氨反应速率、半速率常数和氨抑制常数分别为 2.761 mmol（gVS · d^{-1}）、3.458 mmol/L 和 80.226 mmol/L，相关系数（r^2）为 0.931。厌氧氨氧化菌混培物利用氨的 K_m 值与报道的

N. europaeaK_m 值[4]相当。

对式(1)求导数,并令该方程的一阶导数为零可得:

$$V'_{max} = \frac{V_{max}}{1 + 2\sqrt{\frac{K_m}{K_i}}} \tag{2}$$

此时,得到最大反应速率的基质浓度为:

$$S_{max} = \sqrt{K_m K_i} \tag{3}$$

从氨抑制常数看,厌氧氨氧化菌混培物对这类废水具有较强的适应性。如果采用连续流反应器处理,并使其在接近稳态的条件下操作,完全能够将基质浓度保持低于产生抑制的水平。根据式(1)分析,即使 K_i 值很小,稳态运行产生的低基质浓度也能使 S/K_i 项大大小于 K_m/S 项,从而使基质的抑制作用得到缓解。此外,出水回流也是缓解基质抑制的有效措施。

从厌氧氨氧化菌混培物的反应活性看,其氧化速率明显低于好氧氨氧化菌。要使厌氧氨氧化反应器高效运行,必须在反应器内持留高浓度的生物体。

2.2 亚硝酸浓度与厌氧氨氧化

厌氧氨氧化反应速率也与亚硝酸盐有关。如果亚硝酸盐对厌氧氨氧化的抑制为非竞争性抑制,则根据酶学原理有:

$$V''_{max} = \frac{V'_{max}}{1 + \frac{I}{K_i}} \text{或} \frac{1}{V''_{max}} = \frac{1}{V'_{max}} + \frac{I}{V'_{max}K_i} \tag{4}$$

厌氧氨氧化反应速率也与亚硝酸盐有关。测定发现,亚硝酸盐的厌氧转化同样呈抑制型曲线(图2)。

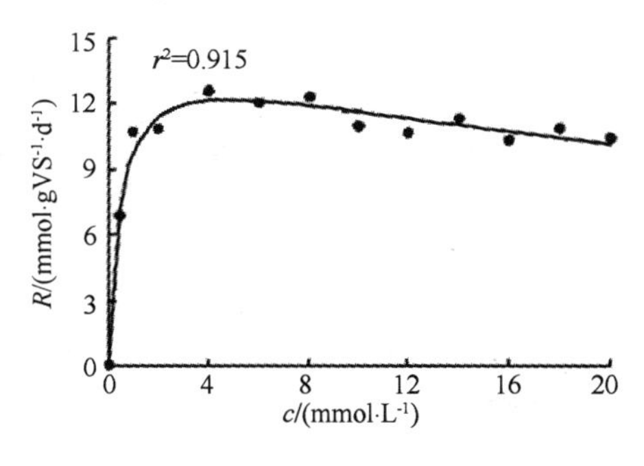

图2　亚硝酸浓度对亚硝酸转化速率的影响

2.3 厌氧氨氧化的最适 pH

鉴于厌氧氨氧化反应对 pH 的依赖性,可以认为该反应的限速酶只有在特定的离解状态才起作用。根据 Antoniou 等推导[5],有:

$$v = \frac{\delta}{1 + \frac{K_{h1}}{[H^+]} + \frac{[H^+]}{K_{h2}}} \tag{5}$$

$$[H^+]_{opt} = \sqrt{k_{h1}k_{h2}} \tag{6}$$

图 3 反应了 pH 对厌氧氨氧化速率的影响。

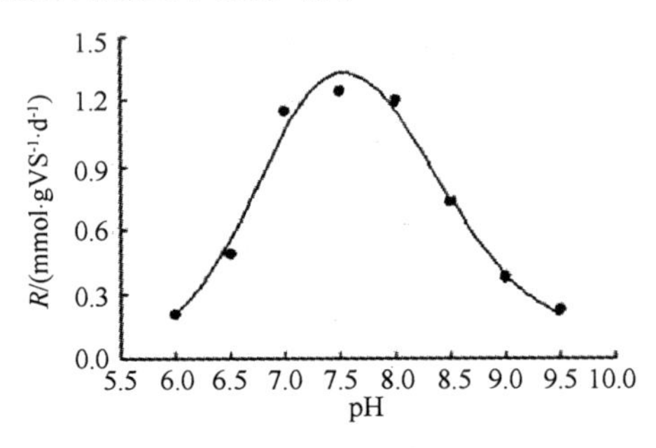

图 3　pH 对厌氧氨氧化速率的影响

2.4　细胞产率系数和细胞衰减常数

一般认为,细菌的比生长速率(u)与比基质利用速率(U)之间存在式(7)所表示的关系。而比基质利用速率又可通过式(8)计算。通过 u 对 v 作图,可得细胞产率系数和细胞衰减常数。

$$\mu = YU - b \tag{7}$$

$$U = \frac{S_o - S}{\theta Y} \tag{8}$$

式中,v 为基质反应速率;V_{max}为最大基质反应速率;K_m 为半速率常数;K_i 为基质抑制常数;S 为基质浓度;u 为比生长速率;Y 为细胞产率系数;V'_{max}为存在基质抑制时可取得的最大反应速率;S_{max}为存在基质抑制时取得最大反应速率的基质浓度;V''_{max}为存在抑制剂时的基质反应速率;I 为抑制剂浓度;b 为细胞衰减常数;K_{in}为抑制剂抑制常数;U 为比基质利用速率;X　VS 为浓度;$[H^+]$为氢离子浓度;S_o 为进水氨浓度;a 为氨;K_{h1}为常数;$[H^+]^{opt}$为取得最大反应速率时的氢离子浓度;T 为温度;S_e 为出水基质浓度;θ 为水力停留时间;δ 为常数;K_{h2}为常数;n 为亚硝酸;r 为回归相关系数。

3　意义

从各种动力学曲线得出结论:从氨抑制常数看,厌氧氨氧化菌混培物对这类废水具有较强的适应性。从厌氧氨氧化菌混培物的反应活性看,其氧化速率明显低于好氧氨氧化菌。厌氧氨氧化速率随亚硝酸浓度的升高而下降。利用厌氧氨氧化的生物反应可同时取得生物硝化和反硝化的效果。研究并掌握厌氧氨氧化的动力学特性,将有助于该生物反应的开发。需解决接种物的增殖问题。如果能够获得足量接种物,又能使其适度增殖,将厌氧氨氧化应用于产生是完全可能的。

参考文献

[1] 郑平,胡宝兰.厌氧氨氧化菌混培物生长及代谢动力学研究.生物工程学报,2001,17(2):193-198.

[2] Jetten M S M,Strous M,Van de Pas-Scboonen KT, et al. The anaerobic oxidation of ammonium. FEMS Microbiology Reviews, 1999,22:421-437.

[3] Gee C S, Suidan M T, Pfeffer J T, et al. Modeling of nitrification under substrate-inhibiting conditions. J Environ Eng, 1990, 116(1):18-31.

[4] Frijlink MJ, Abee T, Laabroek H J et al. The bioenergetics of ammonia and hydroxylamine oxidation in Nitrosomouas europaea at acid and alkaline pH. Arch Microbiol, 1992, 157: 194-199.

[5] Antoniou P,Hamilton,J,Koopman B,et al. Effect of temperature and pH on the effective maximum specific growth rate of nitrifying bacteria. Wat Res, 1990, 24(1):97-101.

落叶松体细胞胚的发生计算

1 背景

植物体细胞胚胎发生研究中,体细胞胚成熟频率和体细胞胚质量受很多因素的影响,其中,成熟培养基中 ABA,PEG4000,$AgNO_3$ 等的浓度、配比是影响体细胞胚成熟的主要因素之一,但试验中主导因子以及各因子的主效应、因子间的互作效应很难确定[1]。凭经验准确量化各因子求得高质量高频体细胞胚的最佳组合,往往繁琐且费时,不一定能取得最佳效果,而实验中多配制一种培养基就增加很大的工作量。311 - A 最优回归设计的诱人之处就在于依据统计学原理,使实验的工作量小、结果准确、信息量大,并能确立互作效应,取得最佳组合[2]。

2 公式

采用各组合的平均数结果建立多项式回归方程,落叶松体细胞胚发生数量与 ABA,PEG 4000 和 $AgNO_3$ 浓度的关系属非线性相关,故可采用多项式回归模型来表达:

$$\hat{y} = b_0 + \sum_{j=1}^{3} b_j x_j + \sum_{i<j} b_{ij} x_j y_j + \sum_{j=1}^{3} b_{jj} x_j^2$$

式中,b_o 为数项;b_j 为一次项回归系数;b_{ij}为互作项回归系数;b_{jj}为二次项回归系数。

采用 311 - A 最优回归设计,ABA、PEG4000、$AgNO_3$ 浓度为自变量,以落叶松子叶胚发生数量为目标函数。为了使回归关系标准化,消除量纲和自变量取值的影响,对试验因子(自变量)的设计水平进行无量纲线性编码代换,以便把因变量 Y 对自变量的回归关系转化为 Y 对因子空间中坐标轴 X 上编码值的关系,其编码代换列于表 1。

表 1 自变量水平编码

自变量	转换间隔	自变量水平						
		-2	-1.414	-1	0	1	1.414	2
ABA/(mg/L)(x_1)	8	0	4.7		16		27.3	32
PEC4000/(g/L)(x_2)	37.5	0	22		75		128	150
$AgNO_3$/(mg/L)(x_3)	2.5	0		2.5	5	7.5		10

以5种编码处理浓度分别求得7种浓度的结果,以便能够在相同水平下计算变异系数;故由方程可得7种ABA浓度和7种PEG 4000浓度处理条件下的实验(图1)。

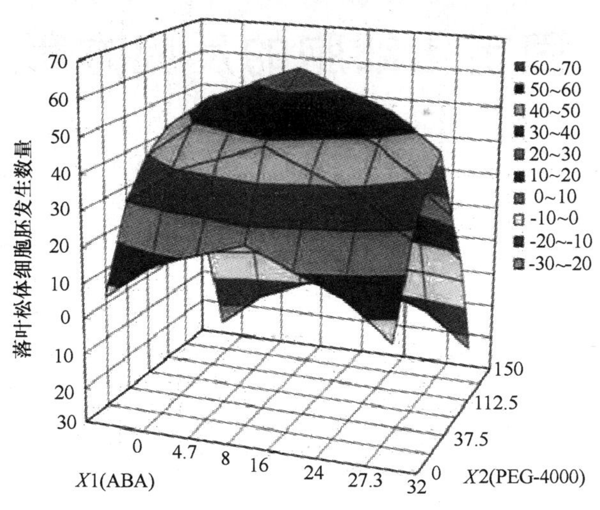

图1 落叶松体细胞胚发生数量互作效应曲面

3 意义

采用三因素多项式回归311 - A最优设计方法对影响落叶松体细胞胚发生数量的ABA. PEG 4000和$AgNO_3$的用量进行了研究,建立了华北落叶松正常体细胞胚发生数量与ABA. PEG 4000和$AgNO_3$的数学模型,为分析落叶松体细胞胚发生数量试验因子的主效应和互作效应,以及优选落叶松体细胞胚发生数量最佳结果的最佳技术组合方案提供基础。

参考文献

[1] 齐力旺,韩一凡,李玲,等. 应用311 - A最优回归设计研究ABA、PEG4000及$AgNO_3$对落叶松体细胞胚发生数量的影响. 生物工程学报,2001,17(1):84 - 89.

[2] XU Z R(徐中儒). The optimal regression design of agricultural test. Harbin: Heilongjiang agriculture science and technology publishing company,1988.

固定化细胞的反应方程

1 背景

多年来虽然有不少学者对固定化细胞生产 L－苹果酸的方法进行过探讨[1]，在富马酸铵转化体系中的表观动力学及本征动力学模型进行了研究[2]，探讨了富马酸铵转化体系中固定化产氨短 MA－2、黄色短杆菌 MA－3 细胞的动力学。用间歇测定法，加入一定量的固定化产氨短杆菌 MA－2 和黄色短杆菌 MA－3 颗粒，分别考察了底物富马酸铵和产物苹果酸铵对反应初速率的影响。

2 公式

2.1 内扩散对固定化细胞反应动力学的影响

在固定化细胞的内部不存在流体流动，其传质完全依赖于扩散作用。在消除外扩散影响的情况下，考虑分布在卡拉胶球形颗粒载体上的产氨短杆菌 MA－2、黄色短杆菌 MA－3 细胞，假设符合下列条件：①基质浓度只存在径向梯度。②球形颗粒内部，物质扩散服从 Fick 定律。③整个反应是恒温的，扩散与反应处于稳态。④一般固定化细胞反应动力学能用下述反应动力学模型来描述[3]：

$$r_p = [r_{\max} C_s / (K_m + C_s)][K_i / (K_i + C_s)] \cdot [1 - C_p / C_{pm}] \tag{1}$$

固定化产氨短杆菌 MA－2，黄色短杆菌 MA－3 细胞在富马酸铵转化体系中不存在底物抑制[4]，所以 $K_i/(K_i + C_s)$ 这一项忽略不计，虽然高浓度产物对反应有一定的抑制作用，但由于 C_{pm} 很大，所以 $(1 - C_p/C_{pm})$ 亦可近似为 1，则方程(1)变为：

$$r_p = r_{\max} C_s / (K_m + C_s) \tag{2}$$

即该反应符合米氏方程。

对一半径为 rt 的球形固定化颗粒，在距球体中心为 r 处取一厚度为 $\mathrm{d}r$ 的微元壳体，稳态时，对反应底物富马酸铵进行物料衡算，并代入边界条件，有：

$$\frac{\mathrm{d}^2 y}{\mathrm{d}x^2} + \frac{2\mathrm{d}y}{x\mathrm{d}x} = \phi^2 \frac{ay}{a + y} \tag{3}$$

这里 $\phi^2 = \dfrac{R^2 r_{\max}}{D_e K_m}$　　$x = r/R$　　$y = C_s/C_{so}$　　$a = K_m/C_s$

代入无因次边界条件，根据方程式(3)可以得出：

$$K_m^* = f(\phi^*) \tag{4}$$

$$r_{\max}^* = f(\phi^*) \tag{5}$$

式(4)和式(5)表明：表观最大速率和表观米氏常数是表观无因次数 ϕ^2 的函数。因为 ϕ^2 是反应内扩散影响的无因次数，所以当 $\phi^2 \to 0$ 时，可以认为不存在内扩散阻力，此时的动力学常数可以认为是本征动力学常数，即：

$$K_m = \lim_{\phi^* \to 0} K_m^* = \lim_{\phi^* \to 0} f(\phi^*) \tag{6}$$

$$r_{\max} = \lim_{\phi^* \to 0} r_{\max}^* = \lim_{\phi^* \to 0} f(\phi^*) \tag{7}$$

根据公式采用直径约为 3 mm 的球形固定化产氨短杆菌 MA－2、黄色短杆菌 MA－3 细胞进行实验，在富马酸铵浓度为 0.005～1.8 mol/L 范围内测定固定化细胞的反应初始速率，结果见图 1 和图 2。

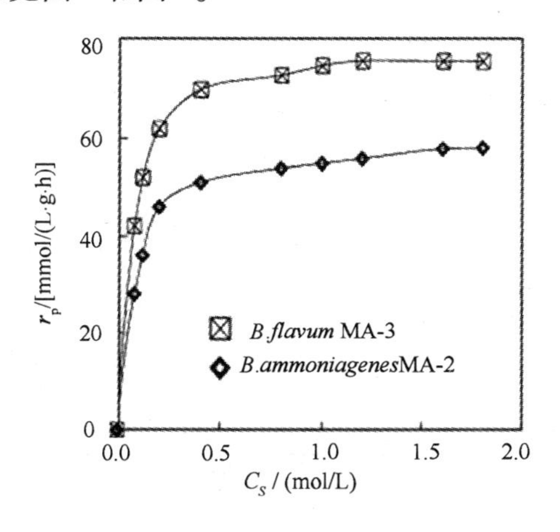

图 1　反应速率与底物浓度曲线

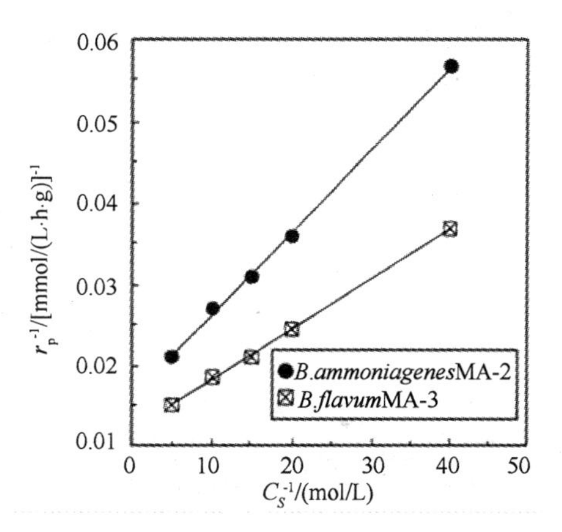

图 2　r_p^{-1} 与 C_S^{-1} 关系曲线

由图 1 和图 2 可知，在低底物浓度下，随着底物浓度 C_S 增加反应速率 r_p 也急剧增加，$r_p - C_S$ 基本成正比，此时反应属于一级反应，随着底物浓度的继续增加，反应由 0～1 级过渡到 0 级反应，反应速率曲线也开始弯曲，当底物浓度 C_S 升高至一定数值时，r_p 就不再升高，此时反应达最大速率 $r_{\max}$。

同样，以直径不同的固定化颗粒进行上述实验，并分别进行双倒数图解，求得不同颗粒大小的固定化产氨短杆菌 MA－2 和黄色短杆菌 MA－3 细胞的表观动力学常数，结果如表 1 所示。

式中，C_{so} 为底物富马酸铵起始浓度，mol/L；K_m^* 为表观米氏常数，mol/L；C_s 为与 r 相应的底物富马酸铵浓度，mol/L；D_e 为载体内部的扩散系数，m/s；K_m 为本征米氏常数，mol/L；r 为距球形中心的距离，m；$r_{\max}^*$ 为苹果酸形成的表观最大反应速率，mmol/(L·g·h)；$r_{\max}$ 为苹果酸形成的本征最大反应速率,mmol/(L·g·h);r_p 为苹果酸形成的瞬时反应速率,mmol/(L·g·h);ϕ^* 为表观无因次常数。

表1　不同颗粒大小的固定化细胞表观动力学常数

粒径 d/mm	*B. ammoniagenes MA* - 2			*B. flavum MA* - 3		
	Φ^*	K_m^* /(mmol/L)	r_{max}^* [mmol/(L·g·h)]	Φ^*	K_m^* /(mmol/L)	r_{max}^* [mmol/(L·g·h)]
2.2	16.28	59.7	63	23.02	44.2	85
3.0	20.82	62.5	58	25.17	47.6	76
4.2	26.2	70.8	53	29.96	58.9	68
5.5	30.8	78.9	47	33.67	69.4	59

由表1可见,表观米氏常数 $K*_m$ 随着固定化细胞颗粒直径的增加而增加。表观最大反应速率则相反,将表观动力学常数 K_m^* 和 r_{max}^* 对表观常数 ϕ^* 作图(图3和图4)。

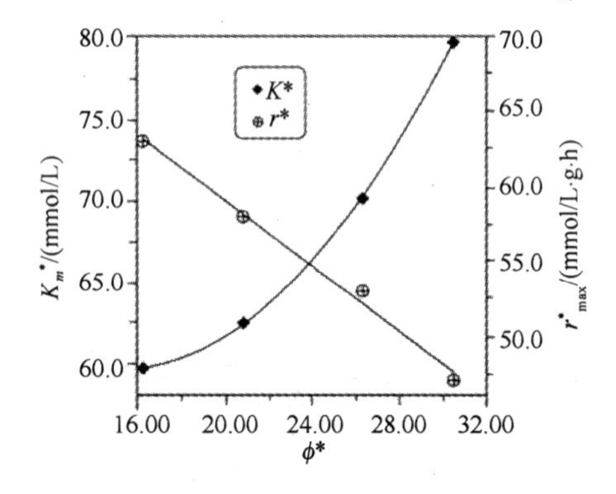

图3　固定化产氨短杆菌 MA-2 颗粒表观动力学常数($K*$,r_{max}^*)随表观常数 ϕ^* 的变化

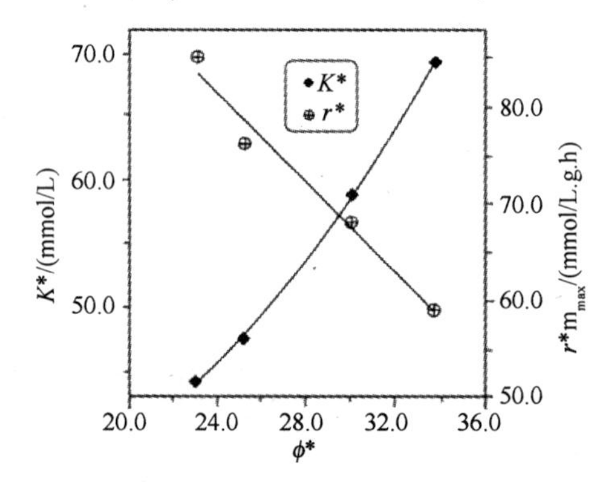

图4　固定化黄色短杆菌 MA-3 颗粒表观动力学常数(K^*,r_{max}^*)随表观常数 ϕ^* 的变化

3　意义

实验结果表明:当底物富马酸铵浓度增大时,反应速率并未显著下降,说明在该反应体系中不存在明显的底物抑制现象。通过对富马酸铵转化体系中固定化产氨短杆菌 MA-2,黄色短杆菌 MA-3 细胞的动力学的探讨,为测定两种固定化细胞的表观动力学常数,并进一步求解了相应的本征动力学常数提供了理论参考,这一结果便于从理论上指导富马酸铵转化过程的工业化生产。

参考文献

[1] 胡永红,沈树宝,欧阳平凯. 固定化产氨短杆菌 MA－2、黄色短杆菌 MA－3 反应动力学的研究. 生物工程学报,2002,18(2):235－238.

[2] Takata Isao, Tosa Tetsuya, Chikata Ichiro. Reasons for the high stability of fumarase activity of *Brevikacterium flauum* cells immobilized with K-carrageenan gel. Applied Biotechnology and Biotechnology, 1983, 8(1):39－54.

[3] Li Q B, Chen H F. The modeling of diffusion-reaction problem of immobilized non-growing geast cells. Chemical Reaction engineering and technology, 1994, 10(1):82－89.

[4] HU Y H(胡永红). OUYANG P K(欧阳平凯). A new method and the kinetics of production of L-malic acid on immobilized cells. Chemical Reaction Engineering and Technology(化学反应工程与工艺), 1995, 11(1):13－17.

米曲霉菌体固定化的神经网络计算

1 背景

近30年来,由于酶反应具有专一性强、经济、污染少和无毒性等方面的优点,酶技术研究进展很快[1-2],其中酶和细胞的固定化技术更是由于具有生物活性保留率高和操作稳定性好,易于与产物分离等优点而受到越来越广泛的重视[3]。酶和细胞的固定化方法通常分为4类:吸附法、交联法、共价法和包埋法[1]。在用甲醛和明胶固定化米曲霉菌丝球的过程中影响因素很多,主要有甲醛浓度、明胶浓度、固定化时间以及菌体与固定液的用量比等。

2 公式

人工神经网络优化是将简单的处理单元广泛连接而成网络,用以模拟大脑神经系统的结构和功能[1]。网络结构4-10-15-10输入层4个结点分别对应甲醛浓度、明胶浓度、固定化时间以及菌体与固定液的用量比。人工神经网络算法分为学习和工作两部分。在学习过程中首先将随机权值赋予网络,从正交实验数组中顺序选取一数据对(x^K, T^k),将实验条件加到输入层$(m=0)$,式中上标k指正交实验样本标号。信息通过网络的前向传播,利用下述关系式求得各层内每个结点j的输出,即:

$$y_j^m = F(s_j^m) = F\left[\sum_{i=0}^{m(N)} w_{ij}^m y_j^{m-1}\right]$$

计算从第一层开始,直到输出层每个结点j的输出计算完为止,其中$m(N)$为第m层结点数(下同),w_{ij}^m为第m层第i个结点同$m-1$层第j个结点间的连接权重,$F(\cdot)$为传递函数,这里指sigmoid函数。

输出层(m)每个结点的误差值为:

$$\delta_j^m = F'[s_j^m][T_j^K - y_j^m]$$

逐层误差反传,直至求得各层内每个结点的误差值为止,即

$$\delta_j^{m-1} = F'[s_j^{m-1}]\sum_{i=1}^{m(N)} \delta_j^m w_{ij}^m$$

其中$m=m, m-1, \cdots 1$。计算时,应用加权修正量公式$\Delta w_{ij}^m = \eta\delta^m y_i^{m-1}$和$w_{ij}^{new} + w_{ij}^{old} + \Delta w_{ij}$修

正所有连接,并输入下一图形重复以上步骤,至网络能量

$$E(w)=\frac{1}{2}\sum_{k}\sum_{j}[T_j^k-y_j^k]^2$$

达到要求为止。

在上述学习过程中,除依据学习效果调整网络学习速率外,采用改进了的神经网络方法,用动量法降低网络对局部细节的敏感性,从而有效地避免了网络陷入局部极小的可能性。

网络工作时,输入实验条件,通过网络的前向传播,利用下述关系式求得各层内每个结点 j 的输出,即

$$y_j^m=F(s_j^m)=F[\sum_{i=0}^{m(N)}w_{ij}^m y_j^{m-1}]$$

计算从第一层开始,直至输出层每个结点 j 的输出计算完为止,最后一层的网络输出即为输入实验条件下的酶活保留率。

式中,$E(w)$ 为网络能量;$F(s_j^m)$ 为传递函数,Sigmoid 函数;i 为结点;k 为样本标号;m 为网络层;$m(N)$ 为第 m 层网络结点总数;T_k 为样本 k 的期望值;j 为结点;w_{ij}^m 为第 m 层结点 i 与 $m-1$ 层结点 j 的连接权重;Δw 为加权修正误差;y_j^m 为第 m 层结点 j 的计算结果;y_j^k 为样本 k 的结点 j 的计算结果;η 为动量因子;α 为学习速率;δ_j^m 为第 m 层结点 j 的误差值。

图 1 为明胶浓度 0.5%,甲醛 0.5%,固定化时间坐标的优化结果示意图。

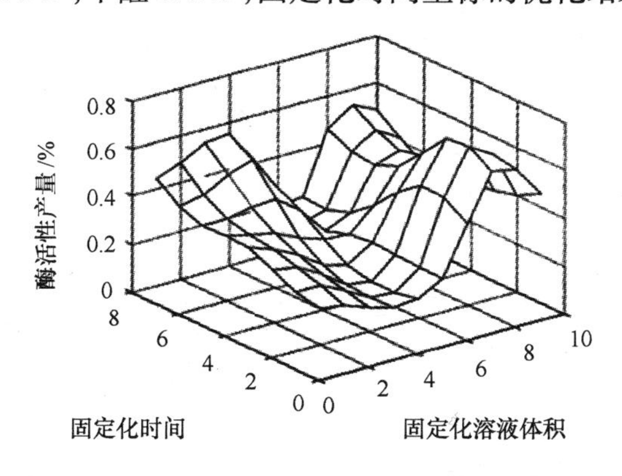

图 1　神经网络优化结果示意图

根据公式进行实验,选择明胶浓度 0.5% ~2%、甲醛浓度 0.5% ~2%、固定液用量 4 ~ 10 mL/g 菌体,以及固定化时间 0.5 ~2 h 进行 4 因素 4 水平的实验,以此作为网络学习样本,人工神经网络学习样本和优化的结果见表 1。

表 1　人工神经网络学习样本和优化结果

因子数	明胶浓度/%	甲醛浓度/%	固定化时间/h	固定化溶液体积/($mL \cdot g^{-1}$)	酶活性产量/%
1	0.5	0.5	0.5	4	26.5
2	0.5	1.0	1.0	6	11.7
3	0.5	1.5	1.5	8	69.0
4	0.5	2.0	2.0	10	40.3
5	1.0	0.5	1.0	8	39.4
6	1.0	1.0	0.5	10	25.1
7	1.0	1.5	2.0	4	16.5
8	1.0	2.0	1.5	6	11.6
9	1.5	0.5	1.5	10	32.8
10	1.5	1.0	2.0	8	42.7
11	1.5	1.5	0.5	6	15.4
12	1.5	2.0	1.0	4	30.0
13	2.0	0.5	2.0	6	59.1
14	2.0	1.0	1.5	4	55.3
15	2.0	1.5	1.0	10	36.5
16	2.0	2.0	0.5	8	66.6
Result of ANN	0.5	0.5	1.5	8	80.9

3　意义

从人工神经网络的计算结果可以看出,固定液用量比和固定化时间的最佳点均在所选定的范围内,而明胶浓度和甲醛浓度,则处于边界点。作为交联剂,0.5%的甲醛浓度不宜再低。明胶在固定化过程中,是作为酶活性保护剂,在浓度达到0.5%时,酶活保留率接近最大,继续加大浓度,酶活增加速率趋缓,若进一步增加明胶浓度,反而由于增加了扩散阻力,使酶的表观活性有所下降。试图同时考虑影响因素及其相互间的交叉作用,应用人工神经网络方法对固定化工艺进行优化,探求一种酶活保留率较高的固定化条件。

参考文献

[1]　王燕,张凤宝,高志明,等. 人工神经网络在米曲霉菌体固定化研究中的应用. 生物工程学报,2002,18(2):221-224.

[2] ZHOU X Y(周晓云). Enzyme Tethnology(酶技术). Beijing: Petrol Indnstry Press,1995.

[3] SONG Z X(宋正孝). LI X M(李晓敏). WANG Z(王净) et al. Optical resolution of DL-alanine by using immobilized Asperillus oryzae cells. Chinese J Biotechnology(生物工程学报),1997:13(1):168 - 173.

腈水合酶的反应和失活模型

1 背景

微生物法生产丙烯酰胺的研究起始于20世纪70年代中期，到目前为止，其使用菌种经过了几次变革[1]。从诱导型腈水合酶的分类来看，大体分为两种[2]；一种在其活性中心含有铁离子[3]；而另一种则含有钴离子。对于含铁的腈水合酶，在菌体培养过程中加入铁离子能有效增加酶活的产生，对于含钴离子的腈水合酶，钴离子的加入也能有效提高酶活。在以丙烯腈为原料，微生物转化生产丙烯酸胺的过程中，酶催化反应是过程的关键。为了了解酶催化的动力学，以自由细胞的酶为催化剂，进行了腈水合酶的反应动力学和失活动力学的研究。

2 公式

2.1 反应动力学的研究

温度对反应速率的影响：由阿累尼乌斯公式

$$\ln k = -\frac{E}{RT} + \ln A \tag{1}$$

可知，反应速率常数 k 的对数应该与 $1/T$ 成正比，而反应速率常数 k 与表观酶活 r 成正比。

以 $\ln(r)$ 对 $1/T$ 作图，可得到一条直线（图1）。

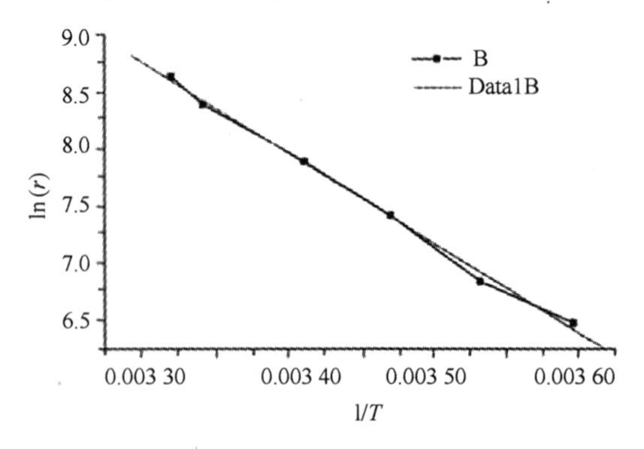

图1 温度与表观酶活的线性拟合

2.2 酶失活动力学的研究

温度对酶失活的影响:腈水合酶的失活符合下式:

$$dr/dt = -k_1 * r \tag{2}$$

所以有

$$r = dc/dt = r_o^* \exp(-k_1 * t) \tag{3}$$

其中,$k1$ 是酶失活速率常数,不同温度、不同产物和底物浓度下 k_1 不同。

3 意义

国内的生产厂家采用的大都是海藻酸盐固定化细胞的工艺,一方面引入一些离子对后续处理带来麻烦;另一方面在固定化阶段会损失相当一部分酶活,同时还增加了底物和产物的扩散路程。而且,由于酶活的损失严重,一批固定化的细胞往往水合反应3批左右就需要更新。诺卡氏菌自由细胞的腈水合酶反应动力学和失活动力学的研究,为利用自由细胞直接进行水合反应并实现连续化生产,指明了新的研究方向。

参考文献

[1] 陈拓,孙旭东,史悦,等. 微生物法生产丙烯酰胺的研究(Ⅱ)—腈水合酶催化反应动力学与失活动力学. 生物工程学报,2002,18(2):225-229.

[2] CHANG H L(常惠联). CHANG W Y(常万叶). Production technology of acrylamide with microbial method. Hebei Chemical Engineering(河北化工),1999, 2(2): 34-36.

[3] KONG F L(孔凡玲). General situation of acrylamide production technology with bioconversion. Anhui Chemical Engineering(安徽化工),1998(5): 5-6.

硝化反应器的流动模型

1 背景

随着环境中氮素污染的加剧，含氮废水的处理受到了普遍关注，生物脱氮技术则因高效低耗而成为研究和应用的热点。无论在传统的硝化－反硝化功艺，还是在新型的厌氧氨氧化、短程硝化－反硝化等工艺中[1-3]，硝化过程都是必不可少的重要环节，并往往是整个工艺的限速步骤。因此，研发高效硝化反应器，对于废水生物脱氮具有重要的现实意义。

2 公式

2.1 沉淀区的流态

用式(1)计算流体在沉淀区内的停留时间分布密度函数 $E(t)$、平均停留时间 $\bar{t}$ 和停留时间分布的散度 σ_t^2

$$E(t)=\frac{C(t)}{\int_0^{\infty}C(t)\mathrm{d}t};\bar{t}=\frac{\int_0^{\infty}tE(t)\mathrm{d}t}{\int_0^{\infty}E(t)\mathrm{d}t}$$

$$\delta_t^2=\int_0^{\infty}t^2E(t)\mathrm{d}t-(\bar{t})^2 \tag{1}$$

式中，$C(t)$ 为出水中氟离子浓度，随时间而变化。

当返混较小时，可用轴向扩散模型对流态进行判断，轴向扩散模型中，反应器某微元体积中的示踪剂浓度变化速率可表示为：

$$\frac{\partial C}{\partial t}=D\frac{\partial^2 C}{\partial l^2}-\mu\frac{\partial C}{\partial l} \tag{2}$$

式中，D 为轴向扩散系数，l 为反应器轴向距离，u 为流动速率。引入无因次变量 $C^*=C/C_0,\theta=t/\bar{t},Z=l/L$，分别代表无因次的浓度、时间和长度，其中 C_o 为初始浓度，L 为反应器轴向总长度。将上述无因次变量代入式(2)中得到该模型的无因次表达式：

$$\frac{\partial C^*}{\partial\theta}=(D/uL)\frac{\partial^2 C^*}{\partial Z^2}-\mu\frac{\partial C^*}{\partial Z} \tag{3}$$

根据已有的试验数据，采用 Newton-Cotes 插值求积法计算式(1)中的积分值，进而可得到 D/

uL 的值（表 1）。

表 1 反应器沉淀区流态分析结果

σ_t^2/min^2	t/min	σ_θ^2	D/uL
19.855	81.9	0.002 96	0.001 48

由表 1 可知，此时沉淀区的实际水力停留时间为 81.9 min，而该区域的理论停留时间约为 82.1 min，两者非常接近。

2.2 循环区的流态

反应器循环区中的返混现象很明显，因此采用多釜全混流反应器串联模型进行分析。该模型中，反应器串联级数可通过下式计算[4]：

$$N = \frac{1}{\sigma_\theta^2} \tag{4}$$

这里，σ_θ^2 为无因次方差 $\sigma_\theta^2 = \sigma_\theta^2/\bar{t}^2$。显然，$N=1$ 时为全混流，$N=\infty$ 为平推流。

在反应器底部的进水口处瞬时注入 10 mL 浓度为 5 g/L 的示踪剂溶液，同时监测循环区出水中示踪剂浓度随时间的变化（图 1）。

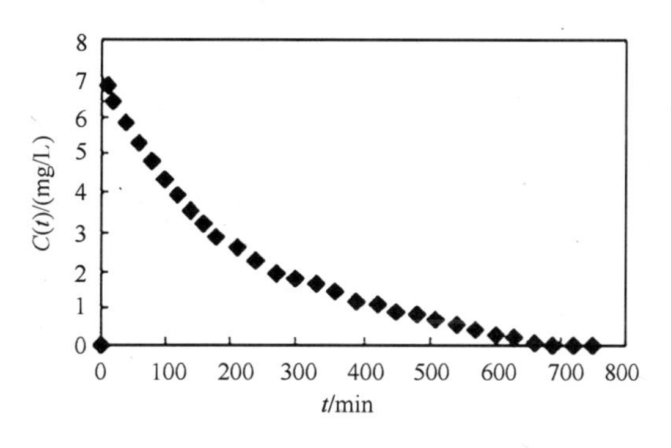

图 1 循环区出水中示踪剂浓度随时间变化

根据式（1）和式（4）对以上试验数据进行分析，结果如表 2 所示。

表 2 反应器循环区流态分析结果

σ_t^2/min	t/min	σ_θ^2	N
64 059.5	255.8	0.979	1.021

2.3 反应器实际水力停留时间与死区

为了确定稳态下反应器的实际水力停留时间，需要对整个反应器进行水力示踪试验。通过式（1）可计算反应器的实际停留时间 $\bar{t}_T$，结果发现 $\bar{t}_T$ 小于理论停留时间，说明反应器中

存在一定的死Ix:,死Ix:所占的体积百分比可用下式计算:

$$\eta_{v_d} = (1 - \bar{t}_T/\mathrm{HRT}) \times 100\% \tag{5}$$

式中,HRT为理论停留时间。反应器中的死区,一般由两部分组成:水力死区(dh)和生物体死区(do)。水力死区主要受反应器内部结构的影响,生物体死区则是由于微生物自身体积而导致的反应器有效容积的损失[1]。

由已知的总的死区和生物体死区的大小,可以计算出水力死区所占的体积百分比。试验与计算结果如表3所示。

表3 反应器水力停留时间与死区

HRT/min	t_T/min	η_{v_d}/%	d_b/%	d_h/%
360	341.2	5.22	0.75	4.47

结果表明:反应器中总的死区和水力死区所占的体积百分比均较小,反应器的结构性能优良。

3 意义

反应器沉淀区的流态接近于平推流反应器(PFR),反应器循环区的流态接近于全混流反应器(CSTR)。在稳态时,反应器的实际水力停留时间为341.2 min,反应器中死区所占的体积百分比为5.22%,其中生物体死区为0.75%,水力死区为4.47%,表明反应器结构性能良好[1]。根据试验和分析结果,整个反应器的流动模型可以表示为全混流反应器和平推流反应器的串联组合。由流动模型所得的理论停留时间分布曲线与由试验所得的实际停留时间分布曲线吻合良好,两者的平均相对误差为8.56%,表明所建模型具有较高的准确性。

参考文献

[1] 卢刚,郑平. 内循环颗粒污泥床硝化反应器流动模型研究. 生物工程学报, 2003,19(6):754-757.

[2] Verstraete W,Philips S. Nitrification denitrification processes and technologies in new contexts. Environmental Pollution,1998,102(31):717-726.

[3] Daniel S H, John G R. A closer look at the bacteriology of nitrification. Aquacultural Engineering,1998,18: 223-244.

[4] XU B J(许保玖). Theory of modem water and wastewater treatment. Beijing: Higher Education Press(高等教育出版子),1990.

谷胱甘肽的发酵动态模型

1 背景

谷胱甘肽(Glutathione,GSH)是一种自然界中广泛存在的且同时具有 γ -谷氨基和酰基的生物活性三肽[1],在生物体内有着多种重要的生理功能,特别是对于维持生物体内适宜的氧化还原环境起着至关重要的作用[2]。通过合理的筛选方法,获得生产 GSH 的高产菌株。关于产朊假丝酵母的研究成果主要集中在菌株生产性能的改良和营养条件的优化上[3],有关环境条件(温度,pH 和溶氧等)是关系到 GSH 发酵生产能否成功进行的重要因素。

2 公式

2.1 基于动力学模型解析 pH 对谷胱甘肽发酵的影响

动力学模型式(1)和式(2)对不同 pH 条件下的细胞生长和谷胱甘肽生产情况进行模拟。

$$\frac{dX}{dt} = \mu_{max} X\left[1 - \frac{X}{X_{max}}\right]\left[\frac{1}{1 + S/K_1}\right] \tag{1}$$

$$\frac{dP}{dt} = \alpha \frac{dX}{dt} + \beta X \tag{2}$$

式中,X,P,S 分别表示细胞。GSH 和底物浓度,$X_{max}\mu_{max}$ 分别表示最大细胞浓度和最大比细胞生长速率,K_1,α 和 β 为常数。

根据实验数据,对模型中的各参数进行非线性估计,结果如表 1 所示。

表 1 谷胱甘肽间歇发酵动力学参数模拟结果

pH	Cell				GSH		
	X_{max}/ (g · L^{-1})	μ_{max}/ (h^{-1})	K_1/ (g · L^{-1})	R^2	α/ (mg · g^{-1})	β/ (mg · g^{-1})	R^2
4.0	14.07	0.518	17.09	0.998	10.18	0.383	0.901
4.5	14.47	0.519	19.24	0.996	12.04	0.119	0.888
5.0	15.70	0.490	14.97	0.998	11.47	0.106	0.946
5.5	15.22	0.485	31.40	0.998	9.98	0.716	0.975
6.0	14.69	0.474	33.77	0.998	9.99	0.659	0.920
6.5	15.10	0.409	17.73	0.998	7.77	0.772	0.875

对于 GSH 的合成,由式(2)可得,

$$q_p = \alpha\mu + \beta \tag{3}$$

式中,q_p 为比 GSH 合成速率。pH 对 GSH 合成能力的影响可以从基于式(3)的动力学分析中得到合理解释。

根据 pH 为 4.5 和 5.5 时 α 和 β 的模拟结果,可以得到 q_p 与 μ 之间的线性关系(图 1)。

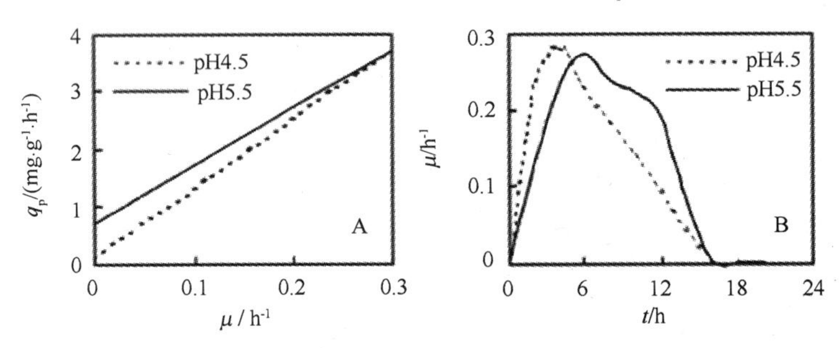

图 1　不同 pH 条件下 GSH 合成能力及细胞生长比较

3　意义

pH 为 5.5 时 GSH 总量达到最大,从动力学角度分析,是因为在这一 pH 下兼具了 *KI* 值高(底物对细胞生长的抑制效应小)、α 值低和 β 值高(细胞生长过程中和生长结束后均可保持较高的比 GSH 合成速率)的特点[1]。通过对分批发酵过程参数进行比较,发现 pH 5.5 对细胞生长和 GSH 合成都是最佳的。在分批发酵动力学的基础上,通过对动力学参数进行分析,解释了细胞生长和 GSH 合成的最适 pH 都为 5.5。

参考文献

[1] 卫功元,李寅,堵国成,等. 溶氧及 pH 对产朊假丝酵母分批发酵生产谷胱甘肽的影响. 生物工程学报,2003, 19(6): 734 – 739.

[2] Meister A, Anderson M E. Glutathione. Ann Rev Biochem, 1983, 52: 711 – 760.

[3] Meister A. Autioxidant functions of glutathione. Life Chen Rep, 1994, 12(1): 23 – 27.

毕赤酵母发酵的甲醇抑制模型

1 背景

甲醇营养型毕赤酵母表达系统是近年飞快发展的一个优秀的真核表达系统[1]。重组毕赤酵母表达外源蛋白时一般以甲醇为碳源,但甲醇是一种抑制性底物,不能简单地采用常规的连续培养方法进行研究。周祥山等[1]利用普遍化底物抑制模型,计算重组毕赤酵母培养中比生长速率和甲醇浓度。

2 公式

高底物浓度下的恒化培养,对于毕赤酵母发酵中甲醇的抑制,一般认为使用 Andrew 提出的普遍化底物抑制模型比较合适[2]:

$$\mu = \mu_{\max} \times \frac{1}{1 + K_S/S + S/K_{IS}}$$

式中,K_S 为饱和常数;K_{IS}为抑制常数;$\mu_{\max}$为无底物抑制的最大比生长速率。

该底物抑制模型如图 1 中曲线 B,这时对同一个生长速率有两个不同的 S 值。图中曲线 A 为 Monod 模型。

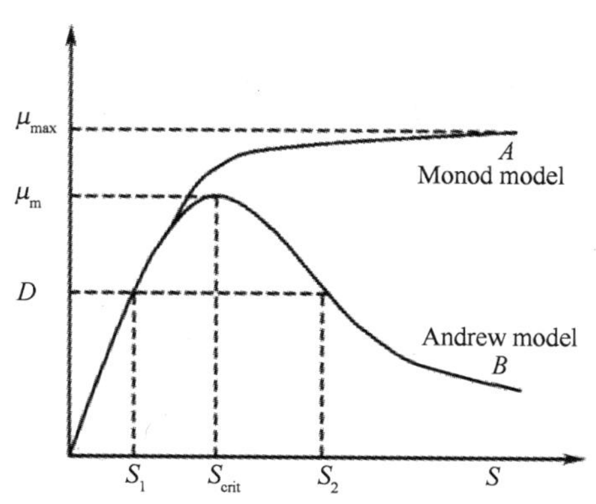

图 1　底物抑制时比生长速率 μ 和底物浓度 S 关系图

底物无抑制连续培养和底物过量流加培养所得的比生长速率、甲醇浓度得数据集中表示在图 2 中,并用 Andrew 普遍化底物抑制模型进行非线性拟合,得到以下方程:

$$\mu = \frac{0.087S}{1.4 + S + S^2/7.1} \tag{2}$$

从该方程可以计算出,当临界甲醇浓度 S_{crit} 为 3.1 g/L 时,比生长速率达到存在底物抑制时的最大值 μ_m ,为 0.046 4 h^{-1}。

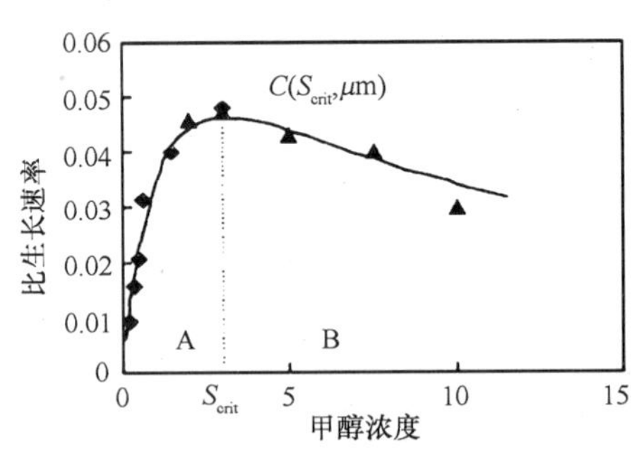

图 2　重组毕赤酵母培养中比生长速率和甲醇浓度之间的关系

3　意义

通过普遍化底物抑制模型,计算得到在生产中维持甲醇浓度为限制性浓度(0.5 g/L),且维持比生长速率为 0.02 h^{-1} 比较好,此时水蛭素 Hir65 的比生成速率达到最大值 0.2 mg/(g·h)。以甲醇为唯一碳源时,毕赤酵母的生长不符合 Monod 方程,而是符合 Andrew 普遍化底物抑制模型。为研究细胞生长、底物消耗和产物生成的动力学规律,对毕赤酵母进行了甲醇恒化培养研究。对重组毕赤酵母分泌表达水蛙素进行了恒化培养研究,为发酵优化控制奠定基础。

参考文献

[1]　周祥山,范卫民,张元兴. 甲醇抑制时重组毕赤酵母发酵的特性研究. 生物工程学报,2003,19(5):618-622.

[2]　QI Y Z(戚以政). WANG S X (雄). Biochemical reaction drynamics and reactor(生化反应动力学与反应器). Beijing: Chemica Engineering Press,1996.

细胞的摄氧速率计算

1 背景

在线分析和控制是动物细胞大规模培养优化策略中的关键技术之一[1]。尤其在流加和灌流培养过程中,通过在线检测关键参数(细胞密度、营养和代谢产物的浓度等)可以实时了解培养过程中细胞所处的状态,并以此为依据调整灌注速率和补料策略[2],最终达到提高生产效率的目的。摄氧速率(OUR)是指单位体积培养基中的细胞在单位时间内对氧的摄取量,OUR 的意义在于它可以快速、间接地反映细胞生长及能量代谢的变化情况,降低了取样频率。

2 公式

(1)摄氧速率(OUR)的测定与动力学分析:采用动力学方法进行测量。测定 OUR 时,先把 DO 值增加到 70% 空气饱和度左右,保持表面通气,停止深层通气,开始测定过程。当 DO 值降到 40% 左右时,恢复深层通气。OUR 则通过下式计算:

$$\frac{\mathrm{d}C_L}{\mathrm{d}t} = k_L a \times (C^* - C_L) - \mathrm{OUT} \tag{1}$$

$$C_L = \mathrm{DO\%} \cdot C^* \tag{2}$$

式中,C_L 为液相氧浓度(mol/L);C^* 为空气在培养液中的饱和度,取值为 0.197 mmol/L[2],OUR 测定过程中表面通氮气以消除表面通气的影响。

(2)比摄氧速率的计算:比摄氧速率(q_{OUR})是指培养过程中每个细胞的平均摄氧速率,它反应了细胞在检测时刻的呼吸强度。由定义可知其计算公式为:

$$q_{\mathrm{OUR}} = \frac{\mathrm{OUR}}{X} \tag{3}$$

式中,X 为活细胞密度。

(3)营养物质的比消耗速率、代谢产物的比生成速率及细胞的比生长速率:在细胞生长过程中会不断消耗氧、葡萄糖等底物和生成代谢产物包括抗体及乳酸、氨等副产物。而它们都有其各自的速率,与 q_{TOR}。相似,其计算公式为

底物(Substrate)比消耗速率

$$q_s = \frac{1}{X}\frac{\mathrm{d}S}{\mathrm{d}t} \tag{4}$$

产物(Products)比生成速率

$$q_p = \frac{1}{X}\frac{\mathrm{d}P}{\mathrm{d}t} \tag{5}$$

比生长速率

$$\mu = \frac{1}{X}\frac{\mathrm{d}X}{\mathrm{d}t} \tag{6}$$

式中,X 为活细胞密度。

(4)q_{OUR}与 q_{Lac}及谷氨酰胺浓度间的关系。ATP 的生成与氧的消耗及乳酸的生成有如下定量关系:

$$r_{ATP} = r_{Lac} + 6r_{o_2} \tag{5}$$

则等式两边同除以细胞密度得到

$$q_{ATP} = q_{Lac} + 6q_{OUT} \tag{6}$$

根据公式,进行实验得出细胞生长曲线(图 1)。

由图 1 可以看出:从接种 0 时刻起,细胞生长的过渡期大概为 30 h,此后细胞开始进入对数生长期,保持稳定的增长,比生长速率 μ 为 0.05 ~ 0.07 h^{-1};最大活细胞密度可达到 210^6 cells/mL。直到约 70 h 开始进入衰退期。

从图 2 中可以看出,抗体的分泌与细胞生长呈负生长偶联关系,即细胞的比生长速率下降时抗体的比生成速率反而上升。但最终随着 OUR 及活细胞数的下降,抗体的分泌也趋于停止。

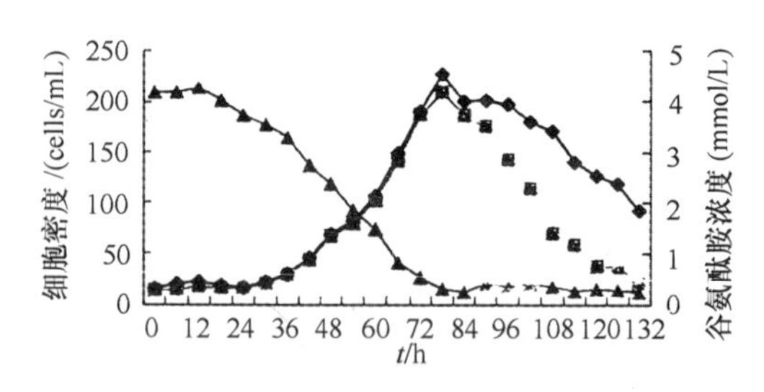

图 1 批式培养过程中 HAb18 细胞的生长曲线

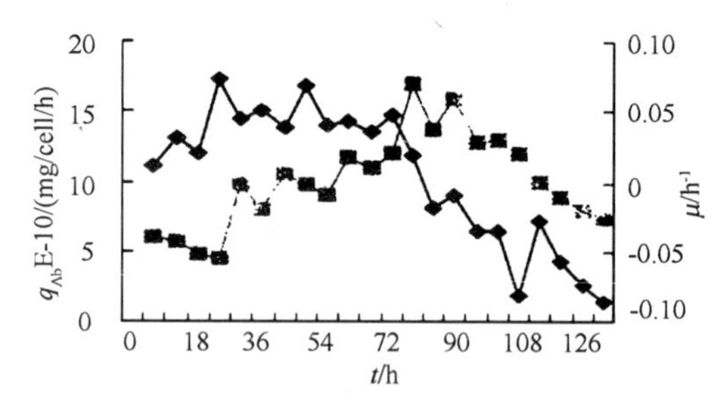

图 2 批式培养过程中抗体比生成速率与细胞比生长速率间的关系

3 意义

应用 CCM-1 无血清培养基进行杂交瘤细胞培养时,谷氨酰胺是主要的限制性底物,当低于一定值时细胞状态便开始急剧下降,同时 q_{OUR}也开始大幅度降低。利用动力学原理在线测定 OUR 的方法[3-4]研究了 OUR 与细胞密度及其他相关参数间的关系[1]，为在流加和灌注培养中及时调整灌注时间和速率、决定补料时间和补料策略提供依据。

参考文献

[1] 冯强，米力，李玲，等．杂交瘤细胞培养中摄氧速率(*OUR*)的在线检测及其与细胞生长及代谢的关系．生物工程学报，2003，19(5)：593－597.

[2] Ducommun P, Bolzonella M, Rhiel P, et al. On line determination of animal cell concentration. Biotechnology and Bioengineering, 2001, 72(5): 515－522.

[3] Ruffieux P A, Urs von Stockar U, Marison I W. Measurement of volumetric (OUR) and detemination of specific (qo2) oxygen uptake rates in animal cell cultures. Journal of Biotechnolog, 1998. 63: 85－95.

[4] ZHOU Y J(周亚竞), TAN W S(谭文松), ZHAO J(赵佼), et al. On line measurement of oxygen uptake rate in the cultivation of vero cells using the dynamic method. Chinese Journal of Biotechnology(生物工程学报), 2000, 16(4): 525－527.

金色链霉菌的元素衡算模型

1 背景

定量研究是微生物反应过程的一个重要研究方向[1]。元素衡算和代谢衡算(Element-metabolism balarcing, EMB)就是应用元素质量衡算原理和(微观的)代谢反应之间的关系,描述微生物反应过程的一种定量研究方法[2-3]。元素衡算方法对代谢反应作为一个整体作了综合考虑,但是它没有考虑反应过程中的一些具体情况,如中间代谢物、能量反应等对代谢的影响[4-5]。代谢反应衡算方法则弥补了元素衡算方法的不足。这种方法的出发点是细胞的代谢反应,对这些物质应用拟稳态假设,以物质的氧化还原度和能量系数作为化学计量系数来表达各个反应速率之间的关系,得到宏观代谢反应速率如菌体生长和产物形成速率的具体表达式[3]。将上述两种方法结合起来就形成元素衡算和代谢衡算方法,可建立描述各个宏观反应速率之间关系的衡算方程,继而可对微生物反应过程进行更深入的研究。

2 公式

2.1 金色链霉菌培养过程代谢途径的简化

根据代谢衡算的原理,对金色链霉菌培养过程代谢反应进行简化。主要考虑以下几个宏观代谢反应:菌体生长、GTC合成和糖(底物)的分解、能量产生等反应;涉及的物质主要是底物糖 S、氮(或氨水)、氧,以及菌体 X、产物 P(GTC)和二氧化碳。代谢过程中考虑的物质主要是代表还原力和能量的NADH和ATP(图1)。

反应中消耗的糖以葡萄糖计,且忽略酶解反应步骤;假设NADH和ATP的浓度稳定,即它们的反应速率为零;忽略产物合成反应中的氯元素。

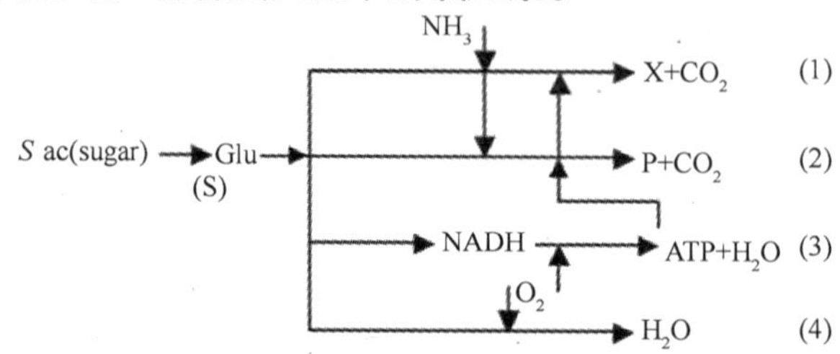

图1 CTC生物合成途径简化图

2.2　元素衡算方程的建立

根据 EMB 原理[2]，在金色链霉菌培养过程中，主要考虑3 种元素的衡算：碳、氮、氧和氢的综合即氧化还原度 Y。因此，元素衡算方程有 3 个，$m=3$。

在产物 GTC 合成过程中，主要考虑6 个宏观代谢反应：底物糖 S 的消耗速率 r_s，菌体生长速率 r_x、产物生成速率 r_p、氮消耗速率 r_o、氧消耗速率 r_0 和二氧化碳的产生速率 r_c。以矩阵表示元素衡算方程，得：

$$\mathrm{BR}_e = 0 \tag{5}$$

其中

$$B = \begin{bmatrix} 1 & 1 & 1 & 0 & 0 & 0 \\ 0 & C_{xn} & C_{pn} & 1 & 0 & 0 \\ \gamma_s & \gamma_x & \gamma_p & \gamma_n & \gamma_o & \gamma_c \end{bmatrix}^A$$

$$R_e = [r_s \quad r_x \quad r_p \quad r_n \quad r_o \quad r_c]^{\mathrm{T}}$$

将 R_e 分为主要代谢物流 R_{e1}（即 r_s、r_x 和 r_p）和次要代谢物流 R_{e2}（即 r_n、r_o 和 r_c），对式(5)进行矩阵运算，可以得到下式：

$$[B_1 \quad B_2]\begin{bmatrix} R_{e1} \\ R_{e2} \end{bmatrix} = 0$$

用 R_{e1}来表示 R_{e2}：

$$R_{e2} = -B_2^{-1}B_1R_{e1} = -B_cR_{e1} \tag{6}$$

2.3　代谢反应衡算方程及预测模型的建立

根据 CTC 合成简化的代谢途径，有如下几个主要代谢反应：

(1)菌体生长反应

$$\sigma_x\mathrm{S} + \alpha_X\mathrm{ATP} + C_{xn}\mathrm{NH_3} \rightarrow X + (\sigma_X - 1)\mathrm{CO_2} + \frac{1}{2}(\sigma_x\gamma_s - \gamma_x)\mathrm{NADH}$$

(2)产物 CTC 的合成反应（忽略氯元素）

$$\sigma_p\mathrm{S} + a_P\mathrm{ATP} + C_{pn}\mathrm{NH_3}(+\mathrm{N_aCl}) \rightarrow P + (\sigma_p - 1)\mathrm{CO_2} + \frac{1}{2}(\sigma_P\gamma_P - \gamma_P)\mathrm{NADH}$$

(3)碳源（以葡萄糖计）的分解反应

$$\mathrm{S} \rightarrow \mathrm{CO_2} + \frac{1}{2}\gamma_S\mathrm{NADH} + a_S\mathrm{ATP}$$

(4)呼吸反应（氧化还原反应）

$$\mathrm{NADH} + \frac{1}{2}\mathrm{O_2} \rightarrow a_h\mathrm{ATP} + \mathrm{H_2O}$$

根据 EMB 方法，上述反应中的各物质都以 C − mol 数（含碳物质）或 mol 数计。

对上述代谢反应，只考虑底物糖、菌体和产物几个主要外部代谢物质的反应速率，以及 NADH 和 ATP 两个代表还原力和能量物质的“内部”反应速率。用矩阵来表示上述代谢反

应[2]:

$$ZE = 0 \tag{7}$$

其中

$$E = [X \quad P \quad S \quad NADH \quad ATP]^T$$

$$Z = \begin{bmatrix} 1 & 0 & -\sigma_x & (\sigma_x\gamma_s - \gamma_x)/2 & -a_x \\ 0 & 1 & -\sigma_p & (\sigma_p\gamma_s - \gamma_p)/2 & -a_p \\ 0 & 0 & -1 & \gamma_s/2 & a_s \\ 0 & 0 & 0 & -1 & a_h \end{bmatrix}$$

E 为所考虑的生物化学物质组成的向量;Z 为由各个反应中物质的系数所形成的矩阵,反应物的系数为负号,生成物的系数为正号。按照文献[3]介绍的方法对式(7)进行运算

$$Z_3 R_{e1} = 0 \tag{8}$$

其中:

$$Z_3 = [a_x + \sigma_x a_x + \gamma_x a_h/2 \qquad a_p + \sigma_p a_s + \gamma_p a_h/2 \qquad a_s + \gamma_s a_h/2]$$

$$R_{e1} = [r_x \quad r_p \quad r_s \quad]^T$$

上式即是反映主要物质反应速率之间关系的代谢衡算方程。这样,元素衡算方程的自由度为 $f=3-1=2$,还必须继续降低自由度。

假设产物 CTC 的合成速率与菌体的生长速率存在如下关系:

$$r_p = \beta r_x + k \tag{9}$$

一般情况下,β 并不是一个常数,而是比生长速率 μ 的函数。这里,不考虑指数生长期(oh-26h),并把产物合成期分为两个阶段,p 可近似地视为常数。这样,元素衡算方程的自由度降低为 $f=2-1=1$。结合式(8)和式(9),应用文献[3]相应的方法,可用 r_s 表示 r_p 和 r_x 具体的关系式:

$$\begin{bmatrix} r_x \\ r_p \end{bmatrix} = -\frac{1}{D_m}\begin{bmatrix} a_s + \gamma_s a_h/2 \\ \beta(a_s + \gamma_s a_h/2) \end{bmatrix} r_s + \begin{bmatrix} 0 \\ k \end{bmatrix} \tag{10}$$

其中:$D_m = a_x + \beta a_p + (\sigma_x + \beta a_p) a_s + (\gamma_x + \beta\gamma_p) a_h/2$

在上式中取菌体生长项,并以得率系数 $Y_{X/S}$ 表示,

$$r_x = \frac{a_s + \gamma_s a_h/2}{a_x + \beta_{a_p} + (\sigma_x + \beta a_p) a_s + (\gamma_x + \beta\gamma_p) a_h/2} r_s$$

$$= Y_{X/S} \times r_s \tag{11}$$

上式两边除以菌体浓度 x,得到以比速率形式表示的方程:

$$\mu = Y_{X/S} \times q_s \tag{12}$$

在菌体生长的反应式中,没有考虑菌体维持所消耗的碳源。若将维持系数 m 考虑进

去，则将 a_x 用 $a_x + m/\mu$ 代替，代入 $Y_{X/S}$ 式中，

$$Y_{X/S} = -\frac{a_s + \gamma_s a_h/2}{a_x + m/\mu + \beta_{a_p} + (\sigma_x + \beta a_p)a_s + (\gamma_x + \beta\gamma_p)a_h/2}$$

$$= \frac{a}{b + m/\mu}$$

与式(12)结合，两边乘以 x 得

$$r_x = -\frac{a}{b}r_s - \frac{m}{b}x \tag{13}$$

将上式代入式(9)，得

$$r_p = -\frac{\beta a}{b}r_s - \frac{\beta m}{b}x + k \tag{14}$$

结合元素衡算方程，可得用碳源消耗速率来表示其他反应速率的预测方程(15)：

$$\begin{bmatrix} r_x \\ r_p \\ r_n \\ r_o \\ r_c \end{bmatrix} = \begin{bmatrix} -\frac{a}{b} \\ -\beta\frac{a}{b} \\ (C_{xn} + \beta C_{pn})\frac{a}{b} \\ \left[\frac{\gamma_x}{\gamma_o} + \beta\frac{\gamma_p}{\gamma_o}\right]\frac{a}{b} - \frac{\gamma_s}{\gamma_o} \\ (1 + \beta)\frac{a}{b} - 1 \end{bmatrix} r_s + \begin{bmatrix} -\frac{m}{b} \\ -\beta\frac{m}{b} \\ (C_{xn} + \beta C_{pn})\frac{m}{b} \\ \left[\frac{\gamma_x}{\gamma_o} + \beta\frac{\gamma_p}{\gamma_o}\right]\frac{m}{b} \\ (1 + \beta)\frac{m}{b} \end{bmatrix} x + \begin{bmatrix} 0 \\ k \\ -C_{pn}k \\ -\frac{\gamma_p}{\gamma_o}k \\ k \end{bmatrix} \tag{15}$$

用向量表示，即得：

$$R = M \times r_s + N \times x + K \tag{16}$$

若对上式在一段时间(t_1，t_2)内积分，可得积分形式的预测方程：

$$\Delta R = M \times \Delta r_s + N \times \Delta(xt) + K\Delta(t) \tag{17}$$

ΔR 为各物质在时间间隔 $\Delta t = t_2 - t_1$ 内的变化量。

式中，a_i 为物质 i 的能量系数，消耗或形成单位物质 i 所需或形成的 ATP 的量 $mol \cdot mol^{-1}$；C_{in}为物质 i 的碳含量，$mol \cdot mol^{-1}$；m 为菌体的维持系数，$mol \cdot mol^{-1} \cdot h^{-1}$；$q_i$ 为物质 i 的比消耗或比生成速率，$mol \cdot mol^{-1} \cdot h^{-1}$；$u$ 为菌体的比生长速率，h^{-1}；Y_{ij} 为得率系数，$mol \cdot mol^{-1}$ 或 $Cmol \cdot mol^{-1}$；γ_i 为物质 i 的氧化还原度；σ_i 为物质 i 形成所需的碳源量，mol；ri 为物质 i 或第 I 个代谢反应的反应速率，$mol \cdot h^{-1}$。

式中利用预测方程，对 Δr_o、Δr_c、Δr_p 和 Δr_n 进行预测，结果如表 1 所示。与实验结果比较，可见，对 Δr_o、Δr_c、Δr_p 除个别点外，大部分点能较好地预测。

表1 CTC合成过程的预测结果

Ser.	r_x	r_P	Δr_s	Δr_a	Δr_o	Δr_c	Δr_c	Δr_P	Δr_P	Δr_n	Δr_n
	Mea.	Mea.	Mea.	Mea.	Cal.	Mea.	Cal.	Mea.	Cal.	Mea.	Cal.
1	0.335	0.288	-11.3	-13.9	-7.36	9.54	11.2	2.02	2.03	-3.53	-0.379
2	0.682	0.389	-14.6	-14.1	-9.17	10.4	13.0	2.73	2.28	-3.95	-0.588
3	0.120	0.299	-20.8	-18.9	-14.2	14.2	19.6	3.00	3.06	-3.76	-0.659
4	0.087	0.251	-14.9	-13.1	-10.5	10.2	14.3	1.76	2.11	-3.09	-0.429
5	0.066	0.260	-16.8	-12.5	-11.3	11.3	15.2	1.82	2.28	-2.47	-0.557
6	0.178	0.251	-15.1	-12.0	-8.42	9.06	10.0	2.51	3.12	-4.36	-0.656
7	0.158	0.213	-7.68	-8.22	-5.21	6.29	6.15	1.49	1.25	-2.64	-0.240
8	0.160	0.187	-14.9	-8.11	-7.39	6.05	8.70	1.31	3.40	-1.83	-0.745
9	0.191	0.174	-11.3	-11.5	-7.85	8.51	9.19	1.74	1.73	-3.58	-0.330
10	0.328	0.337	-10.4	-7.88	-6.43	5.35	7.48	2.36	1.90	-3.56	-0.392
11	0.142	0.112	-8.86	-7.16	-6.15	5.14	7.11	0.79	1.35	-3.74	-0.264
12	0.149	0.216	-10.8	-9.63	-8.43	6.95	9.70	2.16	1.29	-3.64	-0.227
13	0.170	0.216	-9.90	-5.39	-6.71	4.17	7.71	1.51	1.56	-2.95	-0.313

3 意义

所得的代谢衡算方程能较好地对金色链霉菌培养过程的宏观反应速率进行预测[1]。菌体的比生长速率是可以通过补料速率限制糖耗速率得以控制,同时结合其他的调控策略,使比生长速率达到对产物合成最有利的值。通过这种方法,结合其他参数相关性分析,对CTC发酵生产进行合理的调控,取得了良好的效果[6]。利用EMB方法对发酵过程进行定量研究,不仅可以建立反映宏观反应速率之间关系的衡算方程,而且还能反映能量代谢对过程的影响,具有明显的生物学意义,能够对发酵过程作有益的指导。

参考文献

[1] 扶教龙,庄英萍,黄明志,等. 元素衡算和代谢衡算在金色链霉菌培养过程的应用研究. 生物工程学报,2003,19(4):471-475.

[2] Stouthamer A H. Quantitative aspects of growth and metabolism of microorganism. London: Kluwer Academic Publisher Group,1992: 257-274.

[3] Stouthamer A H. Quantitative aspects of growth and metabolism ofmicroorganism. Kluwer Academic Publisher Croup,London, 1992: 275-292.

[4] Minkevich IG. Mass-energy balance for microbial product synthesis-biochemical and cultural aspects. Biotechnology and Bioengineering, 1983, 25(5): 1267 - 1293.

[5] Heijnen JJ, Rose JA, Scouthamer AH. Application of balancing methods in modeling the penicillin fermentation. Bioteehnalogy and Bioengineering. 1979, 21(12): 2175 - 2201.

[6] FU J L(扶教龙), CHU J(储炬), Liu YW(刘玉伟), et al. The metabolic characteristcs and the regulative strategy of chlorotetracycline fermentation process. Chinese Journal of Antibiotics(中国抗生素杂志), 2002, 27(3): 141 - 144.

菌体对镍离子的平衡富集计算

1　背景

镍具有延展性好、抗腐蚀性强以及强度和硬度适中的特点,被广泛应用于、电镀、冶炼和矿产等行业[1]。在对含镍重金属废水的治理方法中,生物吸附法因吸附介质来源丰富、吸附速率快等优点而越来越引起人们的重视[2],但生物吸附从机理上来看只是一种表面吸附过程,因此该法存在对低浓度废水处理效果不佳。作为一种经济价值较高的矿产资源,在治污过程中实现对 Ni^{2+} 的高选择性富集以及镍资源的有效回收再利用将在环境保护和资源保护两方面产生重大的社会效益和经济效益。运用分子生物学技术构建对目标重金属有高选择性和高富集能力的基因工程菌是实现这一目标的一条捷径。

2　公式

菌体对不同浓度 Ni^{2+} 的平衡富集结果可用典型的 Langmuir 模型来描述:

$$q = \frac{q_m C_e}{K + C_e} \tag{1}$$

式中,C_e 为溶液中 Ni^{2+} 的平衡浓度(mg/L);q 为菌体对 Ni^{2+} 的富集量(mg/g);q_m 为最大富集容量(mg/g);K 为解离常数(mg/L)。其中的 q_m 和 K 可通过对(1)变形后得出:

$$\frac{C_e}{q} = \frac{1}{q_m} C_e + \frac{K}{q_m} \tag{2}$$

图 1 的结果表明,Langmuir 模型可以很好地描述菌体的富集行为,并由此可得出重组菌和原始宿主菌的 q_m 值,分别为 10.11 mg/g 和 1.54 mg/g。

表 1 列出了近期的一些研究中利用不同生物吸附剂从水体中富集 Ni^{2+} 的数据,这也从一个侧面说明本研究所采用的基因重组菌在对含镍废水的生物治理中有一定的竞争优势。

表 1　不同生物介质对 Ni^{2+} 的最大结合容量

生物量	q_{max}/(mg/g)	参考文献
Candida sp.	10.3	[3]
Medicago satica	4.10	[4]

续表

生物量	q_{max}/(mg/g)	参考文献
Chlorella vulgaris	1.282	[5]
Chlorella miniata	2.985	[5]
Kandelia candel	0.472	[6]
Fecus vesiculosus	2.85	[7]
Rhizopus arrhizus	16.0	[8]
基因工程菌 *E. coli* JM109 表达了镍的输送系统和新陈代谢	10.11	本研究
E. coli JM109	1.54	本研究

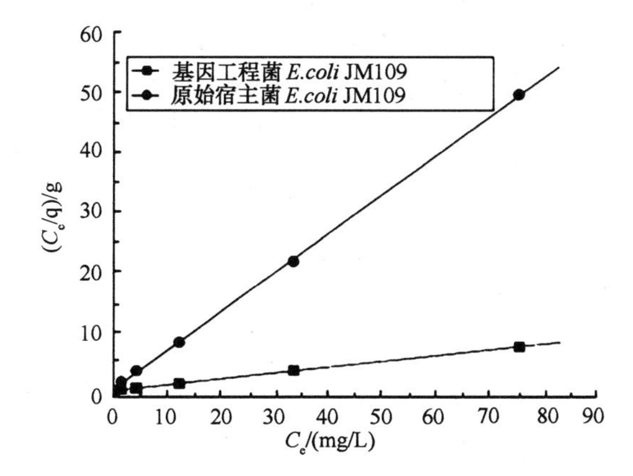

图 1　基因工程菌和原始宿主菌 *E. coli*JM109 对 Ni^{2+} 的线性 Langmuir 等温线

3　意义

1998 年 Motley 等在 Helicobacter pylori 中发现了一种高特异性的 Ni^{2+} 输送蛋白质，该蛋白质分子量为 37 kD，由 8 个跨膜结构域组成[9]。他们通过对蛋白质多肽链的测序分离到编码该蛋白质的基因 nixA，这项工作为高选择性镍基因工程菌的构建奠定了基础。在利用所构建的基因重组菌处理含镍重金属废水方面进行了系统的研究。

参考文献

[1]　邓旭，李清彪，卢英华，等. 基因工程菌大肠杆菌 JM109 富集废水中镍离子的研究. 生物工程学报，2003，19(3)：343 - 348.

[2] Chen S L, Kim E, Shuler M L, et al. Hg^{2+} removal by genetically engineered *E. coli* in a hollow fiber bioreactor. Biotechnology Progress, 1998, 14(5): 667 - 671.

[3] Dönmez G, Aksu Z. Bioauumulation of copper(ii) and nicke(ii) by the non-adapted and adapted qrowing *Candida* sp. Water Research, 2001, 35(6): 1425 - 1434.

[4] Gardea T JL, Tiemann K J, Gonzalez JH, et al. Removal of nickel ions from aqueous solation by biomass and sicica-immakilized kiomass of *Medicago sativa*(alfalfa). Journal of Hazardous Materias, 1996, 49(2 - 3): 205 - 216.

[5] Wong J PK, Wong YS, Tarn NFY. Nickel kiosorption by two chlorella species, Cvulgaris (a commercial species) and *C. Miniata*(a loealisolate) Bioresource. Technology, 2000, 73(2): 133 - 137.

[6] Zheng FZ, Hong LY, Zhong WJ. A primary stady on adsorption of certain heavy metals on the litter leaf detritus of some mangrove species. Journal of cinmen University (Natural Science), 1998, 36(1): 137 - 141.

[7] Bakkalogla I, Butter TJ, Euison L M. Screening of various types biomass for removal and recovery of heavly metals (Zn, Cu, Ni) by biogorption, sedimentation and desorption. Water Science Techndogy. 1998, 38 (6): 269 - 277.

[8] Holan ZR, Volesky B. Accumulation of Cd^{2+}, Pb^{2+} and Ni^{2+} by fungal and wood biosorbents. Applied Biochemistry and Biotechnology, 1995, 53(2): 133 - 146.

[9] Fulkerson J F, Garner R M, Mobley H L T. Conserved residues and motifs in the NixA protein of Helicobacter pylori are critical for the high affinity transport of nickel ions. Journal of Biological Chemistry, 1998, 273(1): 235 - 241.

谷胱甘肽分批发酵动力学

1 背景

谷胱甘肽(Glutathione, GSH)是一种广泛存在于生物体内的同时具有 γ - 谷氨酸基和巯基的活性三肽[1],临床上在解毒抗辐射、肿瘤、癌症、氧化衰老[2-3]和协调内分泌的治疗中效果明显且无副作用。GSH 作为一种重要的生理活性物质,随着更多功能和性质的发现,卫功元等[1]应用细胞生长动力学模型,了解生产 GSH 过程中细胞生长的情况。

2 公式

2.1 细胞生长动力学模型及其参数估计

微生物细胞生长动力学可由很多模型来进行描述,其中 Monod 及 Logistic 方程最为简单和常用[4]。Monod 方程要用来描述非抑制性单一底物限制情形下的细胞生长,事实上在间歇发酵过程中,菌体浓度的增加对自身生长也会产生抑制作用,此时细胞的生长可以用 Logistic 方程较好地进行描述。考虑到较高浓度底物对产朊假丝酵母 WSH 02 - 08 生长的部分抑制作用(数据未列出),对 Logistic 方程进行改进,形式如下:

$$\frac{\mathrm{d}X}{\mathrm{d}t} = \mu_{\max}X\left(1 - \frac{X}{X_{\max}}\right)\left(\frac{1}{1 + S/K_i}\right) \tag{1}$$

式中,$u_{\max}$为最大比生长速率;$X_{\max}$为理论最大细胞干重;K_i 为底物抑制常数。

对图 1(A 和 B)中的数据按式(1)进行非线性曲线拟合,得到不同温度下的细胞生长动力学参数(表 1)。

表 1 不同温度下细胞生长动力学参数模拟结果

T/℃	$X_{\max}$/(g · L^{-1})	$\mu_{\max}$/(h^{-1})	K_1/(g · L^{-1})	R^2 值
24	16.3	0.34	25.0	0.999
26	16.2	0.37	25.8	0.999
28	16.0	0.45	26.4	0.998
30	15.1	0.51	32.6	0.998
32	15.6	0.57	34.3	0.997

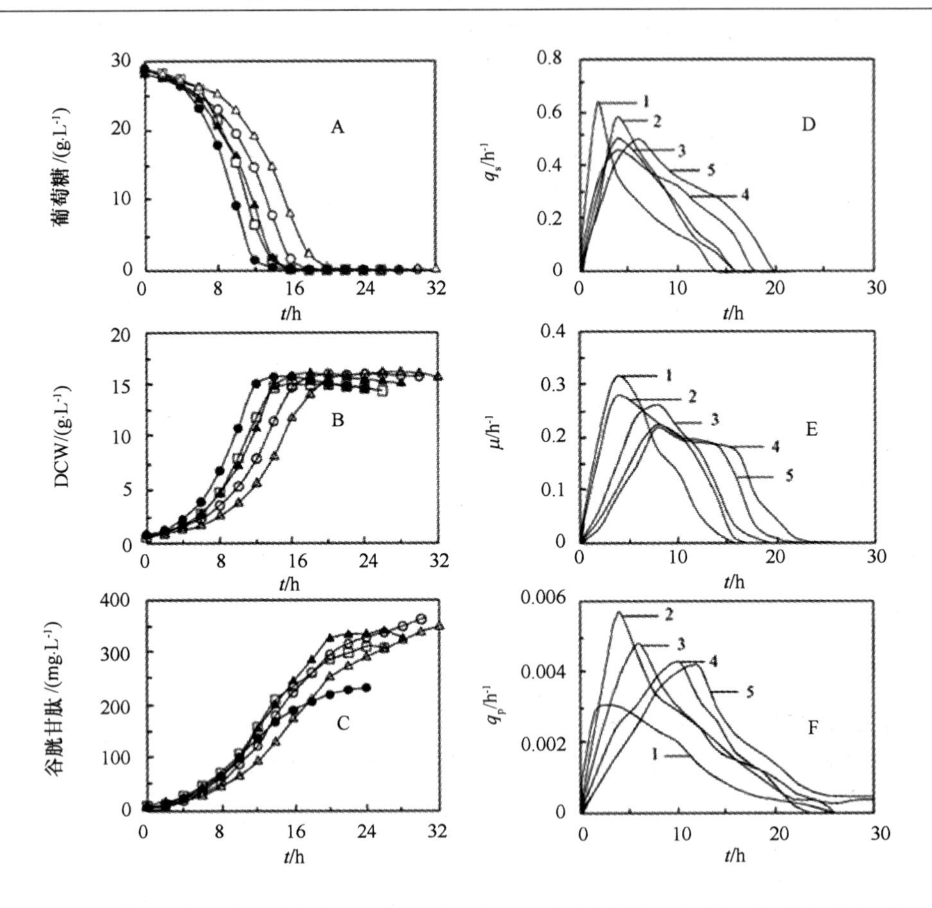

图 1　不同温度下葡萄糖消耗、细胞生长、GSH 合成、葡萄糖比消耗速率、比生长速率和 GSH 比合成速率的变化情况

从相关性系数 R^2 的结果可以看出,该模型对于不同温度下细胞生长的模拟均具有很好的适用性。

2.2　GSH 合成动力学模型及其参数估计

微生物的产物形成非常复杂,从产物形成与细胞生长的关系出发,Gaden[5] 将产物形成分为 3 种类型:①产物形成与细胞生长相偶联;②产物形成与细胞生长部分偶联;③产物形成与细胞生长没有联系。Luedeking 等[6] 对此进行了总结,得到著名的 Luedeking-Piret 方程:

$$\frac{\mathrm{d}P}{\mathrm{d}t} = \alpha \frac{\mathrm{d}X}{\mathrm{d}t} + \beta X \tag{2}$$

式中 $\alpha \neq 0, \beta = 0$ 表示Ⅰ类发酵;$\alpha \neq 0, \beta \neq 0$ 表示Ⅱ类发酵;

$\alpha = 0, \beta \neq 0$ 表示Ⅲ类发酵。

3 意义

GSH 的制备方法包括化学法、酶法和发酵法,其中发酵法是最具潜力的方法[1]。考察环境因素对 GSH 发酵的影响,是对发酵过程进行优化的先决条件。通过考察不同温度对产肌假丝酵母分批发酵生产 GSH 动力学的影响,并且对温度与细胞生长,动力学参数的内在联系进行模拟。该模型具有很好的适用性,为产朊假丝酵母发酵生产 GSH 过程中细胞生长情况的预测及控制提供了理论依据。

参考文献

[1] 卫功元,李寅,堵国成,等. 温度对谷胱甘肽分批发酵的影响及动力学模型. 生物工程学报,2003,19(3):358 - 362.

[2] Meister A, Anderson M E. Glutathione. Ann, Rev Biochem, 1983 52: 711 - 760.

[3] Meister A. Antioxidant functions of glutathione. Life Chem Rep, 1994, 12(1):23 - 27.

[4] Bailey J E, Olilis D F. Biochemical engineering fundamental. 2nd ed. New York: McGrawl-Hill Book Company, 1986: 382 - 408.

[5] Elmer L, Gaden Jr. Fermentation process kinetics. Journal of Biochemical and Microbiologyical Technalogy and Engineering, 1959, 1(4):413 - 429.

[6] Luedeking R, Piret E L. A kinetic study of the lactic acid fermentation: batch process at controlled pH. J Biochem Microbiod Technol Eng, 1960(2): 393 - 412.

鸟苷发酵过程的代谢流公式

1 背景

细胞体内部、细胞体与外界环境之间通过代谢网络进行着复杂的物质、能量和信息交换[1]。要深入地理解发酵过程中所呈现出的代谢行为和特征，为发酵过程优化提供线索，并为今后的菌株基因改造指明方向，就必须对细胞内的代谢网络进行定量研究[2]。代谢流的研究方法有很多种，在缺乏相关代谢反应的动力学和调节信息时，可利用物料的质量守恒定律和对中间代谢物的拟稳态假设，通过测定细胞生长量、产物生成量、底物消耗量和其他代谢物积累量，再经过一定数学处理，可计算出细胞内代谢流的分布情况。

2 公式

2.1 代谢流研究的数学基础

代谢流分析的理论基础是物料的质量守恒定律，在此引入了中间代谢物的拟稳态假设。

设在某一代谢网络中，有 N 种代谢物，M 个代谢反应，并有 Q 个物料流流入或流出该代谢网络，则对第 i 种代谢物，有如下所示的质量守恒式：

$$\frac{\mathrm{d}(C_iV)}{\mathrm{d}t} = \sum_{k=1}^{0} F_k C_{ik} + \sum_{j=1}^{M} \alpha_{ij} R_j (i = 1,2,\cdots,N) \tag{1}$$

式中，V 为反应体系体积(m^3)；C_i 为反应体系中代谢物 i 的摩尔浓度($mol \cdot m^{-3}$)；F_k 为第 k 种物料流的流量，入为正，出为负($m^3 \cdot s^{-1}$)；T 为反应时间(s)；G_{ik}为第 k 种物料流中代谢物 i 的摩尔浓度($mol \cdot m^{-3}$)；a_{ij}为第 j 个代谢反应中代谢物 i 的计量系数(无因次)，反应物为负，产物为正；R_j 为第 j 个代谢反应的反应速率($mol \cdot m^{-3}$)。

将式(1)右边的第一项移项至左边，得

$$\sum_{j=0}^{M} \alpha_{ij} R_j = \frac{\mathrm{d}(C_iV)}{\mathrm{d}t} - \sum_{k=0}^{Q} F_k C_{ik} \tag{2}$$

式(2)为代谢流分析中的代谢方程组。拟稳态假设是设中代谢物的积累项，即上式右边的第一项为零，此时式(2)可记作

$$AX = b$$

对于有 N 种代谢物，M 个代谢反应的代谢网络，A 是 $N \times M$ 化学计量关系矩阵，X 是 M 维反应速率向量，b 是 M 维代谢物的质量变化速率和与环境交换速率的差。当 $M=N$ 且 A 非奇异时，代谢方程组有唯一解；当 $M > N$ 时，代谢方程组存在最优解。当 $M < N$ 时，代谢方程组有多解。

图 1 是经参考文献[4－5]，并根据研究需要所构建的简化代谢网络。该代谢网络主要由糖酵解途径、己糖单磷酸途径、三羧酸循环、氧化磷酸化和代谢物积累等 5 个部分组成。

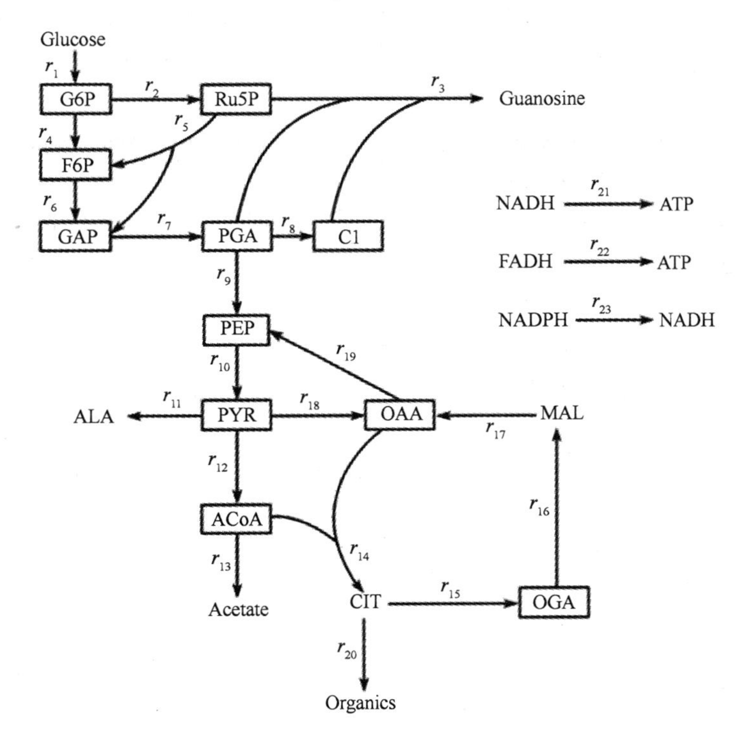

图 1　Bacillus subtilis 简化代谢网络

3　意义

在鸟苷发酵过程中，存在着所谓的“40 h 现象”，即发酵 12 h 后开始进入高速产苷期，但在 40 h 左右，糖耗速率增加时，产苷速率却在下降，糖苷转化率明显下降[3]。在这段鸟苷发酵过程中，根据物料的质量守恒定律，通过代谢流分析的数学公式，能够计算出细胞内代谢流的分布情况，为代谢工艺优化提供依据。

参考文献

[1] 黄明志,蔡显鹏,陈双喜,等. 鸟苷发酵过程的定量和优化:抑制 NH_4^+ 离子积累提高了苷产量70%. 生物工程学报,2003,19(2):200-205.

[2] Edwards J S, Palsson B O. How will bioinformatics influence metabolic engineering? Biotechnol Bioeng, 1998, 58(2-3):162-169.

[3] CA1 X P(蔡显鹏),CHEN S X (陈双喜),CHU J (储炬) et al. The optimization of guanosine fermentation based on process parameter correlation analysis. Acta Microbiologica Sinica(微生物学报),2002,42(2):232-235.

[4] Goel A, Ferrance J, Jeong J, et al. Analysis of metabolic fluxes in batch and continuous cultures of Bacillus subtilis. Biotechnol Bioeng, 1993,42(6):686-696.

[5] Sauer U, Cameron DC, Bailey JE. Metabolic capacity of Bacillus subtilis for the production of purine nucleosides, riboflavin and folic acid. Biotechnol Bioeng. 1998,59(2): 227-238.

人血清白蛋白的发酵表达期模型

1 背景

人血清白蛋白(Human Serum Albumin , HSA)基因是了解得较早较清楚的人类基因之一,已被克隆到众多的表达系统(*E . coli* , *Bacillus subtilis* , *Pichia pustoris* 等)中进行表达[1]。综合利用元素平衡和代谢平衡,从宏观和微观角度综合地研究发酵过程,一直是定量研究的一个重要方向[2]。以 *Pichia pastoris* 为宿主菌的 rHSA 发酵过程可分为生长期和表达期两个阶段。在生长期,*Pichia pastoris* 以甘油为碳源和能源;在表达期,甲醇既是碳源和能源,同时又是诱导物[3]。在生长期研究的基础上,利用综合方法对 rHSA 发酵过程表达期进行了定量研究,试图解释发酵过程呈现出的代谢行为和特征,为工艺优化提供线索。

2 公式

在线测量的数据,不可避免地存在噪声。噪声一般是高频正弦波信号,可以通过滑动平均方法将它们过滤:

$$x(K) = \frac{1}{M}\sum_{m=0}^{M-1} x(k-m)$$

式中,$M = 20$。

2.1 元素平衡

rHSA 发酵过程表达期中,理论上有 6 个($n = 6$)宏观反应速率可以测定,分别是甲醇消耗速率 r_{moh},菌体生长速率 r_x,产物形成速率 r_p、氨消耗速率 r_n,氧消耗速率 r_o 和二氧化碳生成速率 r_c。考虑碳、氮和氧化还原度 3 种元素($m = 3$)的平衡,则有如下关系式:

$$BR_E = 0$$

$$B = \begin{bmatrix} 1 & 1 & 1 & 0 & 0 & 1 \\ 0 & C_{nx} & C_{np} & l & 0 & 0 \\ \gamma_{moh} & \gamma_x & \gamma_p & \gamma_n & \gamma_o & \gamma_c \end{bmatrix}$$

$$R_E = \begin{bmatrix} r_{moh} \\ r_x \\ r_p \\ r_n \\ r_o \\ r_c \end{bmatrix} \tag{1}$$

式(1)中 C_{nx} 和 C_{np} 分别是菌体和白蛋白中氮的含量。

令 $R_{E1}=[r_{moh}r_xr_p]^T$,$R_{E2}=[r_nr_or_c]^T$,B_1 取 B 的前三列,B_2 取 B 的后三列,B_2 取 B 的后三列($f=3$),得

$$R_{E2} = -B_2^{-1}B_1R_{E1} \tag{2}$$

2.2 代谢平衡

根据元素平衡,甲醇消耗速率 r_{moh},菌体生长速率 r_x,产物形成速率 r_p 都可以自由变化,但 rHSA 发酵过程表达期中只有 r_{moh} 可由实验人员控制。因此,必须结合菌体内部的代谢平衡,进一步降低模型的自由度。

表达期的 *Pichia pastoris* 菌体内部的代谢途径可简化为图 1,代谢过程的中间代谢物有 HCHO、GAP NADH 和 ATP 4 种($i=4$),它主要由 6 个反应组成($k=6$)。

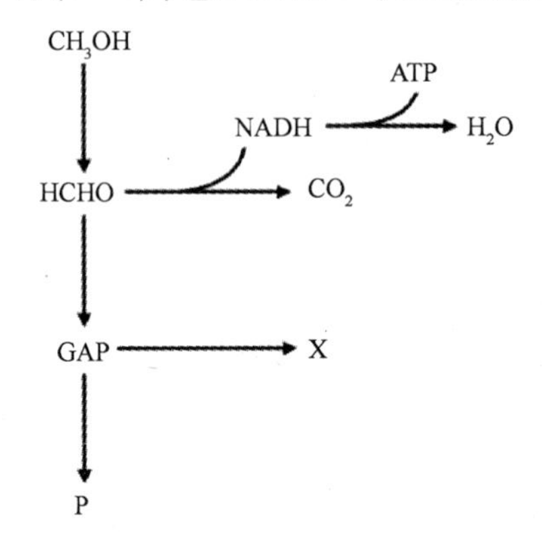

图 1　*Pichia pastoris* 表达期代谢途径简图

甲醇氧化为甲醛涉及甲醇的输送、甲醇氧化和过氧化氢的分解三个过程。甲醇的输送是指甲醇透过细胞壁进入到细胞质,再从细胞质输送到过氧化物酶体。这里假设输送过程没有能量消耗。催化甲醇氧化为甲醛的是醇氧化酶(AOX)。AOX 有两种基因,分别是 AOX1 和 AOX2,两者编码有 92% 的同源性。AOX1 在转录水平受到严格的双重调控:在碳源饥饿状态下,只有甲醇才能诱导 AOX 合成后启动 PAOX 进行转录(一般碳源如甘油、葡萄糖等的分解代谢物阻遏抑制其产生)和翻译;在非甲醇碳源条件下,通过基因重组插入在 PAOX 启动子和终止子之间的外源基因维持在表达关闭状态。氧将甲醇氧化为甲醛的同时

也产生过氧化氢。细胞内的过氧化氢浓度不能过高，否则会对菌体有毒，因此，*Pichia pastoris* 体内存在过氧化氢酶，会将过氧化氢分解为氧和水。上述两个反应都是在过氧化物酶体内发生的。

B 甲醛异化：$HCHO \longrightarrow 2NADH + C0_2$

甲醛异化包括以下几个过程：甲醛从过氧化物酶体输送到细胞质，再在细胞质内进行两步氧化反应，即甲醛氧化为甲酸，甲酸再进一步氧化为二氧化碳。在氧化过程中，可以产两分子的 NADH

C 甲醛同化（木酮糖循环）：$HCHO + ATP \longrightarrow GAP$

木酮糖循环的详细过程如图 2 所示。

三分子的甲醛经 3 次木酮糖循环，消耗三分子 ATP 后，可生成一分子 GAP，为菌体生长和产物合成提供了原材料。

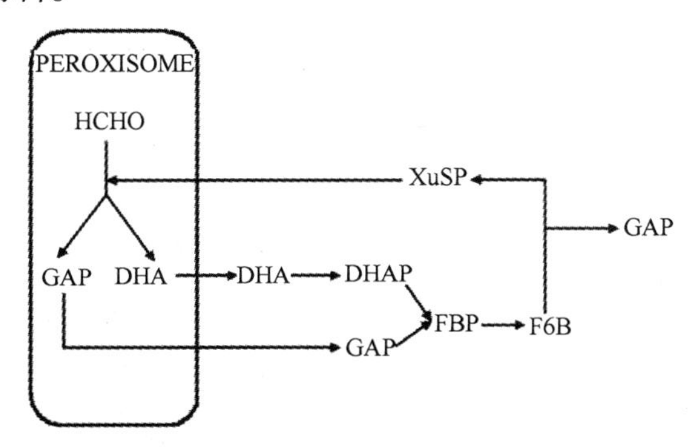

图 2　木酮糖循环

D 菌体生长：$\sigma_x GAP + a_x ATP + c_{nx} NH_3 \rightarrow X + \frac{1}{2}(\sigma_X \gamma_{gap} - \gamma_x) NADH + (\sigma_X - 1) CO_2$

E 产物生长：$\sigma_{pGAP} + a_p ATP + c_{np} NH_3 \rightarrow P + \frac{1}{2}(\sigma_P \gamma_{gap} - \gamma_p) NADH + (\sigma_p - 1) CO_2$

F 氧化磷酸化：$NADH + \frac{1}{2} O_2 \rightarrow H_2O + a_h ATP$

氧化磷酸化为菌体生长、维持和产物合成提供能量，同时，木酮糖循环也需要消耗能量。因此，氧化磷酸化的效率是影响产物合成的重要因素之一。

令

$$E = [MOH \quad X \quad P \quad ATP \quad NADH \quad HCHO \quad GAP \quad NH_3 \quad O_2 \quad CO_2 \quad H_2O]^T,$$

上述 6 个反应可表示为：

$$ZE = 0$$

$$Z=\begin{bmatrix} -1 & 0 & 0 & 0 & 0 & 1 & 0 & 0 & -\frac{1}{2} & 0 & 1 \\ 0 & 0 & 0 & 0 & 2 & -1 & 0 & 0 & 0 & 1 & 0 \\ 0 & 0 & 0 & -1 & 0 & -1 & 1 & 0 & 0 & 0 & 0 \\ 0 & 1 & 0 & -a_x & \frac{1}{2}(\sigma_x\gamma_{gap}-\gamma_x) & o & -\sigma_x & -C_{nx} & 0 & \sigma_x-1 & 0 \\ 0 & 0 & 1 & -a_p & \frac{1}{2}(\sigma_p\gamma_{gap}-\gamma_p) & o & -\sigma_p & -C_{np} & 0 & \sigma_p-1 & 0 \\ 0 & 0 & 0 & a_h & -1 & o & 0 & 0 & -\frac{1}{2} & 0 & 1 \end{bmatrix}$$

首先检验代谢方程组是否有解:$g=f-k+i=3-6+4=1$,满足代谢方程组有解的第二充分条件[2]。处理上式,得到 R_{E1} 中各分量之间的关系式:

$$Z_3R_{E1}=0$$

$$Z_3=\left[2a_ha_x+\sigma_x(2a_h+1)-\frac{1}{2}a_h(\sigma_x\gamma_{gap}-\gamma_x)a_p+\sigma_p(2a_h+1)-\frac{1}{2}a_h(\sigma_p\gamma_{gap}-\gamma_p)\right]$$

$$\hat{=}\ [a_1\quad a_2\quad a_3]$$

应用了代谢平衡之后模型的自由度降为2,即 R_{E2} 中有两个分量可自由变化。但在 rHSA 发酵过程表达期中,菌体生长和产物形成的速率是不可直接控制的,只有 r_{moh} 一个分量可自由变化。所以,必须引入其他限制条件来进一步降低系统的自由度。

在微生物发酵过程中,产物形成和菌体生长之间往往存在着某种联系,因此,将其作为一种限制条件引入到系统方程,令

$$r_p=\beta r_x$$

与代谢方程联解,得

$$\begin{bmatrix} r_x \\ r_p \end{bmatrix}=\begin{bmatrix} -\dfrac{a_1}{a_2+\beta a_3} \\ -\dfrac{\beta a_1}{a_2+\beta a_3} \end{bmatrix} \tag{3}$$

$$r_{moh}\ \hat{=}\ \begin{bmatrix} Y_{xs} \\ Y_{ps} \end{bmatrix} r_{moh}$$

引入了产物合成与菌体生长之的关系后,模型的自由度降为1,即 rHSA 发酵过程表达期只有 r_{moh} 一个分量可自由变化,这已与实际发酵过程相吻合。

联合式(2)和式(3),得到 rHSA 发酵过程表达期的定量描述方程:

$$\begin{bmatrix} r_x \\ r_p \\ r_n \\ r_o \\ r_c \end{bmatrix} = \begin{bmatrix} Y_{xs} \\ Y_{ps} \\ -(C_{nx}Y_{xs} + Y_{np}Y_{ps}) \\ \frac{1}{4}(\gamma_x Y_{xs} + \gamma_p Y_{ps}) \\ -(Y_{xs} + Y_{ps}) \end{bmatrix} + \begin{bmatrix} 0 \\ 0 \\ 0 \\ \frac{1}{4}\gamma_{moh} \\ -1 \end{bmatrix} \gamma_{moh} \tag{4}$$

2.3 模型求解

rHSA 发酵过程表达期模型式(4)中并没有考虑到菌体维持的能量消耗,令

$$a_x = a_x + m_x/\mu, \beta = \frac{\beta_1}{\mu} + \beta_2 + \beta_3\mu$$

将上述各式代入式(4)及其各子式中,便得到描述 rHSA 发酵过程表达期的定量模型。在该模型中,有 $a_h, m_x, a_p, \beta_1, \beta_2, \beta_3$ 共 6 个参数未知,需要在测控系统所提供数据的基础上按照多变量最优化方法来求取。由于引入了菌体维持以及产物形成与菌体生长之间的关系,该模型具有相当强的非线性特征,只能由计算机通过循环迭代来求数值解。

在式中,a_i—物质的能量系数,(mol · C − mol^{-1})或(mol · mol^{-1});C_{ni}—i 物质的氮含量,(g · g^{-1});m_x—菌体维持系数,(mol · C − mol^{-1} · h^{-1});q_i—i 物质比生成或消耗速率,(C − mol · C − mol^{-1} · h^{-1})或(mol · C − mol^{-1} · h^{-1});r_i—i 物质或第 i 个代谢反应的反应速率,(C − mol · h^{-1})或(mol · h^{-1});u—比生长速率,h^{-1};σ_i—生物合成 i 物质所需的碳源数量,(C − mol);γ_i—i 物质的氧化还原度,(mol · mol^{-1})。

在 rHSA 发酵过程中,产物的形成可明显地分为两个阶段(图 3)。

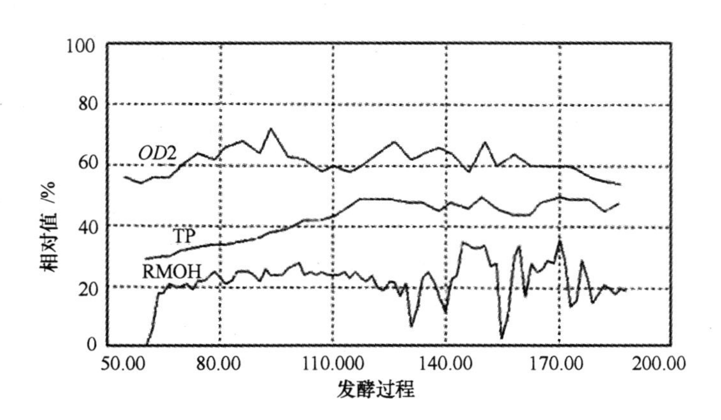

图 3　表达期发酵过程

3 意义

结合元素平衡和代谢平衡,建立了重组人血清自蛋自发酵过程表达期的数学模型,按单纯形多变量最优化方法估算了模型的未知参数,并探讨了导致表达期不同阶段产物形成速率存在差异的可能原因。该模型能较好地描述重组人血清自蛋自发酵过程表达期中各宏观反应速率之间的关系,为重组人血清白蛋白的高效表达提供了线索。

参考文献

[1] 黄明志,郭美锦,储炬,等. 重组人血清白蛋白发酵过程表达期的定量研究. 生物工程学报,2003,19(1):81-86.

[2] A H Stouthamer. Quantitative aspects of growth and metabolism of microor-ganisms. London: Kluwer Academic Publisher Group,1992.

[3] HUANG M Z(黄明志),GUO M J(郭美锦),CHU J(储炬),et al. Metabolic calculation of the growth Phase in rHSA fermentation. Chinese Journal of Biotechnology(生物工程学报),2000, 16(5):631-635.

细胞分裂的动态模型

1 背景

胞质分裂是指动物细胞核的有丝分裂完成之后胞质的分裂过程，是动物细胞繁殖周期的最终阶段，控制这一现象的生理和生化方面的机理仍旧在探索中[1]。细胞发生变形的原因是细胞膜下赤道卵裂沟处形成并持续起作用的收缩环的主动收缩[2]。我们把质膜与膜下微丝网共同看做外皮层，微丝在胞质分裂初期是均匀分布且随机取向。分裂开始后，在细胞赤道板处，微丝变成平行排列，形成环状致密带，被称为收缩环(CR)，是细胞分裂的必需细胞器，为分裂过程提供主动收缩力。为了解释动物细胞胞质分裂的力学机理，基于大量的细胞卵裂实验数据，在 Zinemanas 和 Nir 的流体动力学模型的基础上[1]，对微丝的局部集中函数改为随同质膜移动，增加了由于生化刺激引起主动微丝的影响系数。

2 公式

2.1 胞质流动

细胞质看做具有黏性系数 μ 的黏性液滴 B，由表面积为 ∂ B 的二维黏弹性膜包裹。外围是有限区域 B^*，被黏性系数为 μ^* 的黏性液体充满。在等温过程，B 和 B^* 均为牛顿流体且具有定常性。由于胞质流动较慢，可以忽略惯性力和重力作用，运动方程取决于速度 v，应力 ∂ 和压力 p。几何模型见图 1。

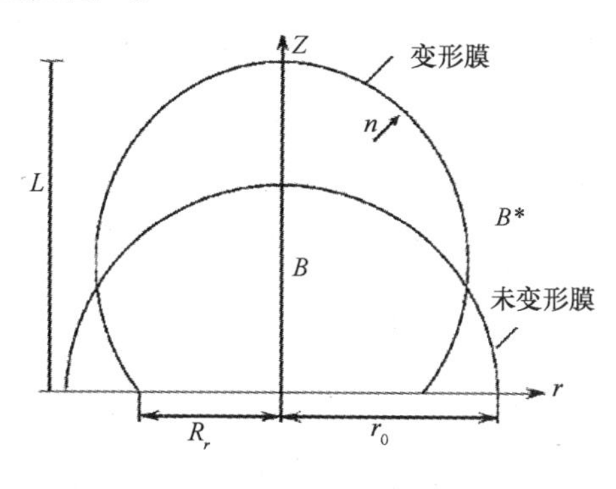

图 1　几何模型

在 B 中有：

$$\Delta \cdot \sigma = 0 \tag{1}$$

$$\Delta \cdot v = 0 \tag{2}$$

$$\sigma = -pI + \mu(\Delta v + \Delta v^{*}) \tag{3}$$

在 B^{*} 中用 σ^{*}、v^{*}、μ^{*} 来代替 σ、v、μ 可以得到相似公式。

需要满足的边界条件：

$$v \to o \qquad 当 |x| \to \infty 时 \tag{4}$$

$$\Delta v = 0 \tag{5}$$

$$\Delta(\sigma \cdot n) = f \qquad x \in \partial B \tag{6}$$

式中：Δ 为表面内外之差；f 为界面力；n 为由 $B \to B^{*}$ 的单位向量。

表面速度 v：

$$v = \frac{\mathrm{d}R}{\mathrm{d}t} \tag{7}$$

式中：R 为界面 ∂B 上点的位置矢径。

2.2 界面力

界面力 f 在忽略惯性的条件下[3]，可以表示为：

$$f = \gamma_{*}^{\alpha\beta}|_{\beta}R_{,\alpha} + b_{\alpha\beta}\gamma^{\alpha\beta}n \tag{8}$$

其中：“ | ”为对表面坐标 u_{a} 的微分，$a=1,2$；$\gamma^{\alpha\beta}$ 为表面应力张量；$b_{\alpha\beta}$ 为表面曲率张量。

2.3 表面应力张量

忽略弯矩张量，方程(8)只与表面应力张量有关。根据生物力学模型的假设，表面应力张量由主动和被动两部分组成：

$$\gamma^{\alpha\beta} = \gamma^{\alpha\beta}_{(p)}(c,N) + \gamma^{\alpha\beta}_{(in)(m)}(e_{\alpha\beta},\overset{*}{e}_{\alpha\beta}) \tag{9}$$

其中：$\gamma^{\alpha\beta}$—主动分量，由微丝的主动收缩引起，取决于微丝的分布函数 c 和重取向函数；$N\gamma^{\alpha\beta}_{(in)}$—被动分量，由质膜的被动变形引起，取决于外皮的应变 $e_{\alpha\beta}$ 和应变率 $\overset{*}{e}_{\alpha\beta}$；$c$—微丝在局部的集中函数；$N(z, t,\beta)$—微丝的取向分布函数。

微丝通过附着点与质膜相连，它的集中程度只取决于质膜的延展或收缩，对于随体坐标系，c 的物质导数为 0，在表面坐标下可以表示为：

$$\frac{\partial c}{\partial t} + v^{a}c|_{a} = -c(v^{a}|_{a} - v^{(3)}b_{\alpha\beta}a^{\alpha\beta}) \tag{10}$$

假定微丝为刚性杆，其取向平衡可能受表面的平移和旋转以及平移和旋转扩散的耦合的影响。由实验结果知，细胞表面的大分子的平移和旋转扩散极小，所以平移和旋转也接近于0，由于微丝的长度在 5 μm 左右，其运动接近于布朗运动，其影响也可以忽略。取向分

布函数 $N(z,\ t,\beta)$ 可以表示为：

$$\frac{\mathrm{d}N}{\mathrm{d}t} = \Delta_{(B)} \cdot (wN) \tag{11}$$

因为微丝的长度与细胞尺寸相比非常小，表面 ∂B 的局部速度场可以考虑看做线性，则微丝的角速度是：

$$w(\beta) = (v^{a}|_{\beta} - a^{\alpha\beta} b_{\alpha\beta v}^{(3)})n + \omega(\beta) \tag{12}$$

式中：$w(\beta)$ 为由微丝相作用引起的附加角速度。

考虑到微丝重取向平衡方程(11)的解以及两条微丝在互相垂直和互相平行时不会引起旋转，与微丝的相互作用相关的角速度可以表示为：

$$\omega(\beta) = \Omega \sin 2\beta \left| \frac{4}{\pi}\arctan\left[\frac{\gamma^{11}}{\gamma^{22}}\right] - 1 \right| \tag{13}$$

式中：Ω 为比例常数；β 为沿速度方向的表面切线与微丝轴线间的夹角；γ^{11}，γ^{22} 为主应力。

微丝收缩引起的主动应力的大小取决于该位置的微丝集中程度 $c(z,t)$、微丝可取向的数目——主动微丝系数 $m(z)$ 以及微丝取向函数 $N(z,\ t,\beta)$，其关系为：

$$\gamma^{(aa)} = FLc(z,t)m(z)\int_{0}^{\frac{\pi}{2}} N(z,t,\beta)\cos\beta \mathrm{d}\beta \tag{14}$$

其中：$\gamma^{(aa)}$—应力张量的主值；FL—单位长度微丝收缩力；$m(z)$—生化刺激影响主动微丝系数；β—微丝轴向与主方向的夹角。

微丝主动收缩力描述为：

$$\frac{\mathrm{d}(FL)}{\mathrm{d}t} = \left[\frac{C_1}{1 + C_1 t} - C_2\right]FL \tag{15}$$

上式近似描述了似肌丝行为。常数 C_1，C_2 与时间有关。

被动应力张量取决于质膜的本构方程，采用能成功描述红细胞变形的 Moony-Rivlin 材料，可以得到主应力与主伸长率之间关系：

$$\gamma^{(11)} = 2hC\left[\frac{\lambda_1}{\lambda_2} - \frac{1}{\lambda_1^3\lambda_2^3}\right](1 + \Gamma\lambda_2^2) \tag{16}$$

$$\gamma^{(22)} = 2hC\left[\frac{\lambda_2}{\lambda_1} - \frac{1}{\lambda_1^3\lambda_2^3}\right](1 + \Gamma\lambda_1^2) \tag{17}$$

其中：λ_n—主伸长率；C，Γ—材料常数；h—膜厚度。

与主应变和主应变率的关系为：

$$e_{(aa)} = \frac{1}{2}(\lambda_a^2 - 1) \tag{18}$$

$$e_{(aa)} = \lambda_a \lambda_a \tag{19}$$

表面应变和表面运动之间的关系为：

$$\mathring{e}_{\alpha\beta} = \frac{1}{2}(v_a|\beta + v_\beta|_\alpha) - b_{\alpha\beta}v^{(3)} \tag{20}$$

上式以表面速度的形式给出质膜上任意一点的瞬时应变率。

2.4 生化刺激

假定生化刺激从两个有丝分裂器的星状体发出,在有限时间内平稳扩散到细胞表面,S是生化刺激,控制刺激分布的方程为:

$$\Delta^2 S = 0 \qquad x \in \partial B \tag{21}$$

边界条件:

$$S = 0 \qquad x \in \partial B \tag{22}$$

生化刺激的作用为阻碍微丝重取向,细胞表面接受到的生化刺激越多,可取向的微丝越少,不同位置可以重取向的主动微丝系数可表示为:

$$m = \frac{\frac{\partial S}{\partial n} + C_4}{C_4 - C_3} \tag{23}$$

其中:C_3,C_4—赤道板处、极处的生化刺激通量,可由公式(21)和式(22)解得。

2.5 对称卵裂模型和数值计算

在自然界中绝大多数的卵裂是纵向轴对称的,所以,选定柱坐标系(r,ϕ,z)描述三维运动,表面坐标系选为(ϕ,z)。通过:$r=R(z)$在范围$-1<z<1$中进行进一步简化,所有方程进行无量纲化。

方程(1)至方程(6)可以很方便地表示为用边界量表示的表面速度和表面压力,为方便计算,令:$\mu/\mu*=1$,可以得到方程的解为:

表面速度:

$$v(z) = \int_{-1}^{1} A(z-y)\cdot f(y)\mathrm{d}y \qquad y \in \partial\beta \tag{24}$$

界面力:

$$f_n = \frac{\gamma_{zz}}{R_z} + \frac{\gamma_{\Phi\Phi}}{R_\Phi} \tag{25}$$

$$f_s = \frac{1}{[1+R'^2(y)]^{1/2}}\left[\frac{\partial\gamma_{zz}}{\partial y} + \frac{(\gamma_{zz}-\gamma_{\Phi\Phi})}{R(y)}R'(y)\right] \tag{26}$$

曲率半径:

$$\frac{1}{R_z} = -\frac{R''(y)}{[1+R'^2(y)]^{3/2}}$$

$$\frac{1}{R_\Phi} = \frac{1}{R(y)[1+R'^2(y)]^{1/2}} \tag{27}$$

内压力:

$$p(r,z) = \int_{-1}^{1} P(z-y)\cdot f(y)\mathrm{d}y \tag{28}$$

其中,A,P可以从Zinemanas等[4],得到。

微丝集中系数：

$$\frac{\mathrm{d}c}{\mathrm{d}t} = -c\left[-v_n\left[\frac{1}{R_z}+\frac{1}{R_\Phi}\right]+\frac{1}{R(z)[1+R'^2(z)]^{1/2}}\frac{\partial(v_sR)}{\partial z}\right] \tag{29}$$

取向平衡：

$$\frac{\mathrm{d}N}{\mathrm{d}t} = \frac{\partial(w(\beta)N)}{\partial\beta} \tag{30}$$

其中角速度为：

$$w(\beta) = -\frac{1}{2}\sin 2\beta\left[\frac{R(z)}{[1+R'^2]^{1/2}}\frac{\partial(v_sR)}{\partial z}+\left[\frac{1}{R_z}-\frac{1}{R_\Phi}\right]v_n\right]+w(\beta) \tag{31}$$

变形率：

$$\dot{e}_{(zz)} = \frac{1}{[1+R'^2(z)]^{1/2}}\frac{\partial v_s}{\partial z}+\frac{v_n}{R_z} \tag{32}$$

$$\dot{e}_{(\Phi\Phi)} = \frac{v_s}{R(z)[1+R'^2(z)]^{1/2}}\frac{\partial R}{\partial z}+\frac{v_n}{R_\Phi} \tag{33}$$

数值计算过程简述如下：

(a)给出最初表面形状和表面力，利用式(24)至式(27)计算表面速度。其中：A，P 可以从 Zinemanas 和 Nir[4] 中得到。利用式(30)计算细胞膜内压。

(b)选择时间步长 $\Delta t = \min(\Delta z)/\max(\Delta v)$。

(c)利用公式(29)计算微丝表面分布，式(13)、式(30)，式(31)计算微丝重取向。

(d)计算新的表面张力。

(e)计算表面变形。

(f)重复步骤 $a \sim e$。

3 意义

在模型中，考虑局部主动微丝数量以及质膜的材料性质对于预测表明变形和调整局部张力显然很重要。但对整个细胞变形的影响有限。此模型基本上能够预测胞质分裂过程中的主要现象。但要想更精确的解释胞质分裂的生物力学机理，还需要更多的有关微丝相互作用、外皮组成与生化刺激间的关系实验。

参考文献

[1] 安美文，吴文周，陈维毅，等．考虑生化刺激的细胞分裂的力学模型．生物工程学报，2004，20(5)：754－758.

[2] Rappaport R. Establislment of the mechanism of cytokinesis in animal cells. Int Rev Cytol, 1986, 105: 245 - 281.

[3] Ajipt P J, Alan J H. A simple, mechanistic model for directional instability during mitotic chromosome movements. J Biophysical, 2002, 83:42 - 58.

[4] Zinemanas D, Nir A. Surface viscoelastic effects in cell cleavage. J Biomechanics. 1990, 23: 417 - 424.

硝化反应器的临界曝气强度计算

1 背景

内循环颗粒污泥床硝化反应器是通过形成好氧颗粒污泥,有效地解决了反应器中菌体浓度不高的问题,取得了很高的生物硝化效能[1]。在内循环反应器的运行过程中,曝气强度直接关系到运行费用的高低,人们出于保险和简便方面的考虑,通常将曝气强度设置为较高的数值,忽视了对曝气强度的优化,导致能源浪费较大[2]。由于曝气是导致混合液运动的直接动力,要确定反应器的临界曝气强度,有必要先建立混合液运动速率与曝气强度之间的定量关系[1],再根据混合液运动速率的临界值来求得临界曝气强度。

2 公式

通常以升流区表观液速作为表征混合液运动速率的参数,以升流区表观气速作为表征曝气强度的参数。一些研究者从不同角度对升流区表观液速的理论模型进行了研究,其中具有代表性的是 Chisti 等[3]建立的模型,对各类气升式内循环反应器具有较好的通用性:

$$U_{lr} = K(1 - \varepsilon_{gr})\sqrt{2gh_d(\varepsilon_{gr} - \varepsilon_{gd})} \tag{1}$$

式中,U_{lr}为升流区表观液速,ε_{gr}为升流区气含率,ε_{gd}为降流区气含率,h_d为气液扩散高度。K为模型的待定参数,与反应器的构形和内部阻力系数有关,可通过试验确定。

式(1)描述了与气含率(ε_{gr}、ε_{gd})之间的关系,但要得到U_{lr}与曝气强度U_{gr}的关系,还必须掌握气含率ε_{gr}、ε_{gd}之间的关系以及它们与曝气强度的关系。

根据流体连续方程,$U_{lr}A_r = U_{ld}A_d$。U_{lr}和U_{ld}可表示如下:

$$U_{lr} = V_{lr}(1 - \varepsilon_{gr}), U_{ld} = V_{ld}(1 - \varepsilon_{gd}) \tag{2}$$

式中,V_{lr}为升流区液体的线速率,V_{ld}为降流区液体的线速率。ε_{gr}和ε_{gd}之间的关系为:

$$\varepsilon_{gd} = \lambda\varepsilon_{gr} - \gamma \tag{3}$$

式中,$\lambda = (V_{lr}A_r)/(V_{ld}A_d)$,$\gamma = (V_{lr}A_r)/(V_{ld}A_d) - 1$。由式(3)可知,$\varepsilon_{gr}$与$\varepsilon_{gd}$呈线性相关。

此外,由气含率的物理意义可得:

$$\varepsilon_g(V_r + V_d) = \varepsilon_{gr}V_r + \varepsilon_{gd}V_d \tag{4}$$

式中,ε_g为升、降流区中的总气含率,V_r和V_d分别为升、降流区的容积。由于ε_{gr}与ε_{gd}呈线性相关,V_r和V_d均为已知,因此只需确定ε_g与曝气强度U_{gr}的关系,即可用U_{gr}来替代式(1)

中的 ε_{gr} 与 ε_{gd} 作为模型变量，建立升流区表观液速 U_{lr} 与曝气强度 U_{gr} 的直接关系。

根据反应器升流区内气泡的流体力学平衡气泡在运动过程中所受到的主要作用力是浮力和曳力[4]，在反应器稳态运行时，有下式成立：

$$F_f = F_d \tag{5}$$

式中，F_f 为气泡浮力，F_d 为气泡曳力，可通过下式计算：

$$F_f = \frac{\pi}{6} d_b^3 g(\rho_1 - \rho_g)$$

$$F_d = \frac{1}{8} \pi C_D V_{gr}^2 \rho_1 d_b^2 \tag{6}$$

式中，d_b 为气泡平均直径；ρ_l 为液相密度；ρ_g 为气相密度；C_D 为曳力系数；V_{gr} 为升流区气体线速率。根据局部各向同性湍流理论，气泡平均直径可由下式计算：

$$d_b = \frac{k\sigma^{0.6}}{(\rho_1 g U_{gr}/(1 + A_d/A_r))^{0.4} \rho_1^{0.2}} \varepsilon_g^c (\mu_1/\mu_g)^{0.25} \tag{7}$$

式中，ρ_1 为液相密度；U_{gr} 为升流区表观气体速率；σ 为表面张力系数；U_g 为气相黏度；A_r 为升流区截面积；A_d 为降流区截面积；k 和 c 为待定参数。联立式(5)至式(7)，可以得到气含率模型：

$$\varepsilon_g = a(1 + A_d/A_d)^n U_{gr}^b \tag{8}$$

式中，a、n 和 b 与式(9)至式(11)中的常数项相关，在具体计算和应用时，可通过实验来确定这三个参数值。对于特定的反应器，A_d/A_r 为固定值，$a(1 + + A_d/A_r)^n$ 为常数，可用 β 来表示，升流区气含率模型可表示为：

$$\varepsilon_g = \beta U_{gr}^b \tag{9}$$

式(1)，式(3)，式(4)和式(9)所组成的联合方程组，即为升流区表观液速 U_{lr} 与曝气强度 U_{gr} 之间关系的理论模型。方程组中涉及的各个参数，需通过试验确定。

根据公式，采用低负荷对污泥进行驯化并逐步增加负荷。整个驯化过程历时约 16 d（图 1）。

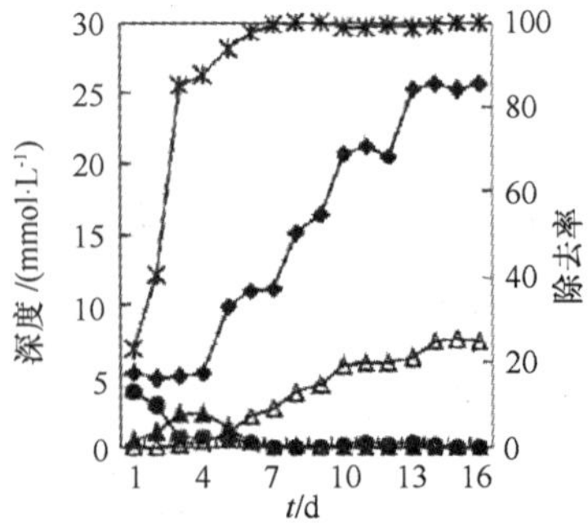

图 1　污泥驯化过程

3 意义

内循环颗粒污泥床硝化反应器是一种新型高效硝化反应器，在反应器运行过程中，液体循环临界曝气强度和颗粒污泥流化临界曝气强度是两个重要操作参数。根据混合液运动速率的临界值来求得临界曝气强度[1]，求得的两个临界曝气强度具有较高的准确性，能够用于指导内循环颗粒污泥床硝化反应器的操作优化。在探索内循环颗粒污泥床硝化反应器中混合液运动速率与曝气强度的定量关系，并确定反应器的临界曝气强度，为反应器的操作优化提供理论依据。

参考文献

[1] 卢刚，郑平，夏凤毅. 内循环颗粒污泥床硝化反应器临界曝气强度的研究. 生物工程学报，2004，20(5)：795－799.

[2] Gupta SK, Sharma R. Biological oxidation of high strength nitrogenous wastewater. Water Research, 1996, 30:593－600.

[3] Chisti Y, Halard B, Moo Young M. Liquid circulation in airlift reactors. Chemical Engineering Science, 1988,43: 451－457.

[4] Freitas C, Teixeira JT. Hydrodynamic studies in an airlift reactor with an enlarged degassing zone. Bioprocess Engineering, 1997, 18:267－279.

细胞内 pH_i 与细胞指标的关系公式

1 背景

许多细胞生长状况与营养物质跨膜运输以及相关一些代谢途径的关键酶活性有关[1]。细胞内 pH（pH_i）对细胞代谢活性或生理活动如蛋白质合成、物质跨膜运输、酶活性和细胞内代谢物质分泌等过程有重要影响[2-3]。荧光探针法可用于真核细胞和原核细胞的 pHi 测量，刘树臣等[1]应用细胞内 pHi 与细胞关系公式，计算细胞的生长、代谢和活性。

2 公式

由于细胞比生长速率（μ）、葡萄糖比消耗速率（q_s）和二氧化碳比生成速率（q_c）与活细胞量有关，它们的大小反映了细胞活力的高低，因此，分析了这些参数在生长期的变化规律，并按方程(1)至方程(3)算

$$\mu = \frac{1}{2C_{x_i}}\{[C_{x_i} - C_{x_{i-1}}]/\Delta t_{i-1,i} + [C_{x_{i+1}} - C_{x_i}]/\Delta t_{i,i+1}\} \quad (1)$$

$$q_s = \frac{1}{2C_{x_i}}\{[C_{s_i} - C_{s_{i-1}}]/\Delta t_{i-1,i} + [C_{s_{i+1}} - C_{s_i}]/\Delta t_{i,i+1}\} \quad (2)$$

$$q_c = 106.2\left[\frac{V_{\text{air}}}{C_x V}C_{\text{co}_2}\right]_i \quad (3)$$

其中 Δt 为两个取样点的时间间隔；C_x 和 C_s 分别为干细胞、葡萄糖质量浓度（g/L）；C_{co_2}为尾气中二氧化碳体积百分含量（%）；V_{air} 和 V 分别为通气量（L/min）和培养液体积（L）。当 $\Delta t = 2$ h 时，由方程(1)和方程(2)得到方程(4)和方程(5)：

$$\mu = \frac{1}{4C_{x_i}}[C_{x_{i+1}} - C_{x_{i-1}}] \quad (4)$$

$$q_s = \frac{1}{4C_{x_i}}[C_{s_{i+1}} - C_{s_{i-1}}] \quad (5)$$

3 意义

应用荧光探针 5(6)_双醋酸竣基荧光素（Carboxyfluorescein diacsetate）测定产长链一元

酸热带假酵母(*Candida tropicalis*)司细胞内 pHi(pHi)值,确定了该探针载入 *C. tropicalis* 细胞的适宜条件。利用荧光探针技术测量 *C. tropicalis* 细胞的 pH_i,根据细胞内 pH_i 与细胞关系公式[1],计算细胞的生长、代谢和活性。可以提高细胞生长速率和长链二元酸跨膜运输,进一步了解细胞生长的状况与营养物质跨膜的运输。

参考文献

[1] 刘树臣,谢澜漪,李春,等. 热带假丝酵母细胞内 pH 的测定及其与生长代谢活性的关系. 生物工程学报,2004,20(2):279 - 283.

[2] Madshus IH. Regulation of intracellular pH in eukaryotic cells. Biochem J,1988,250:1 - 8.

[3] Busa WB, Nuccitelli R. Metabolic regulation via intracellular pH. Am J Physiol,1984,246:409 - 438.

膜生物硝化反应器的效能公式

1 背景

随着氮素污染引发的环境问题的加剧,人们对废水脱氮技术的研究也日趋广泛和深入[1]。由于物化脱氮法工艺复杂、成本较高,应用受到限制,因此生物脱氮法得到了人们的青睐[2]。分离膜对活性污泥具有良好的截留性能,可实现水力停留时间与污泥停留时间的完全独立;将分离膜与生物反应器结合,可构成高效的膜生物反应器,并赋予其启动快、污泥浓度高、负荷率大、运行稳定、出水水质好等优点[3]。武小鹰等[1]利用膜生物硝化反应器的效能公式,计算膜生物硝化反应器处理含氨废水的效能,为高效生物硝化反应器的研发提供了平台。

2 公式

膜阻力的变化:渗透通量与膜阻力的关系可用阻力串联模型描述[4]:

$$J = \frac{\Delta p}{\mu R} \tag{1}$$

式中,J 为渗透通; Δp 为压差;u 为运动黏度;R 为总传质阻力。

由式(1)可以转换为:

$$R = \frac{\Delta p}{\mu J} \tag{2}$$

由式(2)可以看出,R 综合了压差与出水通量两个因素,通过比较 R,可直观地看出特定条件下分离膜及其污染层对渗透液的阻力。不同液位差下膜通量稳定后的总传质阻力变化见图 1。

从图 1 可以看出,总传质阻力 R 与液位差之间呈线性关系,通过对实验数据的拟合,得到如下回归方程(相关系数 0.976 9):

$$R = 0.045\ 6H + 1.762\ 9 \tag{3}$$

总传质阻力 R 与渗透通量 J 之间的关系见图 2。通过对实验数据的拟合,得到如下回归方程(相关系数:为 0.937 3):

$$R = 0.353J^2 - 1.755\ 4J + 4.864\ 6 \tag{4}$$

从图 2 可以看出,在提高液位差增大渗透通量的过程中,膜阻力变化呈现出先减小后增大的

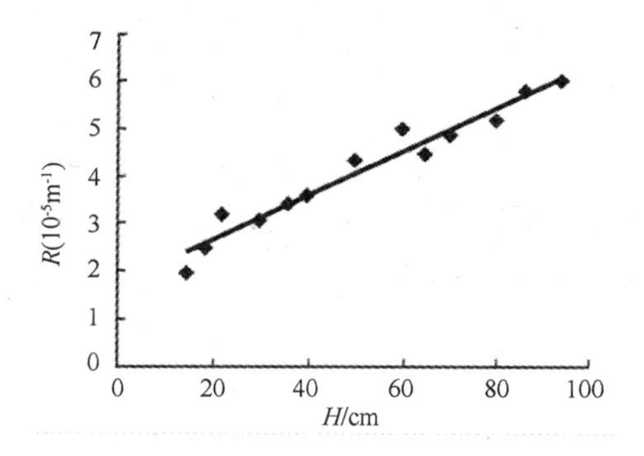

图 1　不同液位差下膜的稳定总传质阻力

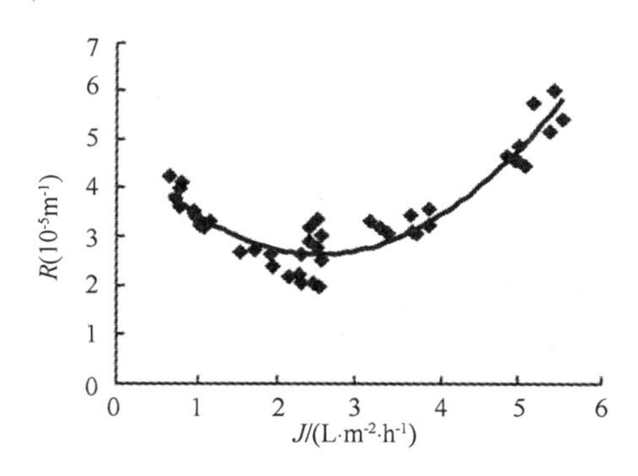

图 2　随通量增大总传质阻力的变化情况

趋势。

从图 3 可以看出，反应器中的接种污泥经过短期适应后，持续快速增长；到第一阶段结束时，污泥高达 10 g/L 以上。

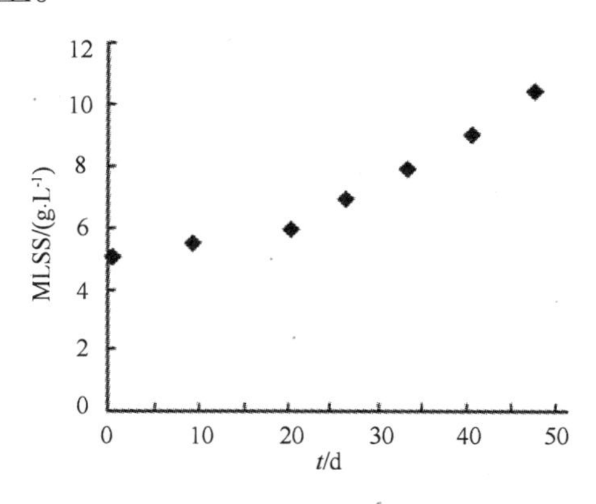

图 3　第一阶段 MLSS 的变化

3 意义

通过计算膜生物硝化反应器处理含氨废水的效能[1],得到高效生物硝化反应器,启动迅速,效能优良,最高进水氨氮浓度达 80 mmol · L^{-1},氨氮容积负荷达 1.12 kg · m^{-3} · d^{-1},氨氮去除率稳定在 95% 以上,出水浓度达到国家排放标准,各项指标优于传统生物硝化反应器。而且,在启动阶段的 50 d 中,污泥浓度由 5 g · L^{-1} 提高到 10 g · L^{-1},较高的污泥浓度保证了膜生物硝化反应器的效能,优化了出水水质。同时,反应器的液位差最好控制在 80 cm 以内,以便反应器出水靠重力流出,省去传统膜生物反应器的泵抽吸,从而节约能耗。

参考文献

[1] 武小鹰,郑平,胡宝兰. 膜生物硝化反应器处理含氨废水效能的研究. 生物工程学报,2005,21(2):279 – 282.

[2] Li J(李军). Yang XS(杨秀山). Peng YZ(彭永臻) Microbiology & Wastewater Treatment Eugineering. Beijng: Chemical Iudustry Press(化学工业出版社),2002.

[3] Stephenson T, Judd S, Jefferson B, et al. Membrane Bioreactors for Wastewater Treatment. Beijng: Chemical Industry Press(化学工业出版),2003.

[4] Choo KH, Lee CH. Hydrodynamic behavior of anaerobic biosolids during crossflow filtration in the membrane anaerobic bioreactor. Water Research,1995,32(11):3387 – 3397.

发酵过程的异常诊断公式

1 背景

在生物发酵过程中，微生物的生长对环境变化极为敏感，如果生产条件偏离了预先设定的最佳条件，就会影响其内部的代谢过程，降低产生菌的质量和数量，甚至得不到所要求的产物[1]。如果能在异常出现的初期及时给出预警信息，从而采取相应的措施，将能减少损失，甚至避免异常的发生。近年来，许多故障诊断的方法被提出，如动态模型技术、定量模拟技术、神经网络技术、多变量统计技术等[2]。在滚动学习预报技术的基础上，对正常罐批和异常罐批预报结果做了比较，提出了一些罐批异常判断的定量和定性特征，能够对发酵过程异常及时给出预警，并结合其他的辅助信息（如 pH 值、效益函数实际值和预报曲线等），来进一步确定故障原因和采取相应的措施。

2 公式

2.1 滚动学习预报方法

滚动学习预报方法是利用历史罐批数据和当前罐批的已知信息组成训练库对神经网络进行训练，文献[3]给出了该方法的详细说明。训练数据对定义为$\{X(T_k), Y(T_k)\}$，其中$X(T_k)$为给定输入数据窗口覆盖输入向量，$Y(T_k)$对应的输出数据窗口覆盖输出向量，通过离散化每一个数据窗口所覆盖的过程变量，可得到一系列的输入输出数据对。对应于第k个数据窗口的输入输出数据对$\{X(T_k), Y(Tk)\}$由等式(1)至式(3)给出。

$$X(T_k) = [T_k x(T_k) x(T_k - 1\tau) x(T_k - 2\tau) \cdots x(T_k - m\tau)]^T \tag{1}$$

$$x(T_k) = [F_1(T_k) F_2(T_k) F_3(T_k) F_4(T_k) F_1(T_k) F_2(T_k)] \tag{2}$$

$$Y(T_k) = [P(T_k + T_{p1}) P(T_k + T_{p2}) P(T_k + T_{p3})]^T \tag{3}$$

式中，T_k是输入数据窗口右边界所处的发酵时，即当前时间；$F_i(T_k)$为数据窗口覆盖的输入变量的累计量，如产量、基质浓度、氧消耗量和二氧化碳产生量等；τ是对输入数据窗口覆盖的过程变量进行离散化的时间间隔，即离散化步长；m是数据窗口的等分数。所以，输入向量$X(T_k)$是由输入数据窗口覆盖的过程变量离散值及当前时刻T_k本身组成，输出向量$Y(T_k)$由下 1－3 步时刻的待预测变量的累积量构成，$T_k + T_{pi}$为预报时刻。

以某车间头孢菌素 C 53 个历史生产罐批为例（其中罐批 15、50 和 51 为 3 个异常罐批),进行了拟在线预报,预报结果如图 1 所示,其中正常罐批选取罐批 19 来代表。从图 1 中可以看出,正常罐批的预报精度要远高于异常罐批,各发酵时刻预报误差如图 2 所示。

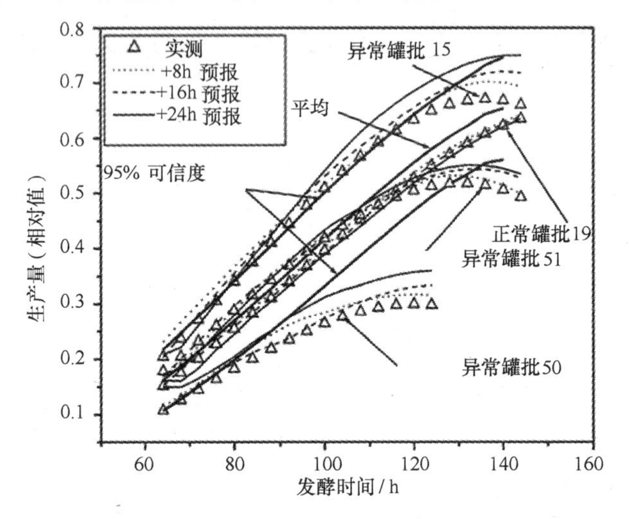

图 1　正常罐批和异常罐批的产量(相对值)预报比较

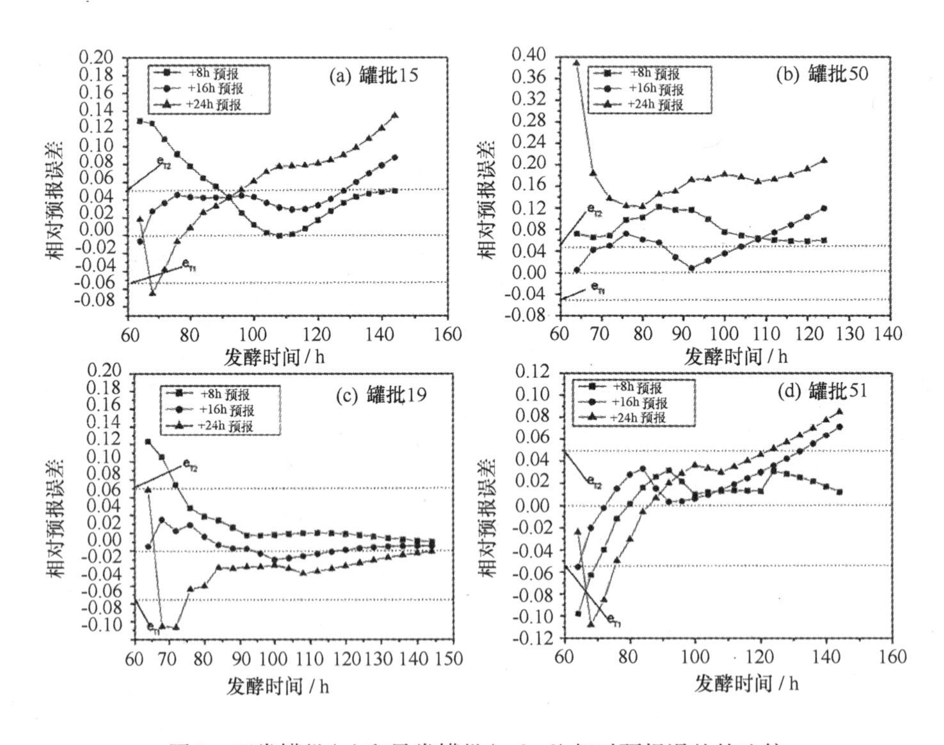

图 2　正常罐批(c)和异常罐批(a、b、d)相对预报误差的比较

2.2 效益函数及预报曲线

效益函数 $J(T_r)$ 是生物发酵过程动态调度和经济效益优化的重要依据，其定义为单位时内一个罐批所创造的毛利润，即：

$$J(T_f) = \frac{P_{in} - P_{cost}}{T_p + T_f} \tag{4}$$

式中：P_{in} 为产品销售收入；P_{cost} 是成本支出；T_r 是指发酵时间；T_p 是对同一发酵罐而言，相邻两个罐批之间时间间隔（即放罐、清洗、灭菌、接种等所需之间时间间隔的操作时间）。详细计算见文献[4]。图 3 给出了正常罐批（罐批 19）和异常罐批（15、50 和 51）效益函数实际值和超前 24 h 预报曲线。

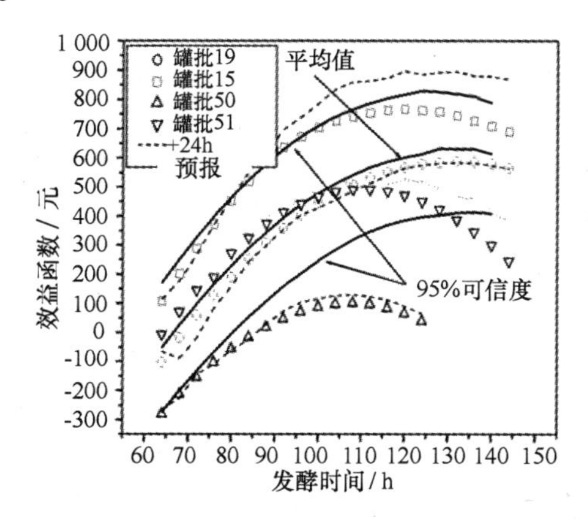

图 3　正常罐批和异常罐批的效益函数预报

3　意义

在发酵过程中，罐批异常（如染菌）会导致产率和产品质量的下降，如果能及时给出预警，就能采取相应措施避免或减少经济损失。李运锋等[1]利用三层 BP 网络，以头孢菌素 C 发酵为例，对罐批进行了超前 3 步预报，比较了正常罐批和异常罐批的预报误差，给出了异常罐批的三个特征，并利用这些特征和其他辅助信息，成功地对异常罐批进行了故障早诊断。

参考文献

[1]　李运锋，袁景淇. 神经网络预报在发酵过程异常诊断中的应用. 生物工程学报，2005，21（1）：102 – 106.

[2]　Isermann R. Process fault detection based on modeling and estimation methods. IFAC，1983（1）：7 – 30.

[3] Yuan J Q, Vanrolleghem P A. Rolling learning prediction of product formation in bioprocesses. Journal of Biotechnology, 1999, 69:47 – 62.

[4] Yuan J Q, Guo S R, Schuegerl K, et al. Profit optimization for mycelia fedbatch cultivation. Journal Biotechnology, 1997, 54:175 – 193.

单链抗体的亲和力公式

1 背景

艾滋病(人获得性免疫缺陷综合征,AIDS)自1981年首例报道以来,已经在全世界许多地区流行,造成严重危害[1]。虽然高效抗病毒疗法可有效地抑制病毒复制,基本上清除血清中游离的HIV-1病毒粒子,但对潜伏感染的HIV-1无作用[2]。针对此现象,利用*Pichia pastoris*表达系统,王宏等[1]构建了高效分泌表达抗HIV-1 gp120单链抗体与超抗原SEA融合表达产物的酵母工程菌,利用单链抗体的亲和力公式,计算杀伤率,表达产物初步纯化及活性。

2 公式

单链抗体亲和力测定:采用间接接ELISA方法检测[3]。ELISA具体方法参照《现代动物免疫学分》[4],酶联检测仪492 nm下测每孔吸光度值(OD),亲和力常数按如下公式计算:

$$K_a = \frac{n-1}{2\times(n\times[Ab']-[Ab]_t)}$$

$$n = [Ag]_t/[Ag']$$

式中,$[Ab']$表示抗原浓度为$[Ag']$时,$OD = 1/2OD_{max}$对应的抗体度;$[Ab]_t$表示抗原浓度为$[Ag]_t$时,$OD = 1/2OD_{max}$对应的抗体浓度;n为抗原$[Ag']$与$[Ab]_t$的稀释倍数。

在酶联检测仪492 nm下测每孔吸光度值(OD),CTL活性用杀伤率表示,按如下公式计算:

杀伤活性(%)=

$$\frac{(\text{实验孔 OD 值}-\text{靶细胞自然释放孔 OD 值}-\text{效应细胞自然释放孔 OD 值})}{(\text{最大释放管孔 OD 值}-\text{靶细胞自然释放孔 OD 值})}\times 100\%$$

重组表达质粒构建过程见图1。

3 意义

本研究利用酵母分泌型表达载体pPIC9K构建了酵母表达质粒,它带有α因子分泌信

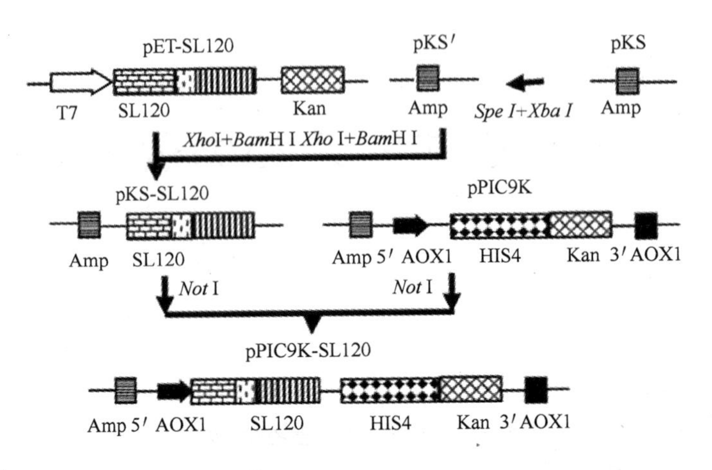

图 1　质粒 pPIC9K－SL120 构建流程

号序列,能够引导表达的外源蛋白分泌到细胞外。通过 SDS－PAGE 分析,表明表达产物 SL120 主要存在于上清中,这有利于重组蛋白的分离纯化。利用单链抗体的亲和力公式,计算杀伤率,表达产物初步纯化及活性。

参考文献

[1] 王宏,金宁一,尹革芬,等. 抗 HIV－1 重组导向毒素 SL120 在毕赤酵母中的表达及其活性检测. 生物工程学报,2005,21(3):473－477.

[2] Chun TW,Finzi D,Margolick J,et al. In vivo fate of HIV-1-infected T cells: quantitative analysis of the transition to stable latency. Nat Med,1995,1(12):1284－1290.

[3] Wang SR(王若世),Wang XL(王兴龙),Han WY(韩文瑜). Modern Immunology of Animal(Second Editiou). Changchun:Jilin Science and Technology Publishing House(吉林科学技术出版),2001.

[4] Dong ZW(董志伟),Wang Y(王琰). Antibody Engineering:Beijing: Beijing Medical University Publishing House(北京医科大学出版社),2001.

酵母菌的耐酒精公式

1 背景

酵母菌的絮凝是一个非常复杂的过程，絮凝的形成受许多因素的影响，例如，菌株类型（遗传背景、生理状态和代谢等）、培养基成分和培养条件（温度、通气、搅拌、pH、离子和螯合剂等）[1]。利用菌体自絮凝形成颗粒作为一种固定化手段[2]，絮凝能力赋予酵母菌最明显的特征是菌体细胞形成聚集体，这也是人们对絮凝酵母多方面利用的基础。胡纯铿等[1]建立了酵母菌的耐酒精公式，计算高浓度酒精冲击下菌体存活率。

2 公式

2.1 高浓度酒精冲击下菌体存活率的测定：菌体的耐酒精能力以存活率（Viability）表示

$$\text{Viability}(\%) = (C_t/C_o) \times 100\% \tag{1}$$

公式中，C_o 和 C_t 分别表示冲击时间为 0 和 t 小时的残余活细胞浓度。

2.2 细胞膜透性系数的测定：细胞膜透性系数（P'）由下式求得[3]

$$\ln(C_e^{\infty} - C_e) = In(C_e^{\infty} - C_e^0) - (1 + V_i/V_e)(A/V_i)P't \tag{2}$$

其中，t 表示时间（h）；C_e 表示胞外核苷酸浓度（mol/cm^3）；A 表示细胞膜总表面积（cm^2）；V_i 表示胞内液体总体积（cm^3）；V_e 表示胞外液体总体积（cm^3）；C_e^o 和 C_e^{∞} 分别表示 $t=0$ 和 $t=\infty$ 时的 C_e。

由图 1 可见，经过 7 h 冲击，融合株 SPSC、粟酒裂殖酵母变异株和酿酒酵母变异株的存活率分别为 52%、37% 和 9%，表明融合株 SPSC 的耐酒精能力明显高于两亲本。

分析融合株 SPSC 与两亲本的细胞膜磷脂脂肪酸组成特点，结果见表 1。

表 1 不同酵母菌体细胞膜磷脂脂肪酸组成的比较 %

酵母细胞	脂肪酸组成						Δ/mol^c
	14:0	14:1	16:0	16:1	18:0	18:1	
SPSC	3.2	1.6	33.6	26.8	12.0	22.6	0.51
(SPSC)′	0.9	0.7	15.6	41.1	8.6	33.0	0.75
SP	0.8	1.3	36.3	21.1	11.3	27.3	0.52

续表

酵母细胞	脂肪酸组成						Δ/mol[c]
	14:0	14:1	16:0	16:1	18:0	18:1	
(SP)′	0.6	0.3	18.3	32.1	6.6	42.0	0.74
SC	1.0	0.5	16.5	35.5	7.8	38.6	0.75

a: 碳原子数和不饱和链数表示脂肪酸;

b:SPSC、SP 和 SC 分别代表融合株,SPSC、粟酒裂殖酵母变异株和酿酒酵母变异株的这些细胞,(SPSC)′和(SP)′分别表示融合株 SPSC 和粟酒裂殖酵母变异株的这些自由细胞;

c:不饱和指数(Δ/mol) = [1×(%单烯) +2×(%二烯) +3×(%三烯)]/100.

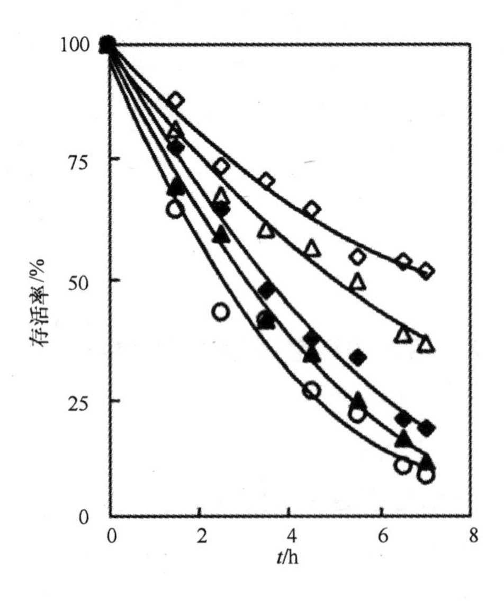

图 1　不同酵母细胞于 30℃在 18%(V/V)酒精冲击下的存活率比较

融合株 SPSC 和粟酒裂殖酵母变异株的细胞膜磷脂脂肪酸组成特点相似,二者细胞膜磷脂的棕榈酸(16:0)含量均约为酿酒酵母变异株的 2 倍,而棕榈油酸(16:1)和油酸(18:1)含量明显低于后者,因此,两絮凝酵母的细胞膜脂肪酸不饱和度明显低于游离酵母,这些结果提示二者耐酒精能力明显高于游离酵母可能与它们细胞膜磷脂棕榈酸含量增加有关。

3　意义

通过酵母菌的耐酒精公式,计算得到絮凝酵母(融合株 SPSC 和粟酒裂殖酵母变异株)耐酒精能力高于游离酵母(酿酒酵母变异株)可能与其细胞膜磷脂脂肪酸组成中含有更高比例的棕榈酸(16:0)和更低比例的棕榈油酸(16:1)及油酸(18:1)有关(图 1 和表 1)。融合株 SPSC 耐酒精能力高于两亲本可能与其综合了两亲本耐酒精的遗传优势有关。

参考文献

[1] 胡纯铿,白凤武,安利佳. 絮凝特性对自絮凝颗粒酵母耐酒精能力的影响及作用机制. 生物工程学报,2005,21(1):123-128.

[2] Bai FW(白凤武). Application of self immobilization cell technology for bioche-mical engineering. Progress in Biotehnology(China)(生物工程进展),2000. 20: 32-36.

[3] Mizoguchi H, Hara S. Effect of fatty acid saturation in membrane lipid bilayers on simple diffusion in the presence of ethanol at high concentrations. Journal Fermentation and Bioengineering, 1996,81: 406-411.

木聚糖酶的最适 pH 位点计算

1 背景

木聚糖酶是一种重要的工业用酶[1]，自发现木聚糖酶可用于纸浆漂白以后，对木聚糖酶研究和开发越来越受到人们的重视[2]。用于纸浆漂白的木聚糖酶应耐热和耐碱，目前有两种解决方法：一是从极端环境中筛选木聚糖酶产生菌株；另一种方法是对木聚糖酶进行遗传改造[3]。人工神经网络(ANN)是一种平行分散处理模式，其构建思想来源于人类大脑神经运作的模拟。它具有学习能力，可随时依据数据资料进行自适应学习、训练，调整其内部的存储权重参数以任意精度逼近一个非线性函数。张光亚等[1]应用神经网络模型来研究木聚糖酶。利用木聚糖酶的晶体数据，找出提高该酶最适 pH 的可能位点。

2 公式

2.1 均匀设计法

均匀设计由我国数学家方开泰教授所创造[4]，它是将数论和多元统计相结合的一种新颖的试验方法，其核心思想是用确定性方法寻找空间中均匀分布的点集来代替 Monte Carlo 中的随机数。它通过提高试验点"均匀分散"的程度，使试验点具有更好的代表性及能用较少的试验获得较多的信息。

为了定量比较拟合和测试效果，特定义以下三个特征指标：

(1)平均绝对百分比误差：$\mathrm{MAPE} = \frac{1}{n}\sum_{t=1}^{n}\frac{|y_t - \hat{y}_t|}{|y_t|}$

(2)均方根误差：$\mathrm{MSE} = \sqrt{\frac{1}{n}\sum_{t=1}^{n}(y_t - \hat{y}_t)^2}$，

(3)平均绝对误差：$\mathrm{MAE} = \frac{1}{n}\sum_{t-1}^{n}|y_t - \hat{y}_t|$

式中，y_t 和$\hat{y}_t$分别表示实际值和拟合值(或预测值)。

根据公式，选择一个隐含层的神经网络，对学习速率、动态参数、Sigmoid 参数和隐含层结点数 4 个因素 9 水平进行均匀设计，所得的均匀设计表和训练结果如表 1 所示。为了避免过度拟合而导致测试效果较差，将允许误差设为 0.001，最大迭代次数设为 1 000 次。

表 2　均匀设计表

级别	4 个因子				模型对 pH 值拟合的平均绝对百分比误差
	Sigrvoil 参数	学习速率	动态参数	隐含层结点数	
1	0.9	0.1	0.6	8	3.40
2	0.93	0.15	0.35	13	3.05
3	0.98	0.09	0.4	10	2.93
4	0.91	0.3	0.45	5	3.03
5	0.96	0.25	0.5	17	2.99
6	0.94	0.4	0.65	11	3.11
7	0.95	0.07	0.55	3	16.78
8	0.97	0.2	0.8	6	2.99
9	0.92	0.08	0.7	15	4.23

由表 1 可见，当学习速率为 0.09、动态参数为 0.4、Sigmoid 参数为 0.98，隐含层结点数为 10 时，模型对 pH 值拟合的平均绝对百分比误差为 2.93%，均方根误差为 0.19 个 pH 单位，平均绝对误差为 0.11 个 pH 单位。具有很好的拟合效果。后续训练及测试均采用上述参数。

3　意义

利用木聚糖酶的晶体数据，结合多序列比对等手段，通过神经网络模型来找出提高该酶最适 pH 的可能位点。拟合的平均绝对百分比误差仅为 2.93%，同时该模型也具有良好的预测效果[1]。利用所得数学模型的计算机软件进行高通量预筛选，从而达到大大降低文库丰度，减轻筛选工作量，提高效率，节省费用之目的。

参考文献

[1]　张光亚，方柏山. 木聚糖酶氨基酸组成与其最适 pH 的神经网络模型. 生物工程学报，2005，21(4)：658 - 661.

[2]　Badhan AK, Chadha BS, Sonia KG, et al. Functionally diverse multiple xylanases of thermophilic fungus *Myceliphrhor* sp. IMI 38709. Enzyme and Microbial Technology, 2004, 35(5): 460 - 466.

[3]　Khasin A, Alehanati I, Shoham Y. Purification and characterization of a thermostakle xylanase from Bacillus stearothermophilus T - 6. Appl Enuiron Miorobiol. 1993, 59(6): 1725 - 1730.

[4]　Fang KT. The uniform design: application of number theoretic methods in esperimental design. Acta Math Appl sin, 1980, 3: 363 - 372.

内切木聚糖酶的预测模型

1 背景

大麦麦芽中最主要的非淀粉质多糖是阿拉伯木聚糖和β－葡聚糖。阿拉伯木聚糖在发芽过程中得到部分降解，在糖化过程中受麦芽中内切木聚糖酶降解的作用得到进一步降解[1]。发芽状况较差的麦芽中，阿拉伯木聚糖得不到充分的降解。不同企业糖化曲线的差异导致内切木聚糖酶失活程度不同，过去对参数优化的研究就有一定的局限性。因此，希望建立数学模型系统以研究糖化过程中阿拉伯木聚糖的溶解及降解。

2 公式

2.1 内切木聚糖酶的溶解和失活

内切木聚糖酶的溶解和失活的模型与 Marcar 等建立的糖化过程中α－淀粉酶的溶解和失活模型类似[2]。

$$\frac{\mathrm{d}X_g}{\mathrm{d}t} = -H_x \frac{M}{V_g}(X_g - X_w) \tag{1}$$

$$\frac{\mathrm{d}X_w}{\mathrm{d}t} = H_x \frac{M}{V_w}(X_g - X_w) - K_w(T)X_w \tag{2}$$

糖化时，内切木聚糖酶以某一速率从谷物中溶解到糖化醪中，达到某一平衡状态。假设在谷物中内切木聚糖酶受谷物的保护不会失活，而在糖化醪中随温度的升高而失活。酶失活速率满足阿累尼乌斯(Arrhenius)方程。

$$K_w(T) = K_{w,o} \times \mathrm{e}^{-Ekx/RT} \tag{3}$$

在糖化刚开始，设所有内切木聚糖酶都存在于谷物中，糖化醪中没有酶活。因此，初始条件满足以下方程：

$$X_g(0) = X_o \tag{4}$$

$$X_w(0) = 0 \tag{5}$$

根据等温糖化实验，45℃下的等温糖化最终使木聚糖酶活达到最大值 $X_{w,eq}$，此时谷物中的酶活与糖化醪中的酶活达到平衡。因此谷物中初始酶活为：

$$X_o = \frac{X_{w,eq}(V_g + V_w)}{V_g}$$

2.2 阿拉伯木聚糖的溶解和降解

阿拉伯木聚糖的溶解和降解应满足以下方程：

$$\frac{dC_g}{dt} = -H_c \frac{M}{V_g}(C_g - S_g(T)) \tag{6}$$

$$\frac{dC_w}{dt} = H_c \frac{M}{V_w}(C_g - S_g(T)) - B_w(T)X_w C_w \tag{7}$$

模型中，设 $S_g(T)$ 是随温度的升高而线性降低的参数，即

$$S_g(T) = S_{g,o} - S_g T \tag{8}$$

其中 $S_{g,o}$ 和 S_g 可以通过模型拟合而获得。

酶降解阿拉伯木聚糖的反应速率满足阿累尼乌斯(Arrhenius)方程

$$B_w(T) = B_{w,o} \times e^{-Ekc/RT} \tag{9}$$

在本模型中为了计算简便，减少估计参数的量，设 $B_w(T)$ 为一常数，有

$$B_w(T) = B_{w,o} \tag{10}$$

在糖化刚开始，设所有阿拉伯木聚糖都存在于谷物中，糖化醪中没有阿拉伯木聚糖。因此，初始条件满足以下方程

$$C_g(0) = C_{\text{total}} \tag{11}$$

$$C_w(0) = 0 \tag{12}$$

谷物中总阿拉伯木聚糖的含量(C_{total})通过实验测得，按照 Debyser 报道的分离和测定方法[3]。

2.3 参数估计

模型参数估计就是通过模型拟合以减少预测值与真实值之间的误差，也就是找出参数向量 p 使误并的平方和最小。

$$Minimum\{\sum_{j=1}^{N}\sum_{j=1}^{M}\sum_{j=1}^{2}[x_j^{(k)}(t_i) - x_j^{(k)'}(t_i)] \times [x_j^{(k)}(t_i) - x_j^{(k)'}(t_i)]^T\} \tag{13}$$

$$x_j^{(k)}(t_i) = \{x_j^{(1)}(t_i), x_j^{(2)}(t_i)\} = \{C_w(t), X_w(T)\}(k = 1,2) \tag{14}$$

$$P = \{P_1, P_2\} = \{H_x, K_{w,o}, E_{ks}, H_c, B_{w,o}S_k, S_{g,o}\} \tag{15}$$

其中 N 代表用于参数估计过程中的总糖化次数；n_j 是从某糖化实验 j 的取样数目，$x_j^{(k)}(t_i)(k = 1,2)$ 为实验测定值，$x_j^{(k)}(t_i)$ 为糖化实验预测值。

$P_1(H_x, K_{w,o}, E_{kx})$ 木聚糖酶溶解和失活的参数从等温糖化实验估计获得，$P_2(H_c, B_{w,o}, s_k, s_{g,o})$ 从溶解和降解阿拉伯木聚糖的参数结合等温糖化和升温糖化获得。

实验模型的建立和预测在计算机上运用 Matlab 语言进行，计算方法采用最小二乘法和龙格库塔法(ode_{45})[4]。

根据公式，实验采用 Harrington 麦芽进行等温和升温糖化，以此一系列数据进行参数估计(表1)。

表1 Harrington 麦芽的估计参数和初始条件

方程	X_o/(u/L)	H_x/[L/(g·min)]	$K_{w,0}$/(min^{-1})	E_{kx}/(J/mol)	
(1~5)	119 240	2.01×10^{-2}	2.98×10^{-2}	277 400	
方程	C_{total}/(g/L)	H_c/[L/(g·min)]	$B_{w,0}$/[L/(u·min)]	S_g/[g/(L·K)]	$S_{g,0}$/(g/L)
(6~12)	68.4	1.21×10^{-5}	9.12×10^{-7}	3.86×10^{-2}	65.2

式中,$T(t)$ t时刻的温度(K);$X_g(t)$湿麦芽中内切木聚糖酶的活力(u/L);$X_w(t)$糖化醪中内切木聚糖酶的活力(u/ L);V_g 糖化醪中湿麦芽体积(L);$C_g(t)$湿麦芽中阿拉伯木聚糖的浓度(g/L);V_w 糖化醪中液体体积(L);$C_w(t)$糖化醪中阿拉伯木聚糖的浓度(g/L);M 初始麦芽质量(g);C_{total}谷物中阿拉伯木聚糖的浓度(g/L);H_x 内切木聚糖酶的溶解常数[L/(g·min)];$K_{w,o}$内切木聚糖酶的失活常数(min);E_{kx}内切木聚糖酶的失活能(J/mol);$B_{w,o}$降解阿拉伯木聚糖的动力学常数[L/(u·min)];E_{kc}降解阿拉伯木聚糖所需能(J/mol);R 气体常数[8.314 3 J/(mol·K)};H_c 可溶性阿拉伯木聚糖的溶解系数(L/(g·min);$S_{g,o}S_g$ 湿麦芽中不溶性阿拉伯木聚糖浓度相关参数[g/L,g/(L·K)]。

图1为 Harrington 麦芽在不同升温糖化曲线(糖化曲线2)下预测值与真实值的比较,真实值与预测值的误差为+6.6%,此说明模型预测酶活和阿拉伯木聚糖的浓度值与实验测定值相差很小。

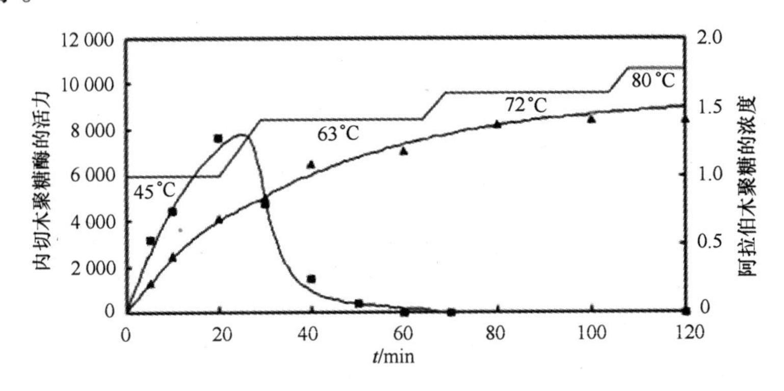

图1 糖化过程中(糖化曲线2)内切木聚糖酶活与阿拉伯木聚糖的浓度

3 意义

建立了预测糖化过程中阿拉伯木聚糖的溶解和降解及麦芽内源内切木聚糖酶随机进攻的模型[1],在给定不同的糖化曲线和初始麦芽条件的情况下能预测出最终糖化麦汁中阿拉伯木聚糖的浓度。通过此模型的建立,能为工业生产较为准确地预测麦汁中阿拉伯木聚糖的含量,以防止过高的阿拉伯木聚糖含量影响啤酒酿造及成品啤酒质量。通过在计算机上运行 Matlab 程序,运用建立的模型,可以快捷简便地对糖化过程中阿拉伯木聚糖的溶解和降解进行研究。

参考文献

[1] 陆健,李胤. 糖化过程中阿拉伯木聚糖溶解及内切木聚糖酶随机进攻预测模型的建立. 生物工程学报,2005,21(4):584 - 589.

[2] Marc A, Engasser, J M, Moll M, et al. A kinetic model of starch hydrolvsis by α_ and β_anylase during mashing. Biotechnology and Bioengineering, 1983, 28: 481 - 496.

[3] Debyser W, Derdelinckx G, Delcour J A. Arabinoxylan and arabinoxylan hydrolyzing activties in barley malt and worts derived from them. J Cereal Sci, 1997, 26: 67 - 74.

[4] Rice RC. Split Runge Kutta methods for simultaneous equations. J Res Nat Bur Strand, 1960, 64B: 151 - 170.

酵母细胞培养的振荡模型

1　背景

振荡现象在微生物连续培养过程中是普遍存在的，涉及细菌、真菌、藻类等微生物细胞。其中酵母细胞培养过程中呈现振荡现象的机理被认为是细胞的同步生长。振荡行为与溶氧、pH、比生长速率等环境因素有关[1]。根据连续培养与发酵理论，细胞的比生长速率与稀释速率是直接相关的，在恒化或稳态条件下，比生长速率等于稀释速率。因此，改变稀释速率可以很方便地调控比生长速率。

2　公式

2.1　模型方程

由物料衡算得出以下模型方程：

$$\left.\begin{aligned}\frac{\mathrm{d}X}{\mathrm{d}t} &= \mu X - DX \\ \frac{\mathrm{d}S}{\mathrm{d}t} &= -\frac{1}{Y_{x/s}}\mu X + D(S_o - S) \\ \frac{\mathrm{d}P}{\mathrm{d}t} &= uX - DP\end{aligned}\right\} \tag{1}$$

陈丽杰等在研究高浓度酒精发酵动力学时，提出如下模型方程[2]

$$\mu = \frac{\mu_m S}{K_s + S + S^2/K_I}\left[1 - \frac{P}{P_L}\right]^4 + \mu_o \tag{2}$$

$$u = \frac{\nu_m S}{K_s^* + S + S^2/K_I^*}\left[1 - \frac{P}{P_L}\right] + \nu_o \tag{3}$$

2.2　理论分析

按微分方程组稳定性理论，周期解对应于振荡现象，而分岔理论则用于预测微分方程组周期解出现的可能性，因此参照文献[3]，以分岔理论预测振荡存在的可能性，并设其稳态解为(X_c, S_c, P_c)，则：

$$\mu = D, X_c = (280 - S_c)Y_{x/c}, P_c = \nu X_c/D \tag{4}$$

在稳态处的 Jacobi 矩阵为：

$$J=\begin{bmatrix} \frac{\partial\mu}{\partial X}X_C & \frac{\partial\mu}{\partial S}X_C & \frac{\partial\mu}{\partial P}X_C \\ -\frac{1}{Y_{x/s}}\left[\frac{\partial\mu}{\partial X}X_C+D\right] & -\frac{1}{Y_{x/s}}\frac{\partial\mu}{\partial S}X_C-D & -\frac{1}{Y_{x/s}}\frac{\partial\mu}{\partial P}X_C \\ \left[\frac{\partial\nu}{\partial X}X_C+\nu\right] & \frac{\partial\nu}{\partial S}X_C & \frac{\partial\nu}{\partial P}X_C-D \end{bmatrix}$$

其中 $\frac{\partial\mu}{\partial X}=0,\frac{\partial\nu}{\partial X}=0$

由 $\det(\lambda I-J)=0$ 得其特征方程为：

$$\lambda^3+C_2\lambda^2+C_1\lambda+C_0 \tag{5}$$

$$C_2=2D+\frac{1}{Y_{x/s}}\frac{\partial\mu}{\partial S}X_C-\frac{\partial\nu}{\partial P}X_C$$

$$C_1=D^2-\frac{1}{Y_{x/s}}\frac{\partial\mu}{\partial S}\frac{\partial\nu}{\partial P}X_c^2+\frac{1}{Y_{x/s}}\frac{\partial\mu}{\partial S}X_CD-\frac{\partial\nu}{\partial P}X_CD$$

$$+\frac{1}{Y_{x/s}}\frac{\partial\mu}{\partial P}\frac{\partial\nu}{\partial S}X_c^2+\frac{1}{Y_{x/s}}\frac{\partial\mu}{\partial S}X_cD-\frac{\partial\mu}{\partial S}X_c\nu$$

$$C_0=-\frac{1}{Y_{x/s}}\frac{\partial\mu}{\partial P}\frac{\partial\nu}{\partial S}X_c^2D+\frac{1}{Y_{x/s}}\frac{\partial\mu}{\partial S}X_cD^2-\frac{\partial\mu}{\partial P}X_C\nu D$$

$$+\frac{1}{Y_{x/s}}\frac{\partial\mu}{\partial P}\frac{\partial\nu}{\partial S}X_c^2D \tag{6}$$

式中，u—酵母细胞的比生长速率/h^{-1}；u_m—酵母细胞的最大比生长速率/h^{-1}；v—比酒精生成速率/h^{-1}；v_m—最大比酒精生成速率/h^{-1}；K_S,K_S^*—描述酵母细胞生长与酒精生成的Monod模型参数/(g/L)；K_I,K_I^*—描述酵母细胞生长与酒精生成的底物抑制模型参数/(g/L)；P_L—酵母细胞发酵过程中最大酒精耐受浓度/(g/L)；CSTR—罐式搅拌反应器；λ—特征根；TB3—第三级管式反应器；I—单位矩阵；C'_t—C_1对D的一阶导数；det—行列式；a—偏微分；S—底物浓度/(g/L)；P—产物浓度/(g/L)；X—生物量浓度/(g/L)。

根据分岔理论，当$\det(J)=0$（等价于$C_0=0$），特征方程有一零特征根，方程将出现一个分岔点或极限点；而当特征方程有一对纯虚根，且其他特征根均为负实部时，则会发生分岔，同时出现极限环。设其一对纯虚根为$\pm i\omega$代入特征方程可得：

$$C_o=C_1C_2,\omega^2=C_1 \tag{7}$$

当式(7)满足$C_0>0$且$C'_1\neq0$，则可确定各入口条件下分岔点的位置，同时式(7)后一项还可确定分岔点振荡的周期。

在上述理论分析的基础上，我们设定了5个不同的稀释速率，检测残糖浓度、酒精浓度和酵母细胞浓度的变化情况，结果如图1所示。

由图1实验结果可以看出，在稀释速率为0.012 h^{-1}（对应CSTR的稀释速率为0.026

h^{-1})条件下,系统呈现明显的振荡行为。

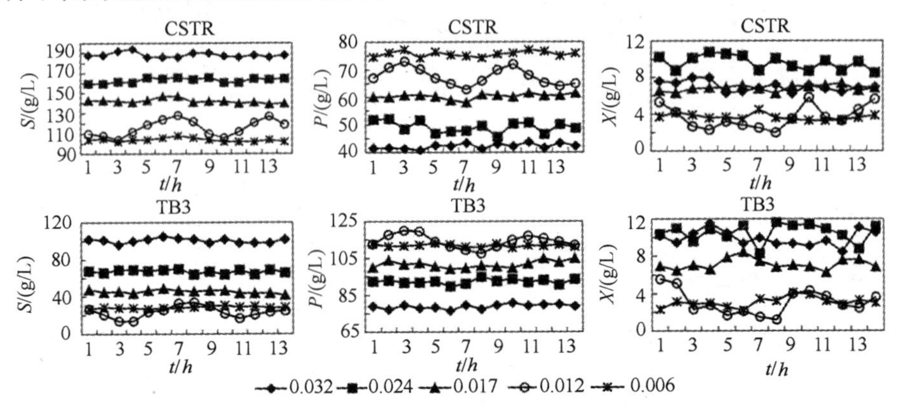

图1　CSTR 和第三级管式反应器中发酵参数和稀释率的对应关系

3　意义

考察了稀释速率对高浓度酒精发酵系统振荡行为的影响。结果表明,振荡行为在特定的稀释速率条件下呈现,进而基于数学上的分岔理论,分析了振荡行为发生的可能性及对应的稀释速率范围,在白凤武等的工作基础上,讨论了稀释速率对高浓度酒精发酵系统振荡行为的影响,以期进一步发现诱发这种振荡行为的因素,并分析其内在的机理,为实现其调控提供依据[1]。

参考文献

[1]　罗鑫鹏,陈丽杰,汪芳,等. 稀释速率对高浓度酒精连续发酵过程振荡行为的影响. 生物工程学报,2005,21(4):604-608.

[2]　Chen L J,Bai F W,Anderson WA,et al. Observed quasisteady kinetics of yeast cell growth and ethanol fermentation under very high gravity medium condition. Chinese Journal of Bioprooess Engineering,2004, 2(2):25-29.

[3]　Wang HL(王洪礼),Gao WL(高卫楼),Yuan QP(袁其朋). Study on oscillation behavior of biochemical reaction in CSTR. Chemical Reaction Engineering and Technology(化学反应工程与工艺),1997(3):270-275.

气升式反应器的功耗计算

1 背景

气升式内环流生物反应器是一种以气源为动力、使液体混合与循环流动的新型高效生物反应器,具有优良的传热转质和混合特性,广泛应用于发酵工程和胞工程等领域[1]。在环境工程上,这种反应器已成功应用于有机废水处理,并逐渐拓展应用于硝化过程。金仁村[1]通过在气升式内环流生物反应器的升流区引入静态混合器,大幅度地提高了氧传递能力,为降低供氧能耗提供了一条可能的途径[4]。金仁村等[1]研究这种改进型反应器的功耗(单位时间能耗)分配,探明能耗与反应器构型之间的关系。

2 公式

2.1 功耗

气升式反应器功耗的计算采用 Merchuk 模型[2]。该模型以热力学第一定律为理论基础,具有通用性。根据图 1 中的反应器分区,可得下列功耗公式。

升流区:

$$(E_D)_r = Q_L(P_4 - P_5) - Q_L\rho_L gh - Q_{in}P_4 In\left[\frac{p_5}{P_4}\right] \tag{1}$$

气液分离区:

$$(E_D)_s = - Q_{in}P_4 In\left[\frac{p_1}{P_5}\right] \tag{2}$$

降流区:

$$(E_D)_d = Q_L(P_2 - P_3) + Q_L\rho_L gh = 0 \tag{3}$$

底隙区:

$$(E_D)_b = Q_L(P_3 - P_4) \tag{4}$$

一般情况下,$P_2 = P_5$。对整个反应器有:

$$E_D = Q_g P_4 In\left[\frac{p_4}{P_1}\right] = (E_D)_r + (E_D)_s + (E_D)_d + (E_D)_b \tag{5}$$

2.2 升流区摩擦功耗

反应器中功耗由两部分组成,其一为壁摩擦功耗,无气体输入时该功耗照样存在;其二

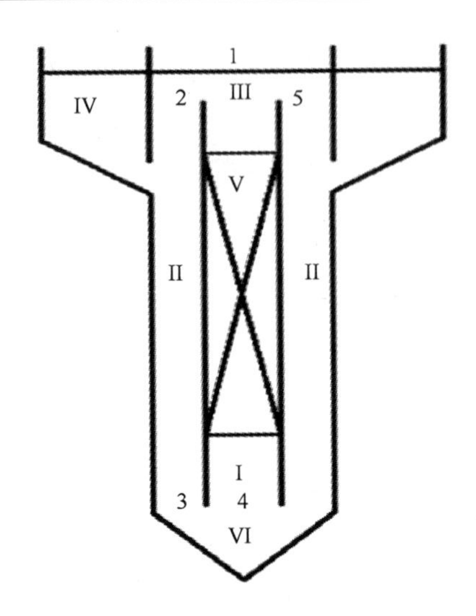

图1　气升式内环流反应器

Ⅰ:升流区；Ⅱ:降流区；Ⅲ:气液分离区；Ⅳ:沿降区；Ⅴ:静态混合器；Ⅵ:底隙区；1－5：压力计算点.

为液相主体功耗，与气泡行为有关。

$$E_D = (E_D)_{\text{wall}} + (E_D)_{\text{bulk}} \tag{6}$$

其中，升流区壁摩擦功耗为：

$$(E_D)_{r,\text{wall}} = 0.5\rho_L K A_r (1 - \varepsilon_r) V_L^3 \tag{7}$$

K 指阻力系数。在普通气升式反应器中，K 为导流筒壁阻力系数；在改进型气升式反应器中，K 为导流筒壁阻力系数和静态混合器阻力系数之和。V_L 为液体循环实际线速度，即：

$$V_L = \frac{U_{Lr}}{1 - \varepsilon_r} \tag{8}$$

K 值可由液体循环速度式(9)计算[3]，

$$U_{Lr} = \left[\frac{2gh(\varepsilon_r - \varepsilon_d)}{\dfrac{K}{(1 - \varepsilon_r)^2} + K_B \left[\dfrac{A_r}{A_d} \right] \dfrac{1}{(1 - \varepsilon_d)^2}} \right] \tag{9}$$

由于 ε_r 远大于 ε_d，且升流区与降流区的过流面积之比 $(A_r/A_d)^2$ 不大于 0.004 3，K_B 一般不大于 0.56，因此 $K_B(A_r/A_d)^2/(1 - \varepsilon_d)^2 K_B$ 项可以忽略。据此，式(9)简化并变形为式(10)。

$$K = \frac{2gh\varepsilon_r(1 - \varepsilon_r)^2}{U_{Lr}^2} \tag{10}$$

式中，A 为截而积，m^2；Cs 为饱和溶解氧浓度，$(mg \cdot L^{-1})$；d 为导流筒直径，cm；E_D 为功耗，

W;g 为重力加速度,$(m \cdot s^{-2})$;H 为反应器中液相高度,m;h 为导流筒高度,m;K 为阻力系数,无因次;K_{La}为氧传递系数,s^{-1};n 为静态混合元件数,无因次;P 为绝对压力,Pa;Ro 为充氧能力,$(kg \cdot s^{-1})$;Q 为流量,$(m^3 \cdot s^{-1})$;U_L 为表观液速,$(m \cdot s^{-1})$;V 为体积,m_3;V_L 为液体线速度,$(m \cdot s^{-1})$;ε 为气含率,无因次;ρ 为密度,$(kg \cdot m^{-3})$。

下标的有,b 为底隙区;d 为降流区;g 为气体;s 为气液分;L 为液体;r 为升流区;1 ~5 为见图 1。

由图 2 可以看出,当进气流量为 432 ~2 700$(L \cdot h^{-1})$时,反应器功耗为 2. 61 ~14. 9W;总功耗与进气流量呈线性相关。试验结果可以从式(5)得到解释,在反应器液面压力(P1)和进气管口压力(P4)保持相对稳定时,总功耗与进气流量成正比。

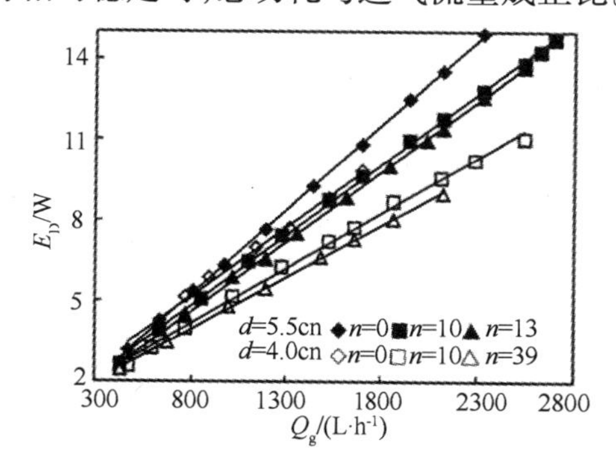

图 2 反应器总能耗与进气流量的关系

3 意义

金仁村等[1]利用气升式反应器的功耗计算,得到较优的导流筒结构尺寸为:d 为 4.0 cm,n 为 39。经过优化的反应器总功耗可比普通气升式反应器降低 23.6%。反应器的总功耗与充氧能力成正相关。当充氧能力设定时,采用的导流筒尺寸越大,内置的混合元件数越多,消耗的能量越少。若以充氧能力作为优化目标,较优的导流筒结构尺寸为:d 为 5.5 cm,n 为 13。经过优化的反应器总功耗降低 43.9%。在整个反应器中,升流区的功耗最大,占 70% ~80%,它是反应器节能的重点;底隙区次之,占 20% 左右,由于该区体积功耗最大,其节能作用也不容小视;气液分离区最小,小于 10%。进而为气升式反应器的节能提供依据。

参考文献

[1] 金仁村,郑平. 改进型气升式反应器能耗的研究. 生物工程学报, 2005, 21(5): 820 - 825.

[2] Merchunk JC, Berzin I. Distribution of energy dissipation in airlift reactors. Chem Eng Sci, 1995, 50: 2225 – 2233.

[3] Chisti Y, Halard B, Mooyoung M. Liquid circulation in airlift reactors. Chem Eng Sci, 1988, 43: 451 – 457.

[4] Jin RC, Zheng P, Wang XD, et al. Qxygen transfer characteristics in a modified in ternal-loop airlift nitrifying bioreactor. Journal of chemical engireering of chinese universityies, 2006, 20(1): 40 – 45.

固定化纤维素酶的动力学模型

1 背景

纤维素酶是一组协同水解纤维素的多酶复合体。把纤维素酶固定化,其使用效率就会提高。但是纤维素酶被固定于微球载体后,反应体系变为多相体系,受到底物扩散限制、产物扩散限制和产物吸附等各种作用的影响[1],酶促反应动力学特性发生显著变化。而固定化纤维素酶的动力学特性,对固定化生物催化剂的设计和操作十分重要。模拟多孔载体内底物的扩散过程和固定化酶的反应,可以分析固定化酶的动力学特性,评价固定化酶系统性能的优劣。

2 公式

假设分布在微球载体上的固定化纤维素酶符合下列条件[2]:①多孔微球载体颗粒中固定化酶的分布是均匀的;②底物(羧甲基纤维素钠)和产物(葡萄糖)在多孔载体内的扩散作用可用 Fick 定律表示,并且底物和产物各自的扩散系数在整个载体中恒定;③反应是等温的,颗粒内的压力梯度可忽略不计;④在载体内部和外部之间不存在屏蔽效应,忽略载体对催化反应的微扰效应。

内扩散过程和酶促反应过程是同时进行的,底物(羧甲基纤维素钠)在转移过程中被逐渐消耗,因此单位载体体积内底物浓度的改变速度由底物在载体内的扩散速度与酶促反应速度共同决定。纤维素酶和固定化纤维素酶的酶促反应动力学能够用米氏方程描述,根据扩散定率和米氏方程(考虑产物竞争性抑制)有:

$$\frac{\partial s}{\partial t} = D_s\left[\frac{\partial^2 s}{\partial r^2}\right] - \frac{v_m \cdot s}{K_m(1 + p/K_p) + s} \tag{1}$$

固定化酶催化反应产生的产物(葡萄糖)同时也在由内向外扩散,因此单位载体体积内产物浓度的改变速度由产物在载体内的扩散速度与酶促反应速度共同决定:

$$\frac{\partial p}{\partial t} = \frac{v_m \cdot s}{K_m(1 + p/K_p) + s} - D_p\left[\frac{\partial^2 p}{\partial r^2}\right] \tag{2}$$

反应体系处于恒态时,所以 $\frac{\partial s}{\partial t} = 0, \frac{\partial p}{\partial t} = 0$ 式(1),式(2)分别转化为

$$\frac{D_s}{r^2}\frac{\mathrm{d}}{\mathrm{d}r}\left[r^2\frac{\mathrm{d}s}{\mathrm{d}r}\right]=\frac{v_m\cdot s}{K_m(1+p/K_p)+s} \tag{3}$$

$$\frac{D_p}{r^2}\frac{\mathrm{d}}{\mathrm{d}r}\left[r^2\frac{\mathrm{d}p}{\mathrm{d}r}\right]=\frac{v_m\cdot s}{K_m(1+p/K_p)+s} \tag{4}$$

其中,式(3)满足边界条件:

$$r=0,\frac{\mathrm{d}s}{\mathrm{d}r}=0 \tag{5}$$

$$r=r_o,s=s_o \tag{6}$$

式(4)满足边界条件:

$$r=r_o,\frac{\mathrm{d}p}{\mathrm{d}r}=0 \tag{7}$$

$$s=0.1,r=r_d(\text{待求}),p=p_o \tag{8}$$

底物浓度 s 的取值,不影响产物浓度的分布趋势,只影响产物浓度分布曲线的位置。s 太低时,酶促反应速率低、产物少,可以忽略。$s=0.1$ 是任意取值,此时底物浓度足够高,酶促反应可以进行。

引入下列无因次参数,把上述式(3)至式(8)转化为无因次形式:

$$x=\frac{r}{r_o},y=\frac{s}{s_o},z=\frac{p}{p_o},\alpha=1+\frac{p}{K_p},\beta=\frac{s_o}{K_m}$$

式(3)化为无因次形式为:

$$\frac{1}{x^2}\frac{\mathrm{d}}{\mathrm{d}t}\left[x^2\frac{\mathrm{d}y}{\mathrm{d}x}\right]=\Phi^2f(y) \tag{9}$$

式(4)化为无因次形式为:

$$\frac{1}{x^2}\frac{\mathrm{d}}{\mathrm{d}t}\left[x^2\frac{\mathrm{d}z}{\mathrm{d}x}\right]=\frac{s_o}{p_o}\cdot\frac{r_o^2v_m}{K_mD_p}f(y) \tag{10}$$

其中,$\Phi^2=\frac{r_o^2v_m}{K_mD_p},f(y)=\frac{y}{\alpha+\beta y},\frac{s_o}{p_o}=80$

式(1)边界条件为:

$$x=0,\mathrm{d}y/\mathrm{d}x=0 \tag{11}$$

$$x=1,y=1 \tag{12}$$

式(10)边界条件为:

$$x=1,\mathrm{d}z/\mathrm{d}x=0 \tag{13}$$

$$y=0.1/s_o,x=x_d(\text{待求}),z=1 \tag{14}$$

固定化纤维素酶构成的反应系统中,底物(羧甲基纤维素钠)必须从宏观体系向酶活性部位运转,即存在着内扩散限制,因此实际的反应速度 v' 要低于理论预期反应速度 v,二者之比称为效率因子[3],可以定量表示扩散限制的影响。微球载体固定化纤维素酶的扩散效率因子为：

$$\eta = v'/v \frac{3\int_0^1 x^2 \frac{v_m s_o y}{\alpha K_m + s_o y} dx}{\frac{v_o s_o}{\alpha K_m + s_o}} = 3\int_0^1 x^2 \frac{(\alpha + \beta)y}{\alpha + \beta y} dx \tag{15}$$

式中，s 为与 r 相对应的底物（羧甲基纤维素钠）浓度，单位为 g/L；s_o 为宏观反应体系底物浓度，单位为 g/L；p 为与 r 相对应的产物（葡萄糖）浓度，单位 g/L；K_m 为固定化纤维素酶本征米氏常数，其值为 0.135 g/L；K_p 为产物竞争性抑制常数，单位为 g/L；v_m 为单位体积固定化纤维素酶的最反应速度，其值为 0.002 5 g/L；D_s 为底物内扩散系数，单位为 m^2/s；D_p 为产物内扩散系数，单位为 m^2/s，本文取值为 $4.0 \times 10^{-10} m^2/s$；$r$ 为微球载体径向位置，单位为 m；r_o 为微球载体半径，单位为 m。

应用 Matlab 软件对上述数学模型的常微分方程（ODE）进行求解，模拟固定化纤维素酶载体内部的底物分布规律；同时根据底物浓度计算各因素对效率因子的影响。

图 1 表示了在微球载体半径 r_0 为 0.000 45 m，底物内扩散系数 D_s 为 0.2×10^{-10}（m^2/s），宏观底物浓度 s_0 为 1.0 g/L 的情况下，不同 α 取值下的底物浓度和产物浓度在球体径向的分布情况。

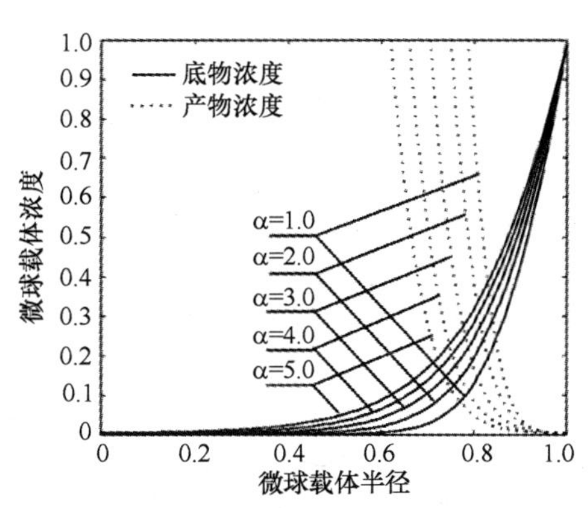

图 1　产物竞争性抑制对底物和产物浓度分布的影响

图 1 显示，底物浓度在球形载体内的分布曲线可以分为三个区域：载体外层区域，底物浓度随径向距离的增大而迅速降低，且表现出线性减少的规律；在载体中心附近，底物浓度在径向上缓慢降低，直至在载体内的某个位置处接近零；介于二者间的区域，是混合区，表现出分数级减少的趋势。

3 意义

建立了固定化纤维素酶的反应动力学模型,该模型以米氏方程为基础并考虑了产物竞争性抑制的影响。在此模型的基础上进行模拟,系统研究了产物竞争性抑制、内扩散限制、溶液中的宏观底物浓度、载体大小等因素对球形载体内部的底物、产物浓度分布和效率因子的影响。产物竞争性抑制的存在将增加载体颗粒内的底物浓度,对效率因子的影响较小。底物内扩散系数或者反应体系,底物浓度增大时,载体颗粒内的底物浓度和效率因子都将增大。载体粒径增大,载体颗粒内的底物浓度和效率因子均减小。

参考文献

[1] 周建芹,陈实公,朱忠奎.微球载体固定化纤维素酶的反应动力学模型研究.生物工程学报,2005,21(5):799-803.

[2] Ali EA. Ibrahim MA. Effects of extemal mass transfer and product inhibition on a simulated immobilized enzyme catelyzed reactor for lactose hydrolysis. Eng Life Sci,2004,4(4):326-340.

[3] Gloria Villora Cano, Antonio Lopez Cabanes. A generalized analysis of internal diffusion of immobilized euzyme in multi euzyme reactions. The Chemical Engineering Journal ,1994, 56: B61-B67.

微囊化细胞的活性与代谢模型

1 背景

近年来,伴随生物工程领域的迅猛发展,微囊化技术在规模化细胞培养的相关研究中再次被广泛关注。由于微胶囊形成的微环境为细胞生长提供了温和稳定的生长空间,因此与普通游离培养相比,微囊化的细胞在生长和代谢等方面都表现出一些特有的性质及优势[1]。如:细胞在微胶囊的环境下呈二维方式生长;细胞易于成团且密度较高;细胞生长稳定期较长;细胞能较长时间维持较高活性等[2]。研究这些性质对明确微胶囊载体中细胞的增殖特性及更高效发挥微胶囊内细胞的生物学功能具有重要的指导意义。

2 公式

2.1 细胞活性与代谢模型的建立

为了考察微囊化细胞的生长特性,并与游离培养方式下的情况进行对比,建立了数学模型,以模拟不同培养方式下的细胞活性变化和代谢规律。模型主要考察以下两个主要因素:底物(葡萄糖)浓度:产物(乳酸)浓度和细胞活性。模型建立的基础如图 1 所示:①底物葡萄糖的存在导致了活细胞对底物的消耗和产物乳酸的生成;②葡萄糖和乳酸的存在对细胞活性分别具有激活和抑制作用;③由于取材是同一批细胞,且微胶囊制备过程考虑了细胞数量和活性的损失。所以,可以认为游离和微囊化培养初始细胞具有相同的活性,且定义大小为 1 个活性单位。由此,可得到如下的表达式:

$$\frac{\mathrm{d}G}{\mathrm{d}t} = -k_G[G][C] \tag{1}$$

$$\frac{\mathrm{d}L}{\mathrm{d}t} = k_E[G][C] \tag{2}$$

$$\frac{\mathrm{d}C}{\mathrm{d}t} = k_A[G][C] - k_I[L][C] \qquad [C]_{t=0} = 1 \tag{3}$$

其中:G 为葡萄糖;L 为乳酸;C 为细胞活性;k_C 为葡萄糖消耗速率系数;k_E 为乳酸生成速率系数;k_A 为细胞活性激活系数;k_I 为细胞活性抑制系数。

2.2 求解方法

模型参数采用 matlab 软件中的多变量函数最小化法求解。

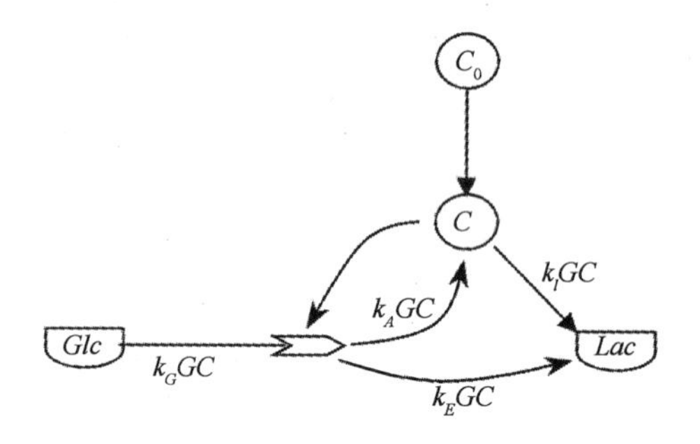

图 1 葡萄糖和乳酸对细胞活性影响示意图

根据实验数据和上述模型,采用多变量函数极小化法进行数据拟合,结果发现,所建模型能够很好地模拟葡萄糖的消耗和乳酸的生成过程(图 2 和图 3)。模型计算所得参数值如表 1 所示。

表 1 模型参数计算结果

参数	游离培养/(s^{-1})	微囊化培养/(s^{-1})
k_G	0.041 7	0.016 1
k_A	0.572 9	0.557 1
k_E	0.029 2	0.008 9
k_L	0.056 8	0.003 5

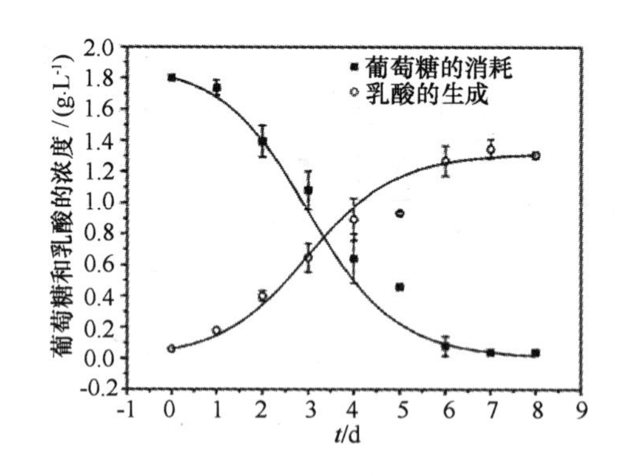

图 2 游离培养过程葡萄糖消耗和乳酸生成模拟结果

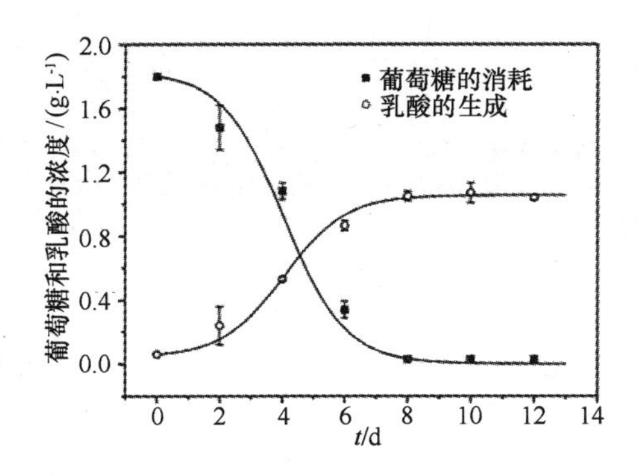

图 3 微囊化培养过程葡萄糖消耗和乳酸生成模拟结果

3 意义

本实验以 K562 细胞为模型,对其在微囊化与游离两种培养方式下的生长和代谢进行对比性研究,在明确细胞在微胶囊内生长和代谢活性的变化特点的基础上,进一步建立数学模型对细胞活性变化和代谢过程进行了模拟,以阐明主要生长底物和代谢产物对微囊化细胞生长过程的影响,为微囊化动物细胞的规模化培养提供实验依据和理论指导。

参考文献

[1] 马娟, 綦文涛,王秀丽,等. 微囊化 K562 细胞生长周期及代谢特性的研究. 生物工程学报,2005,21(6):923 -928.

[2] Yu W T(于炜婷),Xue W M(薛伟明),Wang W(王为),et al. Fabrication of secial physico-chemical microenviromnent and its application in biomedical fields. Chinese Bulletin of Life Sciences(生命科学),2003,15(2):104 -108.

水土保持林的效益评价模型

1 背景

水土保持林是森林分类中被划为防护林范畴的一个重要林种。被划为防护林种的森林,都是通过以木本植物为主体的生物群落各自生命活动的生理机制与地域内外所涉及的环境因子(大气、太阳辐射、水分和土壤等)进行有序、有效的能量交换、流动以及物质循环,直接对森林区域和周围环境起保护稳定、预防冲突及缓冲作用,最终为人类社会生存和发展服务的[1]。水土保持林正是针对各种水土流失的现状、形成及程度等土壤侵蚀状况的影响因素因地制宜、因害设防所营造的人工林工程[2]。水土保持林具有保持水土、保护环境、造福人类的生态和社会效益,这意识正在为越来越多的人所接受。

2 公式

2.1 生态效果的经济评价模型

从费用和效益的比较中,分析该项目在经济上的得失。可以用公式表示如下:

$$\mathrm{NPV} = B_d + B_e - C_d - C_p - C_e$$

式中,NPV 为净现值;B_d 为项目的直接收益;B_e 为外部(或环境)收益;C_d 为项目的直接成本;C_p 为环境保护费用;C_e 为外部(或环境)费用。

2.2 几种有代表性的模型

(1)蒋定生等[3]提出的多维回归方程

$$y = a_0 + a_1x_1 + a_2x_2 + \cdots\cdots + a_nx_n$$

同样可以作为描述水土保持林综合效益的评估模型。此模型是在实验的基础上建立的,数据来源可靠。

(2)车克钧等[4]研究提出森林综合效能的评价模型。可用一个和的计量模式来表示,即综合效能(E) = 直接经济效能(Ed) + 生态效能(Ee) + 社会效能(Es),其中:

直接经济效能

$$Ed = \sum_{k=1}^{l}\sum_{i=1}^{n} G_{ik} + P \cdot \sum_{i=1}^{n} V_i \qquad (i = 1,2,\cdots\cdots,n;\ k = 1,2,\cdots\cdots,l)$$

式中,G_{ik}为第 i 林场第 k 项直接经济效能的已获得量;P 为木材单价;V_i 为第 i 林场 5% 的年净生产量。

生态效能

$$Ee = \sum_{k=1}^{m} \quad \sum_{i=1}^{n} e_{ik} \cdot \sum_{i=1}^{n} A_i \qquad (i = 1,2,\cdots,n;\ k = 1,2,\cdots,m)$$

式中，e_{ik}为第 i 林场第 k 项生态效能指标；A_i 为第 i 林场水土保持林保存面积在计量年度内的累计公顷数。

社会效能

$$E_s = \sum_{i=1}^{n} X_i \quad X_i = p_i \cdot q_i \cdot r_i \quad (i = 1,2,\cdots,n)$$

式中，X_i 为第 i 项社会效能指标；p_i 为第 i 项社会效能的等效益单价；q_i 为第 i 项社会效能的等效益物数量；r_i 为第 i 项社会效能的等效益调整系数。

(3)李智广等[5]认为，可用加权综合指数法来评价小流域治理的综合效益，对每个评价指标定出等级，用分值(0～10)表示。将各评价指标所得分值用加权法累计得总分值，按总分值大小排序，以决定对象的优劣。其计算式为：

$$A = \sum_{i=1}^{n} W_i \cdot X_i$$

$$\left(0 < W < 10, \quad \sum_{i=1}^{n} W_i = 10, \quad i = 1,2,\cdots n\right)$$

式中，A 为小流域治理综合效益；W_i 为第 i 指标的权重；X_i 为第 i 指标的得分值。

(4)任烨等[6]提出的综合效益指数模型

综合效益指数的计算方法是：首先用 AHP 法确定各指标权重值，然后利用隶属度函数对各指标值进行模糊变换，建立线性加权和函数：

$$U_{t(x)} = \sum_{i=1}^{n} B_i \cdot C_i \qquad (i = 1,2,\cdots,n)$$

据此计算 t 时段的综合效益指数。

(5)黎锁平[7]认为，应用灰色系统的理论和方法对水土保持综合效益进行系统分析和评价是最为恰当和科学的。灰色系统评价就是利用灰色系统理论，尤其是关联度分析原理对多种因素所影响的事物或经济现象作出全面、系统、科学的评价。关联度分析原理是系统发展态势的统计数据列几何关联相似程度的量化分析比较方法。每个流域的所有指标实测值构成一个数据列，记为：

$$X_{i(k)} = \{X_{i(1)},X_{i(2)},\cdots,X_{i(n)}\} \quad (i = 1,2,\cdots,m)$$

所有单项指标最优值组成参考数据列

$$X_{0(k)} = \{x_{0(1)},X_{0(2)},\cdots,X_{0(n)}\}$$

各流域与评价标准$\{X_0\}$的关联系数 $\theta_{i(k)}$ 为：

$$\theta_{i(k)} = \frac{\Delta\min + R \cdot \Delta\max}{\Delta i(k) + R \cdot \Delta\max} \quad (i = 1,2,\cdots\cdots,m;\ K = 1,2,\cdots\cdots,n)$$

其中，$\Delta i(k) = X_{i(k)} - X_{0(k)}$，$\Delta\min = \min[\min\Delta i(k)]$，$\Delta\max = \max[\min\Delta i(k)]$，$R$ 为分辨系数($0.1 \leqslant R \leqslant 0.5$)。

关联系数 $\theta_{i(k)}$ 只反映在一个指标上的关联情况，要表示与最优评价标准在全部指标上的关联程度，就要用关联度 r_i 来表示：

$$r_i = \frac{1}{n}\sum_{k=1}^{n}\theta_{i(k)}$$

r 值越大，说明小流域水土保持综合效益越好。

3 意义

沈慧等[8]综述了水土保持林效益评价研究模型，首先要建立一套完整的指标体系，确定指标体系中各要素的权重；然后通过相应的数学方法进行效益的评价计算，并在此基础上，确立水土保持林综合效益评价的评估模型。此外，还对几种有代表性的评价方法和评估模型做了点评，指出了在水土保持林效益评价研究中存在的问题和今后的发展趋势。

参考文献

[1] 周学安．水源涵养林效益计量评价及工程建设技术对策研究．北京：中国林业出版社，1998.

[2] 王礼先．水土保持学．北京：中国林业出版社，1995.

[3] 蒋定生，黄国俊，范兴科．黄土高原坡耕地水土保持措施效益评价试验研究(Ⅱ)坡耕地水土保持措施综合效益评价．水土保持学报，1990，4(4)：8－13，20.

[4] 车克钧，傅辉恩，贺红元．祁连山水源涵养林综合效能的计量研究．林业科学，1992，28(4)：290－296.

[5] 李智广，李锐．小流域治理综合效益评价方法刍议．水土保持通报，1998，18(5)：19－23.

[6] 任烨，张丰．中沟流域水土保持综合治理经济分析与效益评价．中国水土保持，1995，(10)：24－26.

[7] 黎锁平．水土保持综合治理效益的灰色系统评价方法．水土保持科技情报，1995，(4)：23－26.

[8] 沈慧，姜凤岐．水土保持林效益评价研究综述．应用生态学报，1999，10(4)：492－496.

倒木贮量的动态模型

1 背景

林木的生长和死亡,是森林生态系统动态过程中矛盾的统一。倒木是森林生态系统的重要组成部分,森林其他生物包括微生物、动物和植物等发育的温床、栖息地和生长活动的场所[1-3],此外还有蓄水、防止水土流失等防护意义。因此,对森林中倒木的存在及其贮量的消长状况加以研究,并预测其动态,对于合理经营管理现有森林具有重要意义。长白山红松阔叶林倒木的研究[4-5],始于20世纪80年代中期,累积了丰富的资料。代力民等[1]建立了红松阔叶林倒木贮量动态研究模型,对于倒木特别是粗死木质物分解速率以及各种林型现有倒木贮量进行了较多的研究。

2 公式

2.1 倒木贮量的分解动态与模型

2.1.1 现有倒木贮量的分解动态模型

现有倒木的贮量是指调查时林地上现有倒木的总贮量或总干质量。在复层异龄混交的红松阔叶林中,倒木具有树种多、倒木直径不一、长短各异、风倒时间不同和首尾异处等特点,这给贮量动态研究带来复杂性。因此对现有倒木贮量动态的研究,最好要分别树种、径级、长度和风倒时间来进行。树种 j 的分解模型为:

$$W_j = \pi Qj \sum_{i=1}^{m} R_i^2 P_i^{Ni+n} Li$$

所有倒木的模型为:

$$W = \sum_{j=1}^{H} \pi Qj_{i=1} \sum_{i=1}^{m} R_i^2 Pi^{Ni+n} L_I,$$

令

$$\pi Qj_{i=1} \sum_{i=1}^{m} R_i^2 Pi^{Ni} Li = \sum_{j=1}^{H} \sum_{i=1}^{m} G_{ji},$$

则有:

$$W = \sum_{j=1}^{H} \quad \sum_{i=1}^{m} G_{ji} P_{ji}^{n} \tag{1}$$

式中,W 为 n 年后现有倒木的贮量(干质量),H 为倒木树种的数量,Q 为倒木树种未分解时的干材密度,m 为倒木个数,L 为倒木段长度(m),G 为现有倒木的干质量,R 为倒木中央半径(m),P 为倒木的分解率(%),N 为倒木分解年龄,n 为预测的时间(年),j,i 分别为树种和倒木段的序号。

至于 P 可根据以下公式求得,

$$y_x = \sum_{x=1}^{n} y_x = Q\pi \sum_{x=1}^{n} [(R - A(x-1)^B)^2 - (R - Ax^B)^2] \times e^{-k(n+1-x)} L; x \leqslant \left(\frac{R}{A}\right)^{\frac{1}{B}} \quad (2)$$

当 $x \leqslant \left(\frac{R}{A}\right)^{\frac{1}{B}}$ 时,$y_x = 0$。

式中,y 为倒木的密度或干质量;n 为分解年龄;Q 为某树种倒木未分解时木材的密度或比重,红松为 0.383 9,椴树为 0.459;R 为倒木圆盘的半径;L 为倒木长度,为分解年龄的序号,A、B、K 为经验参数,红松为 2.2、0.435 1、0.018 3;椴树为 2.9、0.549 和 0.027 5。

这里假定,当 1 cm 厚 R 半径倒木烂到只剩下 3 g 质量时,此时倒木已成为粗死木质物,即变成林地枯枝落叶层的组成部分。这时,该径级倒木的分解速率(P)视作该倒木完全分解速率。即

$$P = y^{\frac{1}{n}}, P = 3^{\frac{1}{n}} \quad (3)$$

式中,n 是半径为 R 的倒木分解到仅剩下 3 g 干质量时所需要分解的时间,y 为倒木 1 cm 厚圆盘烂到某程度时的木材干质量。

此外,倒木分解年龄或倒木年龄(N)可根据公式 $\boldsymbol{v} = Ve^{-KN}$ 求得:

$$N = \frac{\ln V - \ln \boldsymbol{v}}{K} \quad (4)$$

式中,$\boldsymbol{v}$ 为某树种倒木边材外边 1 cm^3 单位体积的木材干质量;V 为相应树种未分解时边材外边 1 cm^3 单位体积的木材干质量;K 为经验参数。

2.1.2 林地倒木年输入量的分解动态模型

红松阔叶林中倒木是较常存在的,林木死亡从小树到大林木随时都在进行着,但其死亡总小于生长量。除了灾害外,只有在同龄林到衰老成熟时期,才会有大量林木死亡的现象。在复层异龄顶极的红松阔叶林群落中,由于森林生物群落与环境的相互适应与协调,森林也处于相对稳定状态,因此,森林死亡与森林生长在相当长时间处于相对平衡状态或波动在很小振幅范围。所以顶极红松阔叶林森林倒木年输入量也是相对稳定的。这里假定林地倒木第 n 年输入量为 T_n,则有:

$$T_n = \pi Q \sum_{x=1}^{m} R_i^2 P^{i[n-(n-1)]} L_I;$$

故多年输入量 T 为:

$$T = \pi Q \left(\sum_{x=1}^{m} R_i^2 P_i^{\ n} L_i + \sum_{x=1}^{m} R_i^2 P_i^{\ n-1} L_i + \sum_{x=1}^{m} R_i^2 P_i^{\ n-2} L_i + \cdots\cdots + \sum_{x=1}^{m} R_i^n P_i^{\ [n-(n-1)]} L_i \right)$$

$$= \pi Q\left[\sum_{x=1}^{m} R_i^2 L_i (P_i^{\ n} + P_i^{\ n-1} + P_i^{\ n-2} + P_i^{\ 1})\right] = \pi Q \sum_{x=1}^{m} R_i^n L_i \left(\frac{1-p^n}{p^{-1}-1}\right)$$

因红松阔叶林为针阔混交林,具有多种树种的倒木,则公式为:

$$T = \sum_{j=1}^{N}\sum_{i=1}^{m} H_{ji}\left(\frac{1-p^n}{p^{-1}-1}\right) \tag{5}$$

式中,T 为倒木逐年输入的总贮量,H 为倒木的年输入量(干质量),N 为树种数量,Q 为各种木材密度,m 为倒木段数量,R 为倒木段的中央直径,P 为倒木分解率(%),n 为预测的时间(年),j,i 分别为树种和倒木段的序号,L 为倒木段长度。

2.1.3 倒木贮量的动态模型

红松阔叶林倒木的动态模型(Z)应为现有倒木的动态贮量(W)与倒木逐年输入的动态贮量(T)之和,则公式为:

$$Z = W + T = \sum_{j=1}^{H}\sum_{i=1}^{m} G_{ji}P_{ji}^n + \sum_{j=1}^{H}\quad\sum_{i=1}^{m} H_{ji}\frac{1-P_{ji}^n}{P_{ji-1}^n - 1} \tag{6}$$

现分别将倒木树种、生物量和相应的调查因子,以及根据式(2)确定的分解率列于表1。根据表1和式(1)可能得出现有倒木的分解动态如图1所示。

表1 红松阔叶林现有倒木贮量及其分解率

树种	数量	生物量/t	分解率/%	数量	生物量/t	分解率/%	总数量	总生物量/t
红松	1	0.360	0.989	1	0.250	0.986		
Pinus	1	0.160	0.984	5	0.084	0.983		1.611
koraiensis	9	0.037	0.976	8	0.011	0.975	25	
椴树	1	0.360	0.972	5	0.170	0.970		
Tilia	1	0.250	0.972	9	0.097	0.970		2.713
amurensis	7	0.050	0.970	1	0.030	0.968	24	
其他	1	0.190	0.972	1	0.130	0.971		
	2	0.720	0.970	7	0.110	0.970		3.230
	12	0.050	0.970	10	0.010	0.968	33	

2.2 红松阔叶林倒木贮量动态

根据式(5),红松阔叶林倒木年输入量的分解动态为:

$$T = 0.13\,\frac{1-0.982\,16^N}{0.982\,16^{-1}-1} + 0.27\,\frac{1-0.973\,23^N}{0.973\,23^{-1}-1}$$

式中,N 为分解年龄;T 为分解 N 年后每万平方米林地倒木年输入量的贮量(干质量)(图2)。

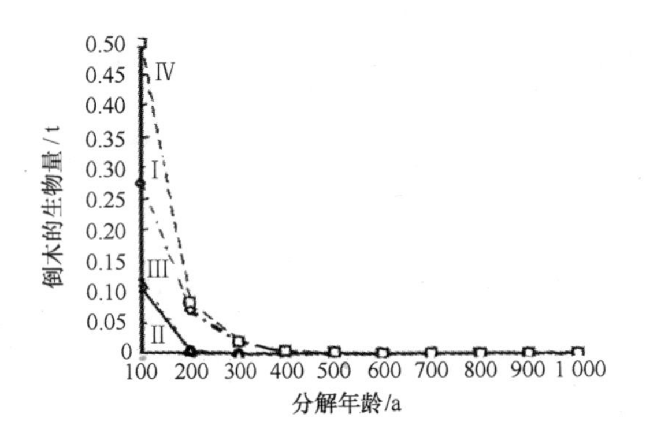

图1　红松阔叶林现有倒木贮量的动态

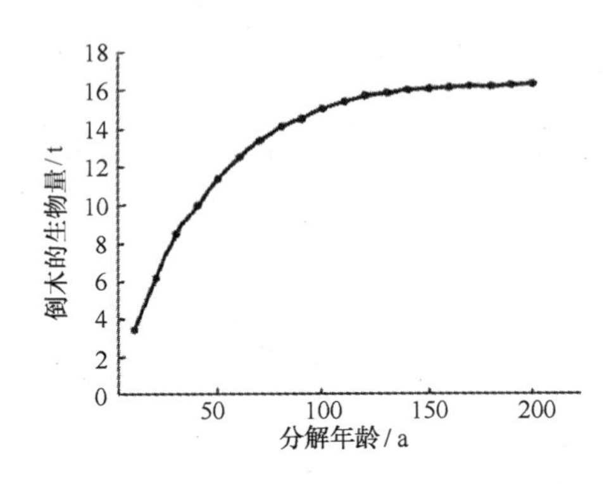

图2　红松阔叶林林地倒木年输入量的分解动态

3　意义

代力民等[1]建立了红松阔叶林倒木贮量动态研究模型,在森林倒木研究的基础上探讨长白山红松阔叶林倒木贮量的动态,涉及红松阔叶林倒木分解及其贮量的动态规律。研究表明,倒木分解,除心腐木外,均由表及里进行;倒木分解速率在其他生态条件相同时因树种、直径和部位而异。红松阔叶林倒木贮量动态包括现有倒木贮量和倒木年输入量两个分解动态过程, 林地倒木贮量动态与倒木年输入量分解动态相似,但前者在分解初期贮量增加较大。

参考文献

[1]　代力民,徐振邦,杨丽韫,等. 红松阔叶林倒木贮量动态的研究. 应用生态学报,1999,10(5):513 - 517.

[2]　OW 希尔,程伯容,等. 长白山落叶松和红松树桩分解过程. 森林生态系统研究,1983(3):225 - 234.

[3]　Harmon ME, Franklin JF, Swanson FJ, et al. Ecology of coarse woody debris in temperate ecosystems. Advances in Ecology Research,1986,15:133 - 302.

[4]　迟振文,张凤山,李晓晏,等. 长白山北坡森林生态系统水热状况初探. 森林生态系统研究,1981(2):167 - 178.

[5]　陈华,徐振邦. 长白山红松针阔混交林林木死亡的初步研究. 应用生态学报,1991,2(1):89 - 91.

农药残留的预测模型

1 背景

随着各种各样进口农药和国产农药的广泛使用,农药在土壤、植株上的残留已给农业生态环境造成了严重影响,尤其是那些长时期高浓度残留的农药已严重地破坏了植物生长的生态平衡。因此,建立起各种农药残留预测模型,对农药在土壤、植株上的残留动态作出准确的预测,禁止那些对农业生态环境有严重影响农药的进口和生产,减轻残留农药对农业生态环境的影响,是一个非常值得研究的问题。王玉杰等[1]从这一目的出发,为保证所建农药残留预测模型的可靠性,构建了对农药残留预测模型的检验和改良方法,供人们参考和使用。

2 公式

2.1 预测模型的可靠性检验公式

对农药残留预测模型的可靠性进行检验,就是对参数估计过程中的最小二乘估计的优劣性进行检验。设根据试验观测结果的散点图所确定的预测函数模型可线性化为:

$$y = b_0 + b_1 x \tag{1}$$

根据最小二乘法原理,模型(1)中未知参数 b_0 和 b_1 的估计值 $\hat{b}_0$ 和 $\hat{b}_1$ 应为正规方程组[2]

$$\begin{bmatrix} n & \sum_{i=1}^{n} x_i \\ \sum_{i=1}^{n} x_i & \sum_{i=1}^{n} x_i^2 \end{bmatrix} \begin{bmatrix} \hat{b}_0 \\ \hat{b}_1 \end{bmatrix} = \begin{bmatrix} \sum_{i=1}^{n} y_i \\ \sum_{i=1}^{n} x_i y_i \end{bmatrix} \tag{2}$$

的解。在方程组(2)中 x_i 和 y_i 依次为模型(1)中变量 x 和 y 的试验观测值,$i = 1, 2, \cdots, n$;n 为试验观测的次数。这就是运用最小二乘法原理对预测模型(1)中的未知参数 b_0 和 b_1 进行估计的过程,在这一估计过程中其最小二乘估计是优还是劣,可根据矩阵的条件数理论用下述方法进行检验[3]。

用 A 表示方程组(2)的系数矩阵,即

$$A = \begin{bmatrix} n & \sum_{i=1}^{n} x_i \\ \sum_{i=1}^{n} x_i & \sum_{i=1}^{n} x_i^2 \end{bmatrix}$$

方程组(2)的系数矩阵 A 的条件数 $\text{cond}(A)$ 可采用下述两种方法来确定。

(1) $\text{cond}(A)_\infty = \|A\|_\infty \cdot \|A^{-1}\|_\infty$。符号 $\|\cdot\|_\infty$ 表示矩阵的行范数。

(2) $\text{cond}(A)_2 = \|A\|_2 \cdot \|A^{-1}\|_2 = \sqrt{\dfrac{\lambda_{\max}(A^TA)}{\lambda_{\min}(A^TA)}}$。其中 $\lambda_{\max}(A^TA)$ 和 $\lambda_{\min}(A^TA)$ 依次为矩阵 A^TA 的最大特征值和最小特征值;符号 $\|\cdot\|_2$ 表示矩阵的谱范数。

若矩阵 A 为对称矩阵,则

$\text{cond}(A) = \|A\|_2 \cdot \|A^{-1}\|_2 = \dfrac{|\lambda_1|}{|\lambda_2|}$。其中,$\lambda_1$ 和 λ_2 依次为矩阵 A 按模最大和最小的特征值。

2.2　不可靠预测模型的改良公式

若经检验所建预测模型是不可靠的,参数估计过程中的最小二乘估计已经变劣,此时可采用岭回归估计和广义岭回归估计两种方法[4-6],对不可靠的预测模型进行改良,以保证所建预测模型的可靠性。

根据岭回归估计的基本思想和方法,运用岭回归估计对参数估计结果进行改良,就是用方程组

$$\begin{bmatrix} n+k & \sum_{i=1}^{n} x_i \\ \sum_{i=1}^{n} x_i & \sum_{i=1}^{n} x_i^2 + k \end{bmatrix} \begin{bmatrix} \hat{b}_0 \\ \hat{b}_1 \end{bmatrix} = \begin{bmatrix} \sum_{i=1}^{n} y_i \\ \sum_{i=1}^{n} x_i y_i \end{bmatrix} \tag{3}$$

重新估计模型(1)中的未知参数 b_0 和 b_1,其中 x_i 和 y_i 依次为模型(1)中变量 x 和 y 的试验观测值,$i=1,2,\cdots,n$;n 为试验观测的次数。

由方程组(3)确定出参数 b_0 和 b_1 的估计值,此估计值中含有参数 k,记此时 b_0 和 b_1 的估计值依次为 $\hat{b}_0(k)$ 和 $\hat{b}_1(k)$。由式(1) $\hat{b}_0(k)$、$\hat{b}_i(k)$ 建立回归残差平方和计算公式[7]:

$$Q(k) = \sum_{i=1}^{n} [y_i - (\hat{b}_0(k) + \hat{b}_1(k)x_i)]^2 \tag{4}$$

用无约束最优化方法确定出使 $Q(k)$ 取最小值的 k,此 k 值即为所要确定的方程组(3)中 k 的取值。将此 k 值代入 $\hat{b}_0(k)$ 和 $\hat{b}_1(k)$ 中,即得到改良后参数 b_0 和 b_1 的估计值,而此时的 $Q(k)$ 值即为改良后模型的回归残差平方和。

根据广义岭回归估计的基本思想和方法,运用广义岭回归估计对参数估计结果进行改

良，用方程组

$$\begin{bmatrix} n + k_1 & \sum_{i=1}^{n} x_i \\ \sum_{i=1}^{n} x_i & \sum_{i=1}^{n} x_i^2 + k_2 \end{bmatrix} \begin{bmatrix} \hat{b}_0 \\ \hat{b}_1 \end{bmatrix} = \begin{bmatrix} \sum_{i=1}^{n} y_i \\ \sum_{i=1}^{n} x_i y_i \end{bmatrix} \tag{5}$$

对模型(1)中的未知参数 b_0 和 b_1 进行重新估计，其中 x_i 和 y_i 依次为模型(1)中变量 x 和 y 的试验观测值，$i=1,2,\cdots,n$；n 为试验观测的次数。选择适当的 k_1 和 k_2 值使它的估计结果比最小二乘估计有更小的残差平方和 Q，有更大的相关系数 R，使原参数估计结果得到改良。

由方程组(5)确定出参数 b_0 和 b_1 的估计值，此估计值中含有参数 k_1 和 k_2，记此时 b_0 和 b_1 的估计值依次为 $\hat{b}_0(k_1,k_2)$ 和 $\hat{b}_1(k_1,k_2)$ 。由式(1)和 $\hat{b}_0(k_1,k_2)$ 、$\hat{b}_1(k_1,k_2)$ 建立回归残差平方和计算公式：

$$Q(k_1,k_2) = \sum_{i=1}^{n} [y_i - (\hat{b}_0(k_1,k_2) + \hat{b}_1(k_1,k_2)x_i)]^2 \tag{6}$$

用无约束最优化方法确定出使 $Q(k_1,k_2)$ 取最小值的 k_1 和 k_2，此 k_1 和 k_2 值即为所要确定的方程组(5)中 k_1 和 k_2 的取值。将 k_1 和 k_2 值代入 $\hat{b}_0(k_1,k_2)$ 和 $\hat{b}_1(k_1,k_2)$ 中，即可以得到改良后参数 b_0 和 b_1 的估计值，而此时的 $Q(k_1,k_2)$ 值即为改良后模型的回归残差平方和。

若对变量 x 的观测值 $x_i(i=1,2,\cdots,n)$ 进行中心标准化变换，其变换公式为：

$$x'_i = (x_i - \bar{x})/S \qquad i = 1,2,\cdots,n \tag{7}$$

其中，$\bar{x} = \frac{1}{n}\sum_{i=1}^{n} x_i$ ，$S = \sqrt{\frac{1}{n-1}\sum_{i=1}^{n}(x_i - \bar{x})^2}$

x_i 为原始观测值，x_i'为变换后数值。

若方程组(3)和(5)中的 $x_i(i=1,2,\cdots,n)$ 为中心标准化变换后的数值，则相应的预测模型(1)应更改为

$$y = b_0 + b_1(x - \bar{x})/S \tag{8}$$

同时式(4)和式(6)中的 x_i 也应为中心标准化变换后的数值。

根据岭回归估计理论，在最小二乘估计变劣的情况下，无论岭回归估计还是广义岭回归估计都可使参数估计结果或多或少地得到改良。一般情况下，广义岭回归估计的改良效果要优于岭回归估计。但广义岭回归估计中 k_1 和 k_2 值的确定要较困难些，因为它们的确定属于二元优化问题，其优化方法要较一元优化问题计算复杂。

根据广义岭回归公式，应用实例进行分析。氰戊菊酯在甘蓝上的残留动态实测数据见表1，根据表1中观测值绘制的散点图，我们采用指数函数模型：

$$P = Ae^{Bt} \tag{9}$$

表 1 氰戊菊酯在甘蓝上的残留动态观测值

	时间/d							
	12	15	18	23	28	36	46	56
残留/	1.084 8	0.738 2	0.433 9	0.245 1	0.224 5	0.100 3	0.064 5	0.039 3
(μg·g^{-1})	1.084 8	0.738 2	0.433 9	0.245 1	0.224 5	0.100 3	0.064 5	0.039 3

3 意义

王玉杰等[1]建立了农药残留预测模型可靠性的检验与改良公式,对农药残留预测模型可靠性问题进行了分析。根据矩阵的条件数理论,提供了检验预测模型可靠性的方法,基于岭回归和广义岭回归估计理论,建立了对不可靠预测模型改良的方法。最后通过氰戊菊酯在甘蓝上的残留动态预测,对所建改良方法进行了检验,结果表明,预测模型的精度得到了大幅度提高。

参考文献

[1] 王玉杰,张大克. 农药残留预测模型可靠性的检验与改良. 应用生态学报,1999,10(5):599-602.

[2] 蔡肾如. 概率论及其应用. 沈阳:辽宁科学技术出版社,1993:166-179.

[3] 方保容. 矩阵论基础. 南京:河海大学出版社,1993:220-238.

[4] 陈希孺,王松桂. 近代回归分析. 合肥:安徽教育出版社,1987:226-256.

[5] Hoerl A E, Kennard R W. Ridge regression: biased estimation for non-orthogonal problems. Technometrics, 1970, 12:55-68.

[6] Hoerl A E, Kennard R W. Ridge regression: application for non-orthogonal problems. Technometrics, 1970, 12:69-73.

[7] 裴鑫德. 多元统计分析及其应用. 北京:北京农业大学出版社,1991: 465-469.

陆地植被净第一性生产力模型

1 背景

植被净第一性生产力(简称 NPP,指绿色植物在单位时间、单位面积上由光合作用所产生的有机物质总量中扣除自养呼吸后的剩余部分)是表示植被活动的关键变量,也是大气二氧化碳浓度季节变化的主要原因;NPP 与异养物呼吸速率的平衡(即净生态系统生产力 *NEP*)决定了是否有生物圈对过量大气二氧化碳的累积,所以准确估计 NPP 有助于了解全球碳循环。国内外学者采用不同方法对全球或区域净第一性生产力进行了研究。孙睿等[1]对 NPP 的研究进行回顾和分析。

2 公式

2.1 气候相关模型

在自然环境条件下,植被群落的生产能力除受植物本身的生物学特性、土壤特性等限制外,主要受气候因子的影响。因此,可以通过对气候因子(如气温、降水、光照等)与植物干物质生产的相关性分析来估计植被的净第一性生产力。相关模型就是根据植物生长量与环境因子相关原理,用建立起的数学模型估算植物净第一性生产力。

相关模型用得最多的是 Miami 模型、Thornthwaite Memorial 模型和 Chikugo 模型。其中 Miami 模型是 Lieth 根据世界各地约 50 个点的 NPP 实测值与年平均温度和年平均降水量之间关系做出来的[2]。

$$
\begin{aligned}
\mathrm{NPP}_{m,t} &= 3\,000/(1 + e^{1.315-0.119t}) \\
\mathrm{NPP}_{m,R} &= 3\,000(1 - e^{-0.000\,664R}) \qquad (1) \\
\mathrm{NPP} &= \min(\mathrm{NPP}_{m,t},\ \mathrm{NPP}_{m,R}) \qquad (\mathrm{g \cdot m^{-2} \cdot a^{-1}})
\end{aligned}
$$

式中,t 为年平均气温(℃);R 为年降水量(mm)。实际上植被净第一性生产力还受其他气候因子的影响,用该模型估算的结果可靠性仅为 66% ~75% 。于是 Lieth 又提出了 Thornthwaite Memorial 模型,将 NPP 与年平均蒸散量 ET(mm)联系在一起[2]:

$$
\mathrm{NPP}_{m,ET} = 3\,000/[1 - e^{-0.000\,969\,5(ET-20)}] \qquad (2)
$$

Chikugo 模型起初建立在生理、生态学理论基础上,后又结合数学相关方法建立了 NPP ($\mathrm{t \cdot hm^{-2} \cdot a^{-1}}$)与净辐射 R_n 和辐射干燥度 RDI 之间的相关模型[3]:

$$\mathrm{NPP} = a(\mathrm{RDI}) \times R_n \tag{3}$$

式中,a(RDI)是辐射干燥度的函数。该模型综合考虑了多种因素的影响,可以较好地估算NPP。

2.2 光能利用率模型

光能利用率模型建立在农作物研究的基础上。Monteith[4]首先提出用植被所吸收的光合有效辐射APAR和光能转化效率ε计算作物NPP,其表达式为:

$$\mathrm{NPP} = \varepsilon \times \mathrm{APAR} \tag{4}$$

式中,APAR可由植被对光合有效辐射的吸收比例FPAR与入射光合有效辐射求得。而FPAR可由遥感资料获得,由于ε的变化范围比较小,所以可将其近似看做一个常数,这样由遥感所获得的FPAR可直接用于NPP的监测。

遥感在NPP研究中应用最多的是光能利用率模型,在这种模型中,可从对地表辐射的多波段观测提取植被对光合有效辐射的吸收比例FPAR以及其他环境因子。全遥感模型GLO-PEM在这方面做了有益的尝试,因此,我们以该模型为例对遥感在NPP研究中的应用加以分析。

GLO-PEM模型形式如下:

$$\mathrm{NPP} = \sum_t (\sigma_{T,t}\sigma_{e,t}\sigma_{s,t}\varepsilon_t^* f_{PAR,t}S_t) Y_g Y_m \tag{5}$$

式中,ε_t^*表示最大光能转化效率,$\sigma_{T,t}$、$\sigma_{e,t}$和$\sigma_{s,t}$分别表示气温、水汽压差及土壤水分状况对ε_t^*的影响,S_t表示入射光合有效辐射,$f_{PAR,t}$表示植被对光合有效辐射的吸收比例,Y_g、Y_m表示植物生长呼吸和维持呼吸对NPP的影响[5]。

3 意义

孙睿等[1]对NPP的研究进行回顾和分析,建立了陆地植被净第一性生产力的研究模型。分析了3种生产力模型(气候相关模型、过程模型和光能利用率模型)在应用于全球和区域生产力研究时的长处及不足:气候相关模型在气候变化研究中应用比较多,但计算的只是潜在NPP;过程模型着重于植物生长的生理生态过程,但过于复杂,模型中的参数不易获得;光能利用率模型因为可直接利用遥感数据成为NPP模型发展的一个主要方面,对国内NPP的研究及遥感手段在NPP研究中的应用都有重要的意义。

参考文献

[1] 孙睿,朱启疆. 陆地植被净第一性生产力的研究. 应用生态学报,1999,10(6):757-760.

[2] 里思,惠特克,等. 生物圈的第一性生产力. 北京:科学出版社,1985,217-242.

[3] Uchijima Z, Seino H. Agroclimatic evaluation of net primary productivity of nature vegetation (1) Chikugo

model for evaluating primary productivity. J Agri Meteorol,1985,40: 343 - 352.

[4] Monteith J L. Solar radition and productivity in tropical ecosystems. J Appl Ecol, 1972(9):747 - 766.

[5] Prince S D, Goward S N. Global primary production: a remote sensing approach. J Biogeogr, 1995, 22: 815 - 835.

绿地景观的异质性模型

1 背景

景观生态学是一门以空间为基本特征的交叉性综合学科。在研究过程中,它注重空间结构与生态过程的相互影响,强调尺度的重要性与时空的异质性。景观异质性是景观的一个重要属性,是指景观要素和组分在景观中的时空变异程度和不均匀分布。而城市景观生态学是景观生态学中的一个主要方向,它是综合研究城市范围内的景观要素的空间分布格局、功能和演变的生态学效应。李贞等[1]从绿地系统着手,利用景观生态学原理来探讨城市绿地的空间结构及其异质性问题。

2 公式

2.1 多样性指数 *H*(Diversity)

多样性指数的大小反映景观要素的多少和各景观要素所占比例的变化。当景观由单一要素构成时,景观是均质的,其多样性指数为0。

$$H = -\sum_{i=1}^{m} P_i \cdot \log_2 P_i$$

式中,P_i 为 i 种景观类型在景观里的面积比例;m 为景观类型总数。

2.2 优势度指数 *D*(Dominance)

优势度指数表示景观多样性对最大多样性的偏离程度。其值越大,表明偏离程度越大,即某一种或少数景观类型占优势;反之则趋于均质;其值为0时,表明景观完全均质。

$$D = H_{max} + \sum_{i=1}^{m} P_i \cdot \log_2 P_i$$

式中,$H_{max} = \log_2 m$,意为各类型景观所占比例相等时,景观拥有的最大多样性指数。

2.3 均匀度指数 *E*(Evenness)

均匀度是描述景观里不同景观类型的分配均匀程度,均匀度和优势度指数呈负相关。

$$E = (H/H_{max}) \times 100\%$$

2.4 最小距离指数 NNI(Nearest Neighbor Index)

最小距离指数是用来确定景观里的斑块分布是否服从随机分布。其值若为0,则格局为完全团聚分布;若为 1.0,则格局为随机分布;若为最大值 2.149,此时格局为完全规则分布[2]。

$$\text{NNI} = \text{MNND}/\text{ENND}$$

式中,MNND 是斑块与其最相邻斑块间的平均最小距离,*ENND* 是在假定随即分布前提条件下 MNND 的期望值,两者计算公式如下:

$$\text{MNND} = \sum_{i=1}^{N} \text{NND}(i)/N;$$

$$\text{ENND} = 1/(2\sqrt{d})$$

式中,NND(i)是斑块与最近相邻斑块间的最小距离,$d = N/A$ 是景观里给定斑块模型的密度,这里 A 是景观总面积,N 是给定斑块类型的斑块数。

2.5 连接度指数 *PX*(Proximity Index)

用来描述景观里同类斑块联系程度。取值范围为 0~1。*PX* 取值大时,则表明景观里给定斑块类型是群聚的。

$$\text{PX} = \sum_{i=1}^{N} \left[A(i)/\text{NND}(i)/\left(\sum_{i=1}^{N} A(i)/\text{NND}(i)\right)\right]^2$$

2.6 绿地廊道密度 LI(Line Corridor Density)

它用以量度景观被分割和连接的程度,是描述景观破碎度的一个重要指数。

$$\text{LI} = L/A$$

式中,LI 为绿地廊道密度指数;L 为景观内绿地廊道长度;A 为该景观面积。

2.7 绿地斑块密度 PD(Patch Density)

同样是描述景观破碎度的一个重要指数。计算与 NNI 式中的 d 式同。

$$\text{PD} = \left(\sum_{i=1}^{N} N_i\right)/A$$

根据公式可以看出,从广州市 8 个区不同绿地类型的多样性指数来看,除了白云区、芳村区和黄埔区外,其他 5 个区均是街头绿地的多样性最高,东山区甚至达到了 6.47(表 1)。

表 1 广州市绿地系统的空间结构分析

	指数	东山区	越秀区	荔湾区	海珠区	天河区	芳村区	白云区	黄埔区
公园[b]	H	1.851 2	1.659 7	1.344 1	1.035 8	1.491 8	0	1.797 4	1.656 7
	D	0.148 8	1.147 6	0.655 9	0.549 1	0.830 2	0	1.202 6	0.343 3
	E	0.925 6	0.591 2	0.672 0	0.653 6	0.642 5	—	0.599 1	0.828 3
	NNI	0.891 3	0.740 2	0.548 5	0.439 7	1.202 2	0	1.765 6	1.097 8
	PX	0.326 6	0.392 9	0.566 0	0.641 4	0.453 4	—	0.527 9	0.338 5
小游园[2)]	H	2.094 5	0	2.709 3	3.686 7	2.174 3	4.238 3	2.054 9	3.159 4
	D	1.490 4	0	1.682 5	0.772 7	0.147 6	0.285 2	0.752 5	0.425 5

续表

	指数	东山区	越秀区	荔湾区	海珠区	天河区	芳村区	白云区	黄埔区
	E	0.584 3	—	0.616 8	0.826 7	0.936 4	0.936 9	0.732 0	0.881 3
街头绿地3)	H	6.472 2	4.052 6	4.485 8	4.865 7	4.719 9	3.493 4	3.376 2	3.657 3
	D	1.880 9	2.097 1	2.200 7	0.740 9	1.706 3	1.864 2	1.016 1	0.430 1
	E	0.774 8	0.658 9	0.670 9	0.866 6	0.734 5	0.652 0	0.768 7	0.894 8
专有绿地4)	H	4.978 9	2.137 0	4.740 1	4.710 1	3.974 0	3.698 2	4.495 2	4.669 4
	D	2.866 7	5.202 8	2.918 1	2.964 9	3.998 1	3.702 7	3.689 6	2.319 3
	E	0.634 6	0.291 2	0.618 9	0.613 3	0.498 9	0.499 7	0.549 2	0.668 1
居住绿地5)	H	2.343 5	0	2.918 1	3.406 3	4.197 9	3.383 5	6.187 7	3.584 9
	D	1.826 4	0	0.988 8	1.178 7	1.087 4	0.703 9	1.456 1	1.000 1
	E	0.562 0	—	0.746 9	0.742 9	0.561 6	0.827 8	0.809 5	0.791 9
生产绿地6)	H	0	0	0	0	2.013 4	3.171 7	3.772 0	3.419 7
	D	0	0	0	0	1.571 6	0.915 8	0.819 2	0.750 2
	E	—	—	—	—	0.561 6	0.775 9	0.822 7	0.820 1
防护绿地7)	H	0	0	0.925 9	2.703 2	1.664 1	0.378 7	2.820 2	2.478 8
	D	0	0	0.094 1	0.104 1	2.423 3	1.206 2	2.671 7	1.843 1
	E	—	—	0.905 9	0.962 9	0.407 1	0.239 0	0.513 5	0.573 5
风景绿地8)	H	0	0	0	0	0	0	0.082 3	0.824 4
	D	0	0	0	0	0	0	1.502 7	0.760 6
	E	—	—	—	—	—	—	0.051 9	0.520 1
道路绿地9)	LI	2.02	8.07	4.28	1.89	1.07	3.82	0.96	2.73
斑块绿地*	NNI	1.007 6	1.000 0	0.787 8	0.963 2	1.116 4	1.572 5	2.053 3	1.301 7
	PX	0.197 1	0.365 8	0.448 8	0.245 7	0.161 9	0.119	0.148 9	0.352 6
	PD	35.33	27.75	29.32	4.65	5.99	32.26	9.05	21.87

3 意义

李贞等[1]建立了广州城市绿地系统景观异质性分析模型，选用景观多样性等 7 个指数对广州城市绿地景观异性质进行了分析。结果表明，广州绿地斑块密度和绿廊道密度分别为 11.8 km · km^{-2}和 1.87 km · km^{-2}。在老城区绿地具有斑块小，破碎度大，多样性高，以随机分布为主的高异质性空间结构；在新城区，绿地斑块大，以均匀分布为主，因此，在同等大小的区域内，这类绿地空间结构更能提高景观的异质性，更有效地发挥绿地的生态功能。

参考文献

[1] 李贞,王丽荣,管东生. 广州城市绿地系统景观异质性分析. 应用生态学报,2000,11(1):127-130.
[2] 李哈滨,伍业钢. 景观生态学的数量研究方法//当代生态学博论. 北京:中国科学技术出版社,1992:209-233.

牧场管理的评价模型

1 背景

我国南方草山草坡蕴藏着发展草食家畜的巨大潜力,合理开发利用南方草山草坡资源,是实现农业可持续发展的重要对策之一。然而,由于高强度放牧、杂草入侵等原因,导致人工草地严重退化[1-6],这些因素已成为有效开发利用草地资源的障碍,杂草入侵不仅缩短了人工草地的利用年限,而且直接影响人工草地的质量和经济效益,而其中关键的原因就是管理的失当。涂修亮等[7]针对牧场现状,通过调查,评价人工管理措施对牧草与杂草竞争关系的影响,找出其关键因子,提出具体管理方案,寻求延长人工草地使用寿命的途径。

2 公式

通过样方调查,调查人工草地牧草和主要杂草的覆盖度(C)、密度(D)和高度(H),将覆盖度、密度和高度等3项数据转化为物种总优势度(SDR):

$$\mathrm{SDR} = (\mathrm{CR} + \mathrm{DR} + \mathrm{HR})/3 \tag{1}$$

式中,SDR为每个牧草品种或杂草品种的总优势度;CR为物种相对盖度,CR = 某物种盖度/样方中最大物种盖度;DR为物种相对密度,DR = 某物种密度/样方中最大物种密度;HR为物种相对高度,HR = 某物种高度/样方中最高物种高度。

数量化理论Ⅰ是一种类似多元回归的分析方法,与一般回归分析不同之处在于可把定性变量纳于回归式中进行分析。在数量化理论Ⅰ中,需求定性的自变量x_{ij}与因变量之间的回归方程:

$$y = b_{11}x_{11} + \cdots + b_{1L}x_{L1} + b_{21}x_{21} + \cdots + b_{LLl}x_{LLl} \tag{2}$$

利用最小二乘法估计回归方程的系数矩阵B,构造正规方程组:

$$X'BX \doteq X'Y \tag{3}$$

求解正规方程组(3)得预测方程,并对方程精度进行检验,同时通过偏相关系数、方差比和范围评价每个自变量(项目)对因变量作用的大小。

海南东方示范牧场人工管理措施对牧草及杂草关系的影响,选用放牧强度(X_1)、利用年限(X_2)和耕作方式(X_3)3个项目,样方调查选在其他条件基本一致的牧区进行。各项目的类别如表1所示，基准变量(y)用优势度比表示：

优势度比 = 牧草 SDR/杂草 SDR

利用数量化理论 I 和样方调查结果得到的回归方程为：

$$Y = 0.333X_{11} + 0.482X_{12} + 0.873X_{13} - 0.056X_{22} + 0.373X_{23} - 0.281X_{32} \quad (4)$$

预测值与实测值之间的复相关系数 $r = 0.933^{*}$ ($r_{0.05} = 0.920$)，变量的相关系数矩阵 R 为：

	X_1	X_2	X_3	Y
X_1	1			
X_2	0.782	1		
X_3	−0.295	−0.392	1	
Y	0.813	0.800	0.005	1

其他评价指标亦如表1所示。以上各指标均表明3个因子中放牧强度的影响最重要。

表1　东方示范牧场的研究结果

项目	放牧强度 X_1			利用年限 X_2			耕作方式 X_3	
	过牧 b_{11}	适中 b_{12}	轻牧 b_{13}	长 b_{21}	中 b_{22}	短 b_{23}	免耕 b_{31}	犁翻 b_{32}
系数值	0.333	0.482	0.873	0	−0.056	0.377	0	−0.281
偏相关系数		0.768			0.318			0.470
方差比		0.287			0.273			0.129
范围		0.540			0.433			0.281

*：b_{11}：过牧，b_{12}：适中，b_{13}：轻牧；b_{21}：长，b_{22}：中，b_{23}：短；b_{31}：免耕，b_{32}：犁翻

广东粤北第一示范牧场人工管理措施对牧草及杂草关系的影响，选用了施肥水平(X_1)、利用年限(X_2)、调查季节(X_3)和是否施用石灰(X_4)4个项目，样方调查选在其他条件基本一致的牧区进行，各项目的类别如表3所示，基准变量(y)同样用优势度比表示。

利用数量化理论 I 和样方调查结果得回归方程：

$$Y = 0.981X_{11} + 0.624X_{12} + 0.298X_{13} - 0.429X_{22} + 0.178X_{32} - 0.0027X_{33} - 0.398X_{43} \quad (5)$$

预测值与实测值之间的复相关系数 $r = 0.915^{**}$ ($r_{0.01} = 0.773$)，变量的相关系数矩阵 R 为：

	X_1	X_2	X_3	X_4	Y
X_1	1				
X_2	0.779	1			
X_3	-0.437	-0.516	1		
X_4	-0.779	-1	0.516	1	
Y	0.876	0.654	-0.149	-0.542	1

其他评价指标亦如表2所示。以上各指标均表明4个因子中施肥水平的影响最重要，其次是利用年限和是否施用石灰。

表2　粤北第一示范牧场的研究结果

项目	施肥水平 X_4			利用年限 X_2		调查季节 X_3			石灰施用 X_4	
	高肥 b_{11}	适中 b_{12}	低肥 b_{13}	长 b_{21}	短 b_{22}	$1b_{31}$	$2b_{32}$	$3b_{33}$	施$_{b41}$	不施$_{b42}$
系数值	0.981	0.624	0.298	0	-0.429	0	0.178	-0.0027	0	-0.398
偏相关系数		0.797		0.0002			0.406		0.00004	
方差比		0.922		0.712			0.091		0.611	
范围		0.683		0.429			0.180		0.398	

* b_{11}:高肥,b_{12}:适中,b_{13}:低肥;b_{21}:长,b_{22}:短;b_{31}:第1年,b_{32}:第2年,b_{33}:第3年;b_{41}:施,b_{42}:不施.

3　意义

数量化理论Ⅰ是一种有效的评价方法。选用适宜的施肥水平和草地载畜量是延长人工草使用寿命的关键,草地利用年限也是一个不容忽视的因素。涂修亮等[7]通过调查分析确定的粤北第一示范牧场适宜施肥范围为过磷酸钙500~1 000 kg·hm^{-2},氯化钾150~250 kg·hm^{-2},东方示范牧场的草地适宜载畜量为1~4头牛·hm^{-2},对于牧场管理具有一定的指导意义,同时,研究结果和研究方法可为其他类似研究提供借鉴。

参考文献

[1]　Ma K-M(马克明),Zu Y-G(祖元刚). Fractal relationship between above ground biomass and plant height of Aneurolepidium chinense population. Chin J Appl Ecol(应用生态学报). 1997,8(4):417-420.

[2]　Tu Xiu-liang, Luo Shi-ming. Research on the competitive relationship between introduced forage species and local weed species in the uplands of South China. Asia-Pacific Uplands,1992(4):6-8.

[3]　Wang R-Z(王仁忠). Biomass formation dynamics of Leymus chinensis population affected by grazing. Chin J Appl Ecol(应用生态学报). 1997,8(5):505~509.

[4] Wang S-Q(王淑强),Hu Z-Y(胡直友),Li Z-F(李兆方). Effects of different grazing intensities on the vegetative cover of the grassland of red clover and rye grass and on soil nutrient. J Nat Resou(自然资源学报). 1996,11(3):280 - 287.

[5] Wang S-P(汪诗平),Li Y-H(李永宏). Degradation mechanism of typical grassland in Inner Mongolia. Chin J Appl Ecol(应用生态学报), 1999,10(4):437 - 441.

[6] Zhang X-S(张新时),Li B(李 博),Shi P-J(史培军). Development and utilization of grassland resources in southern China. J of Nat Resou(自然资源学报), 1998,13(1):1 - 7.

[7] 涂修亮,骆世明. 数量化理论 I 在评价牧草与杂草关系中的应用. 应用生态学报,2000,11(1):66 - 68.

河流两侧坡面的采伐模型

1 背景

从维持生态平衡的角度考虑,森林的水文作用是不可忽视的,它能够在一定程度上调节和延缓洪水、削减洪峰、减小洪水的频度和峰度,从而减轻洪灾;反之,采伐森林则会使洪峰频率增加、洪峰流量增大,易导致洪涝灾害的发生[1]。但森林作为一种重要的资源,它可为人类提供木材、林产品和能源,合理地开发利用将为人类带来巨大的经济和社会效益。那么,怎样才能做到既能有效利用森林资源造福人类,又能避免不合理采伐所造成的危害呢?针对这一问题,陈军锋等[2]提出河流两侧坡面非对称采伐的方式,即对干流两侧坡面对称位置的森林采取不同的处理方式,一侧保留原有的森林覆盖状态,另一侧进行皆伐。通过室内模拟的方法,在理论上探讨这种采伐方式对流域暴雨-径流过程的影响。

2 公式

由于本次实验下垫面模型可视为一矩形坡面,坡面水流可用流体力学中的连续性方程来表示[3],对一维坡面流,其连续性方程为:

$$\frac{\partial H}{\partial t} = B - \frac{\partial F}{\partial X} \tag{1}$$

式中,H 为坡面水深;F 为地表径流;B 为雨强;X 为一维空间变量;t 为降雨时间。

在式(1)中,水深 H 和径流 F 是两个函数,若想求出其中任何一个,必须在这两者之间再找出一个关系式。含水量的空间不均匀性会产生径流,水会从多的地方向少的地方运动,也就是径流与水梯度有关。此外,地面倾斜造成重力水($H-H_0$)沿斜坡的重力分量也会引起地表径流,因此可得到另一个一维方程[4]:

$$F = f\left[\frac{\partial H}{\partial X}, (H - H_0) \times \sin A\right] \tag{2}$$

式中,H_0 为地表枯枝落叶层的饱和持水量;A 为地面倾角;f 为某种函数,可对 $\frac{\partial H}{\partial X}$ 和 $(H - H_0) \times \sin A$ 作泰勒展开。考虑到 f 应该是 $\sin A$ 的奇函数,故展开式中 $(H - H_0) \times \sin A$ 的偶数项都应舍弃,而挑选1、3、5、…次项中的某些奇数次项,选择的原则是看与实验数据是否符合。

式(1)为理论模型,式(2)为经验模型,二者组合到一起称作混合模型。

对于无林侧坡面,模型可直接由式(1)和式(2)组成,且式(1)中,B 为常雨强:1.98 mm · min^{-1}。但对有林侧坡面,在树冠未达到最大截留量之前,B 值是随着降雨时间而变化的函数。根据以往在实验室所做过的实验[5],通过计算机作图并拟合出降雨过程中林冠截留量随时间变化的经验关系式,得出所研究林分截留量的时间关系式,即

$$I = 1.3516t^{(-1.8027)} \tag{3}$$

$$R^2 = 0.8890 \tag{4}$$

式中,I 为截留量;t 为降雨时间。因此,在模拟有林侧坡面时,$B = 1.98 - I$。

在编制程序的过程中,最后要求的是对称采伐和非对称采伐的流量 $F(X)$,而上述模型仅仅是一个单侧坡面的情况,因此需做以下处理。

(1)对称采伐:单侧无林侧坡面模型(1)和模型(2)求出的结果 $F_1(X)$,再乘以 2,即:$F_{对}(X) = F_1(X) \times 2$。

(2)非对称采伐:单侧有林侧坡面模型(1)、模型(2)和模型(3)求出的结果 $F_2(X)$,再加上 $F_1(X)$,即 $F_{非}(X) = F_1(X) + F_2(X)$

式(2)的泰勒展开方程中,$\frac{\partial H}{\partial X}$ 的泰勒展开取 1 次项,$(H - H_0) \times \sin A$ 取 5 次项,得:

$$F = -P\frac{\partial H}{\partial X} + K((H - H_0)\sin A)^5 \tag{5}$$

其中,系数 $P = \begin{cases} PP & (H \geqslant H_0) \\ 0 & (H < H_0) \end{cases}$

$$K = \begin{cases} KK & (H \geqslant H_0) \\ 0 & (H < H_0) \end{cases}$$

取 PP = 500,KK = 100(上机调试的结果)。

计算是通过计算机来进行的。在编制程序之前还须仔细定义 $H(X)$ 和 $F(X)$。首先 $t = 0$,$H = 0$,则 $F = 0$,再将下垫面模型长度 L 分成 N 段($X = 0,1,2,\cdots,N-1$)。$H(X)$ 代表其中第 X 段的水深;$F(X)$ 代表第 $X-1$ 段与第 X 段之间的径流量。$F(0)$ 代表下垫面模型高端端面的流量,因高端封闭,故令 $F(0) = 0$。$F(N)$ 是实验模型低端端面的径流,也是要求的物理量。因为 $X = N$ 的位置已经超出模型的低端,显然不再有水深,为了恰当计算端面的水深梯度,令 $H(N) = 0$(图 1)。显然,影响 $F(X)$ 的水深梯度 $\frac{\partial H}{\partial X}$ 用有限差分的方法写成差商的形式应该是:

$$D(X) = [H(X) - H(X-1)]GG$$

式中,GG = L/N,即 ΔX。影响 $F(X)$ 的倾斜重力分量应该写成为 $K\{[H(X-1) - H_0]\sin A\}^5$,于是方程(3)可写为:

$$F(X) = -\mathrm{PD}(X) + K\{[H(X-1) - H_0]\sin A\}^5$$

反过来,决定含水量变化率 $\dfrac{\partial H}{\partial t}$ 的流量梯度 $\dfrac{\partial F}{\partial X}$ 写成差商形式应该是:

$$C(X) = [F(X+1) - F(X)]GG$$

于是式(1)写成:

$$H(X_{t+1}) = H(X_t) + S[B - C(X)]$$

式中,S 是时间步长,左边的 $H(X_{t+1})$ 表示下一时刻的水深。

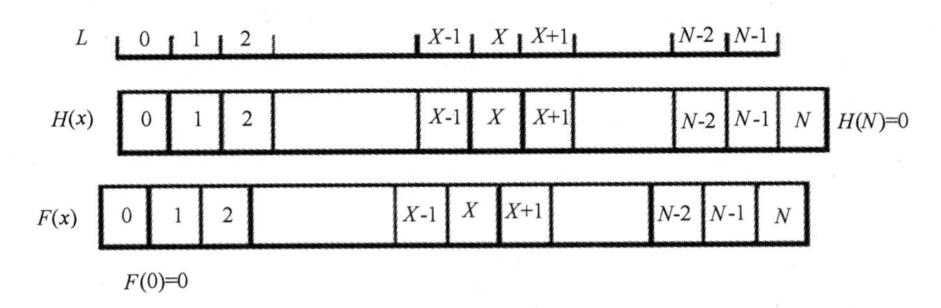

图1　$H(X)$ 和 $F(X)$ 的关系

基于上述模型的分析与计算,通过编程序,得到10°"V"型理想化森林流域对称采伐与非对称采伐模拟对比图(图2)和15°对称采伐与非对称采伐模拟对比图(图3),然后将实验与模拟的比较结果分项列表(表1)。

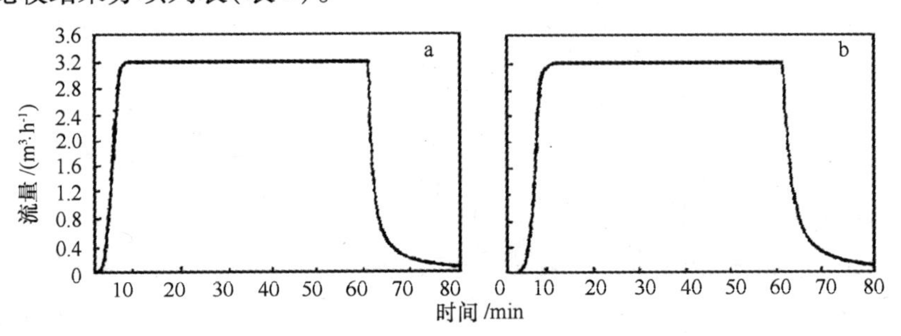

图2　10°坡面对称和非对称采伐模拟流量过程线

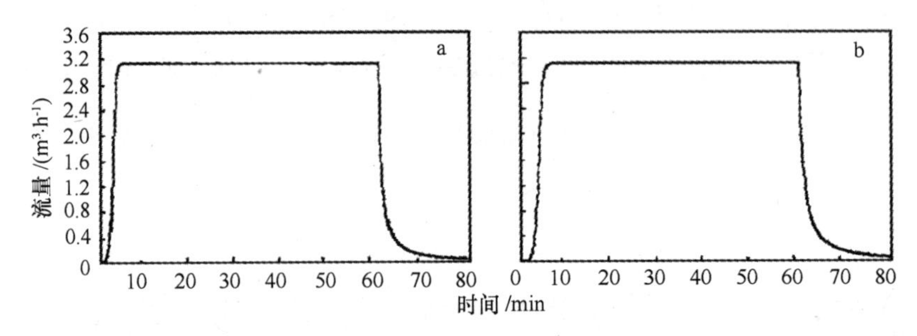

图3　15°坡面对称和非对称采伐模拟流量过程线

表1　不同坡度不同采伐方式地表径流实验与模拟结果对比

项目		坡度			
		10°		15°	
		对称采伐	非对称采伐	对称采伐	非对称采伐
出流时滞时间/a	实验值	180	220	170	200
	模拟值	170	210	160	190
	误差/(%)	0.06	0.05	0.06	0.05
峰现时间/s	实验值	450	570	380	480
	模拟值	470	580	360	460
	误差/(%)	0.04	0.02	0.06	0.04
峰值流量/($m^3 \cdot h^{-1}$)	实验值	2.779 8	2.722 4	2.867 8	2.743 4
	模拟值	3.275 8	3.275 8	3.213 0	3.213 0
	误差/(%)	0.15	0.17	0.11	0.15
地表径流总量/m^3	实验值	2.733 6	2.691 3	2.952 0	2.839 0
	模拟值	3.325 8	3.275 8	3.330 0	3.213 0
	误差/(%)	0.19	0.18	0.11	0.12
地表径流历时/s	实验值	4 080	4 385	3 930	4 060
	模拟值				

从模拟图和实验图的对比来看，结果还是令人满意的。在出流时间时滞、峰现时间、峰值流量、退水时间和径流总量方面都符合或基本符合实验结果。

3　意义

陈军锋等[2]建立河流两侧坡面非对称采伐森林对流域暴雨－径流过程的影响模型，结果表明，森林坡面地表径流的出流时间和峰现时间均比采伐坡面迟缓，径流历时延长，峰值流量和地表径流总量较低。坡度越大，影响越显著。当雨强 1.98 $mm \cdot min^{-1}$，降雨量 108.8 mm 时，15°两侧森林坡面比其采伐坡面峰值流量削减 5%，径流总量降低 4%。此模型能模拟出不同坡度、不同雨强等条件下的对称采伐和非对称采伐的径流过程，具有一定的实用性。

参考文献

[1]　Ma X-H(马雪华). Forest Hydrology. Beijing: Chinese Forestry House, 1993: 244－251.
[2]　陈军锋，裴铁璠，陶向新，等．河流两侧坡面非对称采伐森林对流域暴雨－径流过程的影响．应用生

态学报,2000,11(2):210-214.

[3] Rui X-F(芮孝芳). Runoff Forming Theory. Nanjing:Hehai University Press,1991:99-103.

[4] Liu JG, Pei TF, Fan SX, et al. One-dimensional model of delayed surface runoff in litter layers of broad-leaved Korean pine forest. Chin J Appl Ecol(应用生态学报),1990,1(2):107-113.

[5] Pei T-F(裴铁璠),Fan SX, Han SW, et al. Simulation experiment analysis on rainfall distribution process in forest canopy. Chin J Appl Ecol(应用生态学报),1993,4(3):250-255.

木本植物的水力结构模型

1 背景

就世界范围来说,在限制树木充分实现其遗传潜力所能达到的产量的各种环境胁迫中,以水分胁迫最为常见和重要,由于水分所导致树木和作物的减产,可以超过其他环境胁迫所造成减产的总和。从目前的情况来看,仍然像 Tyree 等[1]总结的那样,很难定量证实树木的生理参数的一种或任何结合可以实质性地改善树木的耐旱行为。因此,假设一种统一的概念是:树木抗旱性(耐旱和避旱)的最终目标是通过最佳的水力结构来防止木质部空穴和栓塞的发生,从而保证树木在干旱胁迫下木质部水分运输机能的正常运行。

2 公式

通过土壤-植物-大气连续体(SPAC)不同部分的水流量(F,kg·s^{-1})的流动被看做是连续过程,类似于由一串导体(或电阻)组成的电路中的电流,压力差 $\Delta P(\Psi_A - \Psi_B$,MPa)相当于电压,水流阻力(导水率 K_{AB}的倒数)则相当于电阻,得下式:

$$F_{AB} = K_{AB}(\psi_A - \psi_B) \tag{1}$$

同理,欧姆定律类比可进一步被应用于水容量 C_{AB}(kg,MPa),是指水势值在某段区域不连续变化时,引起水流不等量的从 FA 流入 FB。在两种情况下,可以不考虑水力容量而直接用方程(1)。

(1)当 Ψ 值不随时间而改变时($d\Psi/dt=0$),即无关于 C_{AB}的大小,这种情况有时指稳态水流。

(2)当 $C_{AB}(d\Psi/dt)$ 比 $K_{AB}(\Psi A - \Psi B)$ 小得多时。

在许多研究中已应用 Poseuille 定律给木质部水分运输建立模型。该定律是在 19 世纪由 Hoggen 和 Poseuille 为通过某一完整的圆筒管道液流建立的方程:

$$K_h = (\pi\rho/128\eta)\sum_{i=1}^{n}(d_j^4) \tag{2}$$

其中 K_h 是导水率(等于在单位压力梯度下不同直径的一束导管的导水能力),它是水流量(F,kg·s^{-1})与引起这个水流量的水势梯度(dp/dx,MPa·m^{-1})之间的比例常数;ρ 是流体的密度,kg·m^{-1},η 是流体的动力黏度,MPa·s^{-1};d 是第 i 个导管的直径,m;n 是导管的数量。

单位压力梯度下的导水率(Kh)是最常测量的参数,它等于通过一个离体茎段的水流量(F,$kg \cdot s^{-1}$)与该茎段引起水流动的压力梯度(dp/dx,$MPa \cdot m^{-1}$)的比值,即

$$K_h = F(dp/dx) \tag{3}$$

由上式可见,水流量 F 与导水率 K_h 大小成正比,而 F 值是随茎直径的增加而增加的。

比导率(K_s)是指单位茎段边材横截面积的导水率,将导水率除以茎段边材横截面积,便得出比导率 K_s,它标志该茎段孔隙值的大小。也可以用 Poiseuille 定律中的得出的 Kh 除以边材横截面积(A_w,m^2),则:

$$K_s = K_h/A_w \tag{4a}$$

$$K_s = (\pi\rho/128\eta Aw)\sum_{i=1}^{n}(d_i^4) \tag{4b}$$

由此可见,如果每单位茎横截面的导管数量或导管直径增加,K_s 值就会增大,K_s 值可能随纹孔膜多孔性及导管长度的减少而降低。K_s 反映出树木各部分输水系统的效率,在茎段边材横截面积一定的情况下,K_s 越大,则说明该部分输水效率越高,单位有效面积的输水能力越强。

叶比导率(LSC)是茎段末端叶供水情况的重要指标,当 Kh 被茎段末断的叶面积(L_A,m^2)除时,可得到 LSC,即

$$\mathrm{LSC} = \mathrm{K_h/L_A} \tag{5}$$

这里,LSC 越大,说明单位叶面积的供水情况越好。

胡伯尔值(H_v)是反映可供单位茎末端叶面水分供应的边材横截面积(如环孔材)(或有时是茎横截面积,如散孔材及针叶树),即后者被前者除:

$$H_v = A_w/L_A \tag{6}$$

该值是无量纲,它测定的是每单位叶面积的茎组织多少。胡伯尔值越大,说明维持单位叶面积水分供给所需的茎干组织就越粗。就不同植物而言,其胡伯尔值各异。从上述定义中可以推出:

$$\mathrm{LSC} = H_v \cdot K_s \tag{7}$$

植物组织的贮水容量(C)是指植物组织每单位 MPa 水势所引起含水量(W)的变化 $C = \Delta W/\Delta\psi$,$kg \cdot MPa^{-1}$。由于 C 值大小与该组织大小成比例,所以常把组织贮水容量定义为每单位组织体积(V)或每单位组织干重或叶面积(A)的含水量:

$$C_{\mathrm{stem}} = (\Delta W/\Delta\psi)\cdot(1/V) \tag{8a}$$

$$C_{\mathrm{leaf}} = (\Delta W/\Delta\psi)\cdot(1/A) \tag{8b}$$

3 意义

李吉跃等[2]总结概括了木本植物水力结构模型,在获得上述研究结果的基础上,应用

计算机技术建立供试树种的水力结构模型,并在分析气候及立地条件、干旱胁迫下水力结构参数与水分参数、气体交换及水分利用效率之间的关系的基础上,模拟不同气候、立地条件及干旱胁迫条件下树木的水力结构变化,找出适合全球各气候区条件的最佳水力结构模型。此外,还揭示树木水力结构特征与其木质部空穴和栓塞发生的基本关系,充分阐明树木水力结构在其耐旱性中的关键作用。

参考文献

[1] Tyree M T, Ewers F W. The hydraulic architecture of trees and other woody plants. New Phytol, 1991, 119: 345 - 360.

[2] 李吉跃,翟洪波. 木本植物水力结构与抗旱性. 应用生态学报,2000,11(2):301 - 305.

生态系统服务的评价模型

1 背景

生态系统服务一般指自然生态系统及其所属物种支撑和维持人类生存的条件和过程[1]。Costanza 等[2]认为,生态系统和自然资本直接或间接地为人类的福利做出贡献。Costanza 等的这篇文章一经发表,立即在全世界各领域得到普遍的关注和反响,引发了人们对生态系统服务价值的广泛讨论,特别是引起了很多专家和学者对生态系统服务价值计算方法的深入研究。赵景柱等[3]在对生态系统服务的物质量和价值量这两类评价方法进行比较的基础上,对生态系统服务价值评价问题进行了探讨。

2 公式

对生态系统服务的评价方法主要有两类,一类是物质量评价法;另一类是价值量评价法。物质量评价法主要是从物质量的角度对生态系统提供的服务进行整体评价,而价值量评价法主要是从价值量的角度对生态系统提供的服务进行评价。

从物质量的角度对生态系统进行评价时,如果该生态系统提供服务的物质量不随时间的推移而减少,那么通常认为该生态系统是处于比较理想的状态。设 t 为时间,Δt 为时间增量,生态系统在 t 时刻提供的 n 种服务分别为 $Q_1(t), Q_2(t), \cdots, Q_n(t)$,$Q(t) = [(Q_1(t), Q_2(t), \cdots, Q_n(t)]$ 为生态系统在 t 时刻提供的服务向量,则上述文字叙述可表达为:如果

$$Q(t + \Delta t) \geqslant Q(t) \qquad (\Delta t \geqslant 0)$$

那么认为该生态系统是处于比较理想的状态。

从价值量的角度对生态系统进行评价时,如果该生态系统提供服务的价值量不随时间的推移而减少,那么通常认为该生态系统是处于比较理想的状态。设 $P(t) = (P_1(t), P_2(t), \cdots, P_n(t))$ 为生态系统服务在 t 时刻的价格向量,其中 $P_i(t)$ 为第 i 种服务在 t 时刻的价格($i = 1, 2, \cdots, n$),进一步设 $v(t)$ 为生态系统服务的价值量,即

$$v(t) = Q(t) \times P'(t)$$

则上述文字叙述可表达为:如果

$$v(t + \Delta t) \geqslant v(t) \qquad (\Delta t \geqslant 0)$$

那么认为该生态系统是处于比较理想的状态。

对于生态系统服务的评价,从物质量和价值量的不同角度进行评价所得到的结论往往是不一致的。为了分析问题简单和方便起见,下面仅就单项服务进行讨论来说明这一问题。

设有一条服务量与价格之间的关系曲线,如图1所示,其中 A 为生态系统在 t 时刻提供的服务及相应价格的坐标点,即

$$Q(t) = 2 \qquad P(t) = 2$$

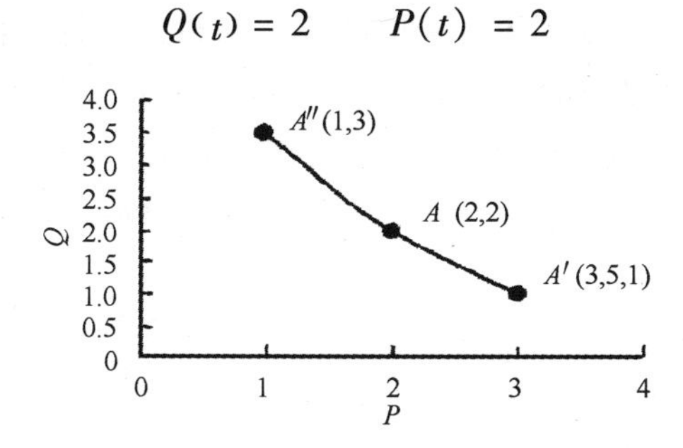

图1 服务量与相应价格关系曲线

下面分两种情形加以考虑:

设在 $t+\Delta t$ 时刻,坐标点由 t 时刻的点 A 移至点 A',即

$$Q(T + \Delta t) = 1 \qquad P(t + \Delta t) = 3.5$$

于是 $v(t) = Q(t) \times P'(\Delta t) = 2 \times 2 = 4$

$$v(t + \Delta t) = Q(t + \Delta t) \times P'(t + \Delta t) = 1 \times 4.5 = 4.5$$

即对 t 时刻和 $t+\triangle t$ 两个时刻进行比较,可以同时得到

$$Q(t + \Delta t) < Q(t)$$

$$v(t + \Delta t) > v(t)$$

即对应于 t 和 $t+\Delta t$ 这两个时刻,随着时间的推移,一方面服务量减少了(从物质量的角度认为生态系统发生了不理想的变化);另一方面价值量却增加了(从价值量的角度认为生态系统发生了理想的变化)。

设在 $t+\Delta t$ 时刻,坐标点由 t 时刻的点 A 移至点 A'',即

$$Q(t + \Delta t) = 3 \qquad P(t + \Delta t) = 1$$

于是 $v(t) = Q(t) \times P'(t) = 2 \times 2 = 4$

$$v(t + \Delta t) = Q(t + \Delta t) \times P'(t + \Delta t) = 3 \times 1 = 3$$

即对 t 时刻和 $t+\Delta t$ 两个时刻进行比较,可以同时得到

$$Q(t + \Delta t) > Q(t)$$

$$v(t + \Delta t) < v(t)$$

即对应于 t 和 $t+\Delta t$ 这两个时刻,随着时间的推移,一方面服务量增加了(从物质量的

角度认为生态系统发生了理想的变化);另一方面价值量却减少了(从价值量的角度认为生态系统发生了不理想的变化)。

3 意义

赵景柱等[3]分析比较了生态系统服务的物质量与价值量评价模型,分析了这两类评价方法的优点和缺点。结果表明,采用物质量和价值量两种不同的方法对同一个生态系统进行服务评价,往往会得出不同甚至相反的结论;对于不同的评价目的和不同的评价空间尺度,这两类评价方法的作用是有较大区别的,同时这两类评价方法在一定意义上又是互相促进和互为补充的。

参考文献

[1] Daily G. Nature's Service: Societal Dependence on Natural Ecosystems. Washington DC: Island Press, 1997.

[2] Robert Costanga, Ralph D'arge, Rudolf De Groot, et al. The value of the world's ecosystems services and natural capital. Nature, 1997, 387: 253 - 260.

[3] 赵景柱,肖寒,吴刚,等. 生态系统服务的物质量与价值量评价方法的比较分析. 应用生态学报, 2000, 11(2): 290 - 292.

树冠结构和风场的模型

1 背景

森林作为陆地生态系统中的重要因素，在全球生态平衡中起着重要作用，森林－大气界面上物质能量交换规律因而受到研究者的重视，界面上的风速场正是这种交换的直接体现，它与森林或林分的结构有密切的关系。林分较稀疏时，既不能构成冠层，也不能构成林带，单株树成为林分与大气边界层之间的基本作用单元，这一类的林分比较常见。研究这一类林分的空气动力效应和界面生态过程，有必要弄清单株树附近的风场特征。关德新等[1]用风洞模拟实验结果对树冠的结构和风场进行简要分析，为非均匀下垫面边界层气象学和非带状防护林防风效益的研究提供基础数据。

2 公式

2.1 树冠结构参数

2.1.1 单株树的疏透度

即在垂直于某一水平方向上，树冠边缘垂直面上的透光孔隙的投影面积 S 与该垂直面上的树体投影总面积 S 之比，以 β 表示疏透度，则

$$\beta = s/S \tag{1}$$

其中 S 与单株树的冠形有关，对农牧防护林常见的树种（如杨树），可以用圆柱体近似地表示，如果冠幅（水平尺度）为 D，树高为 H，则

$$S = DH \tag{2}$$

单株树疏透度的测定借鉴林带疏透度的测定方法，采用数字化扫描方法[2-3]，即首先取得清晰的树体照片，用数字化扫描仪把照片转化为数字化图像文件，利用树冠和背景之间的灰度差异求得透光孔隙面积，从而求出疏透度。

2.1.2 单株树的透风系数

即树高以下树体背风缘平均风速与旷野同一高度以下平均风速之比，用公式表示为

$$\alpha = \frac{\frac{1}{HDT}\int_0^H\int_0^T\int_0^D u(z,y)\,\mathrm{d}z\mathrm{d}t\mathrm{d}y}{\frac{1}{HDT}\int_0^H\int_0^T\int_0^D u_0(z)\,\mathrm{d}z\mathrm{d}t\mathrm{d}y} \tag{3}$$

式中,α 为透风系数;$u_0(z)$ 为旷野风速;中性温度层结时是高度的对数函数;$u(z,y)$ 为树体背风缘风速(随高度和水平位置而变化);H、D 为树的高度和冠幅,T 为采样时间长度。

2.2 模型树疏透度与透风系数的关系模型

模型的疏透度 β 和透风系数 α 如表 1 所示。根据表 1 资料得到透风系数 α 和疏透度 β 的关系(图 1)为:

$$\alpha = \beta^{0.6} \tag{4}$$

透风系数的测定比较繁杂,而疏透度的测定则相对较容易,在实际应用中可以先测得疏透度,再利用 α 与 β 的关系求出透风系数。可以看出,其关系介于平面林带模型和宽高比近于 1 的立体林带模型之间。

表 1 模型树的结构参数

冠幅 D/cm	疏透度 β 与透风系数 α	松朵数								木圆柱
		1	2	3	4	5	8	10	12	
6.0	β	0.74	0.51	0.35	0.25	0.15				0
	α	0.83	0.68	0.51	0.42	0.32				0
4.0	β	0.69	0.48	0.32	0.21	0.10				0
	α	0.78	0.62	0.47	0.38	0.28				0
2.5	β		0.79			0.61	0.33	0.23	0.09	0
	α		0.88			0.77	0.48	0.45	0.28	0

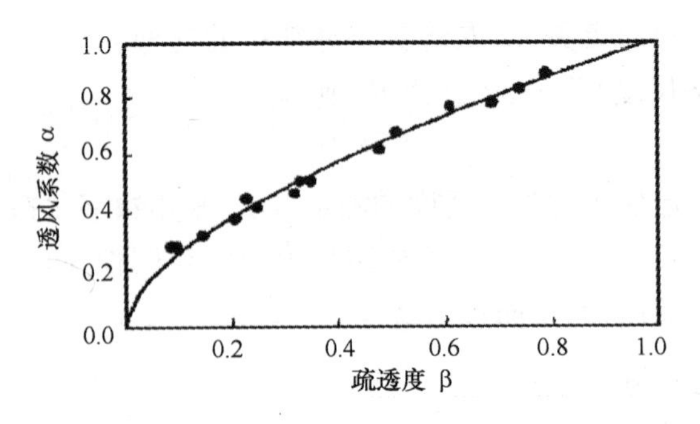

图 1 单株树透风系数与疏透度的关系

3 意义

关德新等[1]根据风洞模型实验,分析了树冠结构参数(疏透度β、透风系数α)和附近的风速场特征。建立了树冠结构参数及附近风洞模型。结果表明,透风系数与疏透度之间符合幂函数关系$\alpha=\beta^{0.6}$,树冠附近的风速减弱区为椭球形立体空间,减弱区随树高、冠幅的增大而增大,随透风系数(或疏透度)的增大而减小,在水平和垂直剖面上,等风速线分别为椭圆形和椭圆线段。

参考文献

[1] 关德新,朱廷曜. 树冠结构参数及附近风场特征的风洞模拟研究. 应用生态学报,2000,11(2):202-204.

[2] Key WA. A method for estimating windbreak porosity using digitized photographic silhouettes. Agr for Meteorol, 1987,39:91-94.

[3] Zhou X-H(周新华). Random error in measuring the porosities of shelterbelts by digitized photographs. Chin J App Ecol(应用生态学报), 1991,2(3):193-200.

南方红豆杉的种群分布格局模型

1 背景

空间分布格局是植物种群研究的重要内容，是种群的重要结构特征之一。种群的分布格局是由种群特性、种群关系和环境条件的综合影响所决定，在某种意义上它与环境条件的相关是因果关系，或者说，种群格局是对环境适应和选择的结果，因而种群空间分布格局通常反映一定环境因子对个体行为、生存和生长的影响。南方红豆杉(*Taxus chinensis* var. *mairei*)是我国珍贵的资源植物，材质极佳，更因其含紫杉醇(Taxol)而备受关注。元宝山自然保护区是广西红豆杉分布较集中的地区，人为活动干扰很少，红豆杉种群自然结构得到了有效保护，对该自然种群空间分布格局进行研究，将为这一珍贵物种的保护和经营管理提供种群更新、种群动态及群落演替方面的科学指导。

2 公式

种群空间分布格局研究采用相邻格子样方数据进行方差 v/均值 m(亦称扩散系数 c)的 t 检验，以负二项参数(k)、格林指数(GI)、Cassie 指标、扩散型指数 I_δ、丛生指标 I、平均拥挤度(m)和聚块指数(m^*/m)来进行种群集聚强度的测定，用 Poission 分布、负二项分布和二项分布模型进行种群分布格局的拟合。

2.1 方差 v/均值 m 比的 t 检验[1]

方差 v/均值 m 比的 t 检验亦称分布系数的测定或扩散系数测定，设有一组样本数据(N 个样方)，计算出方差(v)和均值(m)，由样方数 N，取自由度 $\boldsymbol{v} = N-1$，检验水平 α，查 t 分布表得 $t_\alpha;\boldsymbol{v}$，取样偏差的标准误 $s = \sqrt{\frac{2}{N-1}}$，若 $1 - t_\alpha;\boldsymbol{v}\sqrt{\frac{2}{N-1}} \leqslant v/m \leqslant 1 + t_\alpha;\boldsymbol{v}\sqrt{\frac{2}{N-1}}$ 则为随机分布；如若 $v/m < 1 - t_\alpha;\boldsymbol{v}\sqrt{\frac{2}{N-1}}$ 则为均匀分布；而如果 $v/m > 1 + t_\alpha;\boldsymbol{v}\sqrt{\frac{2}{N-1}}$ 则为集群分布。

2.2 负二项参数 k

$$\hat{k} = \frac{m^2}{v - m}$$

如果某个种群的均值(m)和k值均大于4时,用上式估计$\hat{k}$值是适当的,而当m较小时(<4)或$\hat{k}$值较大时,用下式进行$\hat{k}$值的反复迭代才是一种有效方法。$\lg(N/N_0) = \lg(1+m/\hat{k})N_0$为含有0个个体的样方数[4]。

参数k是集聚程度的测量,在最大集聚程度时趋向于0,k值越大,聚集度愈小,当k趋于无穷大(一般为8以上)则逼近随机分布[5]。

2.3 格林指数(GI)

$$GI = \frac{(v/m)-1}{N-1}$$

它独立于n,GI在0(随机)和1(最大集聚)之间变化,当种群分布具有最大均匀性时,$GI = -1/(N-1)$[4]。

2.4 Cassie指标(C_A)

$C_A = 1/k$即负二项参数的倒数。

$C_A \to 0$,为随机分布;$C_A > 0$,为聚集分布;$C_A < 0$,为均匀分布[5]。

2.5 扩散型指数(I_δ)

$$I_\delta = N \cdot \frac{\sum fiXi^2 - \sum fiXi}{\sum fiXi(\sum fiXi - 1)}$$

$I_\delta = 1$为随机分布;$I_\delta > 1$时,为聚集分布。I_δ的最大优点是不受样方大小的影响,求出的值可表明个体在空间散布的非随机程度,因而可直接互相比较[3]。

2.6 丛生指标(I)

$$I = v/m - 1$$

$I = 0$时为随机分布;$I > 0$时为聚集分布;$I < 0$则为均匀分布[3]。

2.7 平均拥挤度(m^*)与聚块性指数[5]

平均拥挤度(m^*):

$$m^* = \sum_{i=1}^{n} ki^2/N$$

平均拥挤度与平均密度m及方差v的关系为

$$m^* = m + (v/m - 1)$$

聚块性指数,定义为平均拥挤度与平均密度的比率:

$$m^*/m = 1 + 1/k$$

m^*代表每个个体在一个样方中的平均其他个体数(或称邻居数),指的是一个样方内每个个体的平均拥挤程度;m^*/m意味着每个个体平均有多少个其他个体对它产生拥挤的测度。$m^*/m = 1$时,为随机分布;$m^*/m < 1$时,为均匀分布;$m^*/m > 1$时,为聚集分布。

2.8 空间分布格局的理论拟合

对于离散分布主要研究了泊松分布、负二项分布和正二项分布。泊松分布用于描述种群的随机分布,其特征是种群中的个体占据空间任何一点的概率是相等的,并且任何一个个体的存在决不影响其他个体的存在,其概率计算公式为:

$$P(x) = e^{-m}m^{x}/x!$$

负二项分布是描述种群集团分布之一种,其特点是种群在空间的分布呈不均匀的嵌纹状图,其概率计算公式为:

$$Px = \frac{k + x - 1}{x!(k - 1)}p^{x}q^{-k-x}$$

均匀格局可用二项分布拟合,要求个体是独立的,且在空间的散布是均匀的,其概率计算公式为:

$$P(k) = n!p^{n}q^{n-k}/k!(n - k)!$$

根据公式,进行实例分析。将各样地的调查数据,应用上述方法进行种群分布格局和集群强度分析(表1)。

表1　南方红豆杉种群空间分布格局测定结果

个体级	v/m 的 t 检验	k 法	GI 法	C_4 法	I_5 法	I 法	m^*/m 法	分布模型拟合	结果
iv	C	C	C	C	C	C	C	负二项	C
㊆	C	C	C	C	C	C	C	负二项 Poissimn	C
㊃	C	C	C	C	C	C	C	负二项	C
㊄	R	C	C	偏离 C	E	偏离 C	C	Poission	C
㈨	R→E	偏离 C	E	E	E	偏离 R	E	Poission	R
V	R	R	R	偏离 E	E	R	偏离 E	Poission	R
总体 Total	C	C	偏离 R	C	C	C	C	负二项	C

C:集群分布,R:随机分布,E:均匀分布.

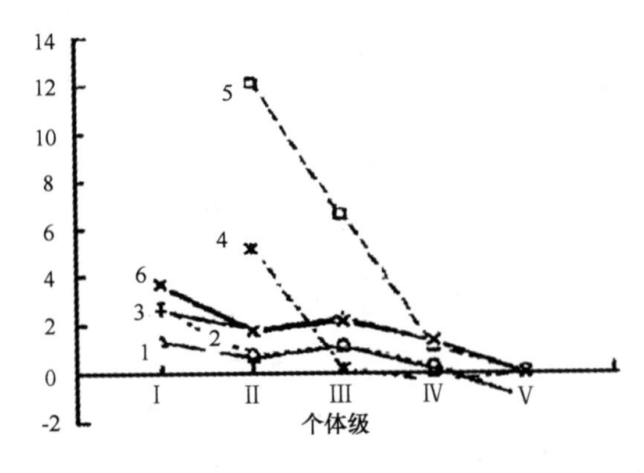

图1　南方红豆杉种群集聚测度变化

可以看出,南方红豆杉种群幼苗(Ⅰ级)、幼树(Ⅱ级)、小树(Ⅲ级)均为集群分布,且集群程度较高;中龄树(Ⅳ极)亦为集群分布,但其集群程度减弱;大树(Ⅴ、Ⅵ级)为随机分布。

将南方红豆杉种群中Ⅰ级、Ⅱ级、Ⅲ级、Ⅳ级、Ⅴ级个体5个发育阶段的聚集强度指标作一比较(图1)。

由图1可知,根据各参数的生物学意义,可以认为Ⅰ级个体的聚集强度最大,Ⅲ级个体的聚集强度次之,Ⅱ级个体的聚集强度略小,Ⅳ级个体仍为集群分布格局,但已开始有随机分布的趋势,Ⅴ、Ⅵ级个体为随机分布。

3 意义

李先琨等[2]建立了种群分布模型。采用相邻格子样方法取样数据,应用方差/均值比的 t 检验法、负二项参数、格林指数、Cassie 指标、扩散型指数、丛生指标、平均拥挤度和聚块性指数等方法及分布模型,研究了南方红豆杉种群的空间分布格局及其动态。结果表明,南方红豆杉种群空间格局为集群分布,从幼苗到大树,其集群程度减小,大树呈随机分布。

参考文献

[1] Yu S-X(余世孝). An Introduction of Mathematical Ecology. Beijing:Literature of Science and Technology Press,1995:68 - 82,101 - 106.

[2] 李先琨,黄玉清,苏宗明. 元宝山南方红豆杉种群分布格局及动态. 应用生态学报,2000,11(2):169 - 172.

[3] Wang B-S(王伯荪),Li M-G(李鸣光),Peng S-L(彭少麟). Phytopopalology. Beijing: Higher Education Press,1995:100 - 104.

[4] Ladvager JA, Regnolds JF, Li Y-Z(李育中). Statistical Ecology. Huhhote: Inner Mongolia Univ Press, 1990: 10 - 24.

[5] Jiang H(江洪). Population Ecology of Spruce(*Picca asperata*). Beijing:Chinese Forestry Press,1992: 41 - 50.

青钩栲的自适应种群增长模型

1 背景

青钩栲(*Castanopsis kawakamii*)属国家3级保护植物,是壳斗科常绿阔叶大乔木、亚热带珍稀濒危植物之一[1]。其原生植被受人为干扰,现为天然次生植被。吴承祯等[2]在对福建省格氏栲自然保护区青钩栲种群不同状态下林分生长状态进行调查研究基础上,提出一种新的种群增长模型并应用于研究青钩栲种群数量增长动态规律,为我国珍稀濒危植物青钩栲的生长、环境适宜、群落演替、稳定性评价及其保护提供科学依据。

2 公式

在生存空间和自然资源有限的环境中,任何生物种群的增长均受密度制约,定量描述这一动态的经典模型是 Verhulst 提出的 Logistic 方程[3]:

$$\frac{\mathrm{d}s}{\mathrm{d}t} = rs(1 - s/K) \tag{1}$$

式中,S 为种群大小;t 为时间;K 为环境容纳量;r 为潜在的比增长速度(瞬时增长率或称内禀增长率)。

其积分形式为:

$$S = K/(1 + ce^{-rt}) \tag{2}$$

此方程已广泛应用于动、植物种群增长规律研究中,但该方程中对密度制约效应的线性化假设,往往使模型产生偏差。

Smith[4]通过对实验种群个体增长率的直接观测,发现密度制约效应是一条下凹不平的曲线。他基于种群生存和增长两者对环境资源的需求变化,对 Logistic 模型进行扩充:

$$\frac{\mathrm{d}s}{\mathrm{d}t} = rs\left(\frac{1 - s/K}{1 + (r/c)(s/K)}\right) \tag{3}$$

式中,c 为参数(正值),由于制约函数 $f_s = (1 - s/K)/(1 + (r/c)(s/K))$ 中分母大于1,必有 $f_s < 1 - s/K$,因此 Smith 模型只适宜描述下凹增长曲线。

崔启武等[5]根据营养动力学理论对 Logistic 方程进行了改进,导出了非线性制约效应的崔 - Lawson 模型:

$$\frac{\mathrm{d}s}{\mathrm{d}t} = rs\left(\frac{1 - s/K}{1 - s/K_m}\right) \tag{4}$$

式中,K_m 为营养参数,且为正值。该方程描述的是密度制约效应为上凸曲线的种群增长过程。由于函数 $f_s = (1 - s/K)/(1 + (r/c)(s/K_m))$ 中分母小于1,故 $f_s < 1 - s/K$,因而崔 - Lawson 模型只能反映上凸增长的特性。

在一般情况下,模型(3)和模型(4)并不存在解析解,这给模型的参数估计带来了困难。张大勇等[6]提出特定参数取得的自适宜调整的新的一种种群增长模型:

$$\frac{\mathrm{d}s}{\mathrm{d}t} = rs(1 - (s/K)^{\theta}) \tag{5}$$

式中,θ 为一个常数。它为一个能兼容各种密度制约机制,含有更一般的非线性制约函数,且存在显式解的种群增长模型,因此,它是一个描述种群增长的较好的数学表达式。当 θ 小于1、等于1、大于1时,可分别模拟出下凹增长、Logistic 增长、上凸增长,当 θ 趋于无穷大时,模型趋于指数增长;当 θ 趋于0时,种群趋于维持增长初值不变;同时,该模型包括 Gompertz 方程[6]。其积分形式为:

$$S = K/(1 + ce^{-rt})^{\theta} \tag{6}$$

刘金福等[7]认为前人通过参数调整取得的种群增长模型只局限单个参数具有一定局限性,他们结合实际工作提出一个更具广泛性的自适宜调整的种群增长通用模型:

$$\frac{\mathrm{d}s}{\mathrm{d}t} = rs(1 - s^{\theta}/K^{\phi}) \tag{7}$$

式中,θ、ϕ 为密度制约参数。其积分形式为:

$$S = \frac{K^{\phi/\theta}}{(1 + ce^{rt})^{1/\theta}} \tag{8}$$

吴承祯等[4]认为在式(7)中对种群环境容纳量 K 增加一个参数 φ 是没有实际意义的,因为增加一个参数后,K^{φ} 还是表示一个参数;且若对式(8)参数进行化简,则其形式可表示为:

$$S = K'/(1 + ce^{rt})^{\theta'} \tag{9}$$

从根本上说,其形式即为张大勇等[6]提出的自适应种群增长模型。

吴承祯等[2]曾根据植物生长的密度理论和有关生物学假设,推导出描述植物种群生物量与植物存活密度之间关系的植物种群自然稀疏模型[8]:

$$N = \exp(a\ln^2 W + b\ln W + c) \tag{10}$$

式中,N 为种群存活密度;W 为植物种群平均个体重量;a、b、c 为模型参数。现假设植物种群胸高断面积(即种群优势度)与植物种群生物量之间存在类似相关关系:

$$S = \exp(a\ln^2 W + b\ln W + c) \tag{11}$$

式中,S 为植物种群优势度。

如果我们用式(5)来表示植物种群生物量增长曲线,则其形式同样可表示为:

$$\frac{dB}{dt} = rB[1 - (B/K)^{\theta}] \tag{12}$$

式中,B 为种群生物量;r 为内禀增长率;K 为环境容纳量。但由于环境资源是有限的,因而植物种群不可能无限地增长[9-12],也就是说,当环境不能维持更多的生物量时,植物种群增加的重量与生物量的损耗相平衡。如果我们想追踪种群生物量未达饱和时的植物种群优势度在生长过程中的变化,只需联立方程式(12)和方程式(11)就可以得到下式:

$$S = \exp(\alpha \ln^2(1 + ce^{rt}) + \beta(1 + ce^{-rt}) + \lambda) \tag{13}$$

式中,$\alpha = a\theta^2$,$\beta = -2a\ln K - b\theta$,$\gamma = a\ln^2 K + b\ln K + c$;$S$ 为植物种群优势度;α、β 为环境制约参数;r 为内禀增长率;e^{γ} 为环境容纳量;α、β、r、c、γ 为待定参数。此模型即为自适应种群增长新模型,该式表示的仍为一种 S 形增长曲线,当 β 大于 0 时,模型(12)模拟出下凹增长趋势;当 β 小于 0 时模型(13)模拟出上凸增长趋势。当 $\alpha = 0$ 时,(13)式可写成:

$$S = \frac{e^{\gamma}}{(1 + ce^{rt})^{-\beta}} = \frac{K}{(1 + ce^{rt})^{\theta}}$$

这就是张大勇等[6]和刘金福等[7]提出的种群增长模型,它仅为自适应种群增长新模型的一个特例。由此可见,自适应种群增长新模型具有更广的适应性,它包融了 Logistic 模型、Smith 模型、Gompertz 模型、崔 - Lawson、张 - Logistic 模型及刘 - Logistic 模型。

考虑到模型(3)和模型(4)的隐式解结构上是一致的,依据不同计量方法分别用式(2)、式(4)、式(6)、式(8)、式(13)拟合珍稀濒危植物青钩栲种群优势度增长规律。根据遗传算法原理编制青钩栲种群增长规律模型计算机最优拟合应用程序,遗传算法最优拟合青钩栲种群优势度增长模型是理想的(表 1)。

表 1 青钩栲种群增长的 5 种模型拟合结果

模型名称	Logistic 模型	崔 Law son 模型	张 - Logistic 模型	刘 - Logistic 模型	新模型
模型参数	$c = 352.1992$	$a = 0.5$	$c = 351.6913$	$c = 27.91432$	$a = -0.346846$
	$r = 0.039127$	$b = -4.052599$	$r = 0.0340743$	$r = 0.0248028$	$c = 27.586490$
	$K = 20.84095$	$r = 0.0419105$	$K = 21.34258$	$K = 56.2801$	$r = 0.019489$
		$K = 21.22721$	$\theta = 1.55992$	$\theta = 0.732917$	$\beta = -0.469923$
				$\varphi = 0.55996$	$Y = 3.099417$
残差平方和	$Q = 28.1467$	$Q = 11.87416$	$Q = 9.64277$	$Q = 4.83667$	$Q = 3.53290$

3 意义

吴承祯等[2]提出了自适应种群增长新模型,该模型包融了 Logistic 模型、Smith 模型、Gompertz 模型、崔 - Lawson 模型、张 - Logistic 模型和刘 - Logistic 模型。运用遗传算法对自适应新模型进行参数估计，拟合青钩栲种群增长规律比其他种群增长模型更符合青钩栲种群增长的实际增长趋势，说明新模型具有一定的实用价值。

参考文献

[1] State Environmental Protection Bureau（国家环境保护局）. Institute of Botany, the Chinese Academy of Science（中国科学院植物研究所）. The List of Rare and Endangered Plant in China. Beijing: Science Press. 1987,68.

[2] 吴承祯，洪　伟，陈　辉，等. 珍稀濒危植物青钩栲种群数量特征研究. 应用生态学报，2000，11(2)：173－176.

[3] Chen L－X（陈兰荪）. Mathematical ecological model and research method. Beijing: Science Press, 1988: 1－4.

[4] Smith FE. Population dynamic in *Daphina magna* and a new model for population growth. Ecol, 1963, 44: 651－663.

[5] Cui Q－W（崔启武）, Lawson G. A new mathematical model of population growth－Expending on Logistic equation and power equation. Acta Ecol Sin（生态学报）, 1982, 2(4): 403－414.

[6] Zhang D-Y（张大勇）, Zhao S-L（赵松岭）. Studies on the model of forest population density change during self-thinning. Scientia Silvae Sinicae（林业科学）, 1985, 21(4): 369－373.

[7] Liu J-F（刘金福）, Hong W（洪伟）, Li J-H（李家和）, et al. Ecological studies on *Castanopsis kawakamii* population Ⅲ. Study on growth law of dominance of *Castanopsis kawakamii* population. 应用生态学报, 1998, 9(5): 453－457.

[8] Wu C-Z（吴承祯）, Hong W（洪伟）. Study on model of self-thinning law of Pinus tabulaef ormis population. J Wuhan Bot Res（武汉植物学研究）, 1999, 17(1): 29－33.

[9] Hong W（洪伟）, Wu C-Z（吴承祯）, Lin C-L（林成来）. Study on growth law of dominance of *Pinus taiwanensis* population in Longxi mountains. 福建林学院学报, 1997, 17(2): 97－101.

[10] Han M－Z（韩铭哲）. A study on mathematical model of population growth. J N 内蒙古大学学报, 1988, 19(2): 205－212.

[11] Li X-Y（李新运）, Zhao S-L（赵善伦）, You Z-L（尤作亮）, et al. A self-adaptive model of population growth and its parameter estimation. 生态学报, 1997, 17(3): 310－316.

[12] Wang B-N（王本楠）. Samples of explicit solution and fitting of Cui-Lawson's single population growth model. 生态学杂志, 1987, 6(2): 27－30.

沙地植物的多样性指数模型

1 背景

在生物多样性研究中,物种多样性与生态系统生产力的关系、物种多样性分布格局和生物多样性的丧失与保护等是当前人们所关注的焦点[1-8]。由于自然界中植被组成的复杂性、多变性和对尺度的依赖性,物种多样性在不同尺度下表现出极大的不确定性[5,8]。为此,用 Shannon-Wiener 指数(S-W 指数)从种丰富度、植物种功能多样性和组成多样性的角度出发,探讨其对科尔沁沙地草场生产力的影响,以期揭示科尔沁沙地植物种多样性在生态系统中的功能与作用。

2 公式

2.1 多样性指数计算模型

有关物种多样性的测定最为广泛应用的主要有种丰富度和 S-W 指数[6]。常学礼等[1]采用这两种指数来进行分析,S-W 指数的计算如下:

$$H = -\sum P_i \ln P_i \qquad (P_i = n_i/N) \tag{1}$$

$$P_i = (C_i/C + H_i/H + B_i/B)100 \tag{2}$$

在式(1)、式(2)中 H 为 S-W 指数,n_i 为第 i 个种(或类)的重要值,N 为群落中所有种(或类)的重要值的总和,P_i 为第 i 个种(或类)所占概率;C_i、H_i 和 B_i 分别为样方调查中的第 i 个种(或类)的平均盖度、高度和生物量,C、H 和 B 分别为样方(或类)的总盖度、高度和生物量。

2.2 关联分析

物种多样性指数对沙地草场生产力的影响用灰色关联度来分析[4],设:

$$\left| X_0(k) - X_i(k) \right| = \Delta_i(k) \tag{3}$$

其中,X_0 为参考母列,,为地上生物量;X_i 为比较数列,$i=1$、2、3,分别为组成多样性、功能多样性和种丰富度的 S-W 指数。用公式(3)计算由地上生物量和物种多样性指数原始矩阵,得一由 $\Delta_i(k)$ 组成的新矩阵。用式(4)分别来计算比较数列与母列的关联系数。

$$\zeta_i(k) = \frac{\wedge \wedge \Delta_i(k) + \rho_i^* \ \vee \vee \ \Delta_i(k)}{\Delta_i(k) + \rho^* \ \vee \vee \ \Delta_i(k)} \tag{4}$$

其中，$\zeta_i(k)$ 为 $X_i(k)$ 对 $X_0(k)$ 在 k 时刻的关联系数，ρ_i 为辨分系数（软因子），可根据实际经验而定（加权值和等于1），第 i 列与母列的关联度为

$$r_i = \frac{1}{n}\sum_{i}^{n}\zeta_i(k) \tag{5}$$

ρ 分别用种丰富度、S－W 指数、功能和组成多样性 4 个因子与沙地草场生产力的关联系数的方差来计算，即 $\rho_1:\rho_2:\rho_3:\rho_4 = 1/S_1^2:1/S_2^2:1/S_3^2:1/S_4^2$。关联度 r_i 大小表示了比较列与母列的密切程度，r_i 越大关系越密切，反之亦然。

从种丰富度与沙地草场生产力的关系来看，沙地草场植被的种丰富度变化在 1－15 个种的范围内，而且种丰富度与沙地草场生产力的关系非常复杂（图 1）。

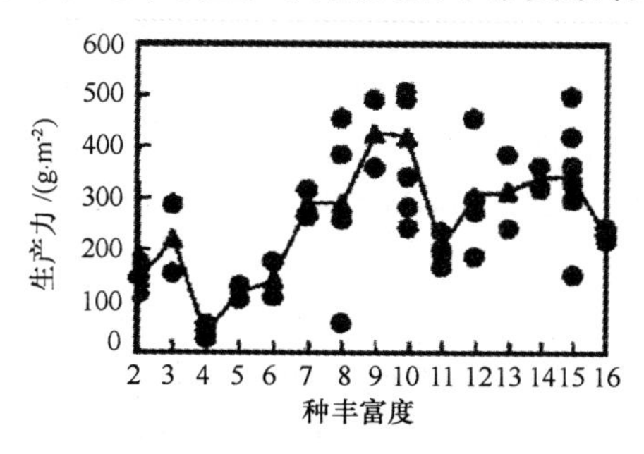

图 1　种丰富度与生产力的关系

S－W 指数与草地生产力关系的变化趋势与种丰富度的分析基本一致（图 2）。

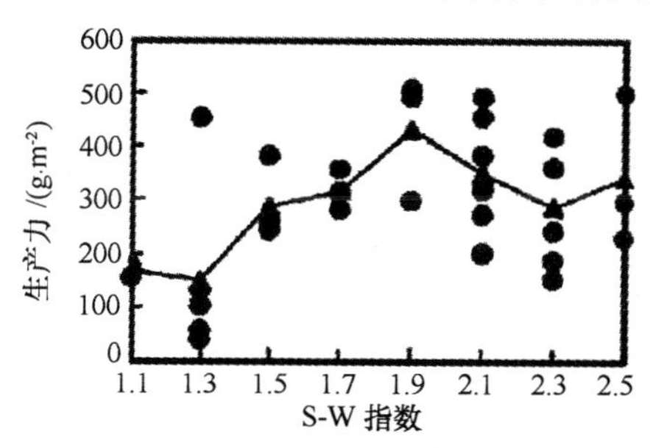

图 2　S－W 指数与生产力的关系

3　意义

常学礼等[1]建立了多样性指数及关联模型，对科尔沁沙地草场不同物种多样性指数与草地生产力关系进行研究，结果表明：依据植物种多样性指数和生产力的关系可分为两类，其中功能多样性和组成多样性为一类，最高生物量变化于 299～336 g · m^{-2}，为简单的一元

线性关系,相关性显著。种丰富度和 S－W 指数为一类,最高生物量变化于 426～433 $g \cdot m^{-2}$,与沙地草场生产力关系较复杂,曲线类型为抛物线形,相关性较显著。

参考文献

[1] 常学礼,赵哈林,杨 持,等. 科尔沁地区植物种多样性对沙地草场生产力影响的研究. 应用生态学报,2000,11(3):395－398.

[2] Currie DJ. Energy and large-scale patterns of animal and plantspecies richness. Am Nat, 1991,137:27－49.

[3] Stuart L P, Gareth J R, John L G, et al. The future of biodiversity. Sciences,1995,269:347－350.

[4] Tilman D, Knops J, Wedin D, et al. The influence of functional diversity and composition on ecosystem processes. Sciences,1997,277:1300－1302.

[5] Zu Y-G(祖元刚),Ma K-M(马克明), Zhang X-J(张喜军). A fractal method for analysing spatial heterogeneity of vegetation. Acta Ecol Sin(生态学报), 1997,17(3):333－379.

[6] Guo Q-F(郭勤峰). Advances and trends in species diversity studies//Li B(李 博) eds. Lectures of Modern Ecology(现代生态学讲座). Beijing: Science Press,1995: 89－107.

[7] Hegazy AK, El-Demerdash MA, Hosni HA. Vegetation,species diversity and floristic relations along an altitudinal gradient in south-west Saudi Arabia. J Arid Environ,1998,38:3－13.

[8] Palmer MW. Fractal geometry: a tool for descriking spatial patterns of plant communities. Vegetatio,1988,75:71－102.

小麦发育及生育的机理模型

1 背景

小麦的生育期是预测小麦器官建成和产量形成的基础。如何准确预测不同环境条件下小麦生育期对于确定品种的种植区域、安排农作制度、制定适时农艺措施等都具有重要的理论意义和实用价值。近来,曹卫星等[1]提出以作物生理发育时间为基础来预测阶段发育,并且将基本早熟性这一品种遗传特性引入生育期模型,较好地解释了春化作用和光周期反应对小麦生育进程的影响,揭示了品种间生育期差异的基因型效应。但是,与其他生育期模型一样,该模型简化了小麦发育对温度的反应,而且仅对二棱期、顶小穗形成期和抽穗期主要发育阶段进行了预测,因而有待于改善和发展。严美春等[2]在现有模型的基础上,将小麦发育的温度效应曲线化,以作物生理发育时间为尺度,系统地预测小麦的顶端发育阶段和物候发育期,客观地反映了小麦发育的生理生态过程及生育规律,较好地解决了以往模型中的不足。

2 公式

2.1 昼夜温度变化与热时间模型

本模型中将一天 24 h 分成 8 个时间段,利用温度变化因子(T_{fac})及日最高温(T_{max})和最低温(T_{min})来计算每个时段的温度(T_{emp}),得到 8 个代表昼夜温度变化模式的温度值[1,2]。其中,温度变化因子用来描述一天之中的温度变化模式。这种方法比日平均温度更准确地反映作物生长发育与温度的关系。

$$T_{fac} = 0.931 + 0.114 \times I - 0.0703 \times I^2 + 0.0053 \times I^3 (i = 1,2,\cdots,8) \tag{1}$$

$$T_{emp}(I) = T_{min} + T_{fac}(I) \times (T_{max} - T_{min}) \tag{2}$$

生长度日的计算公式为:

$$\mathrm{DTT} = \frac{1}{8} \times \sum_{I=1}^{8} (T_{emp}(I) - T_b) \tag{3}$$

$$\mathrm{GDD} = \mathrm{SUM}(\mathrm{DTT}) \tag{4}$$

方程(3)中,DTT 表示每天的热时间,T_b 为基点温度。每天热时间的累积形成生长度日。

2.2 相对热效应模型

利用公式(1)和(2)计算的8个温度值以及基点温度(T_b)、最适温度(T_o)、最高温度(T_m)来计算一天中8个时段的相对热效应值(Relative Thermal Effectiveness,简称RTE)(方程5),经平均得到每日热效应(Daily Thermal Effectiveness,简称DTE)(方程6),从而获得没有受到发育速率调节的基本热效应。不同温度与热效应的关系用正弦指数方程或余弦函数指数来描述(方程5和图1)。

$$\mathrm{RTE}(I)=\begin{cases}\left[\mathrm{SIN}\left(\dfrac{T_{\mathrm{enp}}(I)-T_b}{T_0-T_b}\times\dfrac{\pi}{2}\right)\right]^{ts} & (T_b\leqslant T_{\mathrm{emp}}\leqslant T_0)\\ \left[\mathrm{COS}\left(\dfrac{T_{\mathrm{emp}}(I)-T_b}{T_m-T_0}\times\dfrac{\pi}{2}\right)^{\left[\frac{T_m-T_o}{T_0-T_b}\right]}\right]^{ts} & (T_b\leqslant T_{\mathrm{emp}}\leqslant T_0)\end{cases}\tag{5}$$

$$\mathrm{DTE}=\frac{1}{8}\times\sum_{I=1}^{8}\mathrm{RTE}(I)\tag{6}$$

方程(5)和方程(6)中,ts为品种特定的温度敏感性,这是模型中出现的第一个品种遗传参数。

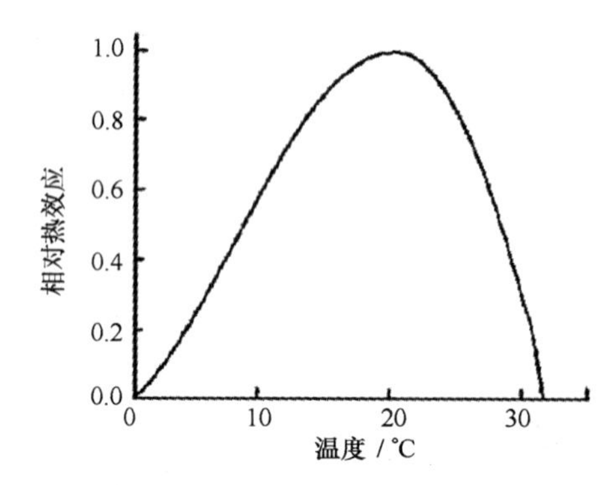

图1 相对热效应与温度的关系

2.3 相对春化效应模型

相对春化效应与温度的关系用3段函数来量化描述,分别为正弦函数指数、线性函数以及余弦函数指数(方程7和图2)。

$$RVE(I)=\begin{cases}\left[\mathrm{SIN}\left[\dfrac{T_{\mathrm{emp}}(I)-T_{bv}}{T_{ol}-T_{bv}}\times\dfrac{\pi}{2}\right]\right]^{0.5} & (T_{\mathrm{bv}}\leqslant T_{\mathrm{emp}}\leqslant T_{\mathrm{ol}})\\ 1 & (T_{\mathrm{ol}}\leqslant T_{\mathrm{emp}}\leqslant T_{\mathrm{ou}})\\ \left[\mathrm{COS}\left[\dfrac{T_{\mathrm{emp}}(I)-T_{\mathrm{ou}}}{T_{\mathrm{mv}}-T_{\mathrm{ou}}}\times\dfrac{\pi}{2}\right]\right]^{vef} & (T_{\mathrm{ou}}\leqslant T_{\mathrm{emp}}\leqslant T_{\mathrm{mv}})\\ 0 & (T_{\mathrm{mv}}\leqslant T_{\mathrm{emp}}\leqslant T_{\mathrm{bv}})\end{cases}\tag{7}$$

方程7中，T_{bv}表示春化最低温度，T_{ol}为春化最适温度范围的下限值；而T_{ou}为春化最适温度范围的上限值，T_{mv}为春化最高温度，vef为春化效应因子，它们的值均随不同品种生理春化时间(PVT)的不同而连续变动[1,3]，其关系可用式(8)、式(9)、式(10)表示。其中，方程(10)是通过将$T_{ou}-T_{mv}$段曲线简化为线性并求线性方程的斜率，然后根据春化效应的实际曲线拟合的方法加以校正而得到。1 d中8个时段春化作用的强弱以相对春化效应(Relative Vernalization Effectiveness，简称RVE)来描述，而每日春化效应(Daily Vernalization Effectiveness，简称DVE)则为这8个相对春化效应的平均值(方程11)。

$$T_{ou} = 10 - \mathrm{PVT}/20 \tag{8}$$

$$T_{mv} = 18 - \mathrm{PVT}/8 \tag{9}$$

$$\mathrm{vef} = \frac{1}{2 - 0.0167 \times \mathrm{PVT}} \tag{10}$$

$$\mathrm{DVE} = \frac{1}{8} \times \sum_{I=1}^{8} \mathrm{RVE}(I) \tag{11}$$

2.4 春化进程模型

小麦春化天数(Vernalization Days，简称VD)表现为每日春化效应的累积形式。当春化天数累积不超过特定品种春化生理时间的1/3时，若温度高于27℃，就会发生脱春化作用，且脱春化效应(Devernalization Effectiveness，简称DEVE)随温度的升高而加强[1,3]。

每天脱春化效应(Daily Devernalization Vernalization Effectivieness，简称DDEVE)为1 d中8个时间段脱春化效应的平均值(方程13)。当春化天数累积达到某一特定品种生理春化时间的1/3后，则不会再发生脱春化作用。

$$\mathrm{DEVE}(I) = (T_{emp}(I) - 27) \times 0.5 \qquad (T_{emp} > 27) \tag{12}$$

$$\mathrm{DDEVE} = \frac{1}{8} \times \sum_{I=1}^{8} \mathrm{DEVE}(I) \tag{13}$$

因此，实际春化天数受到每天的春化效应和脱春化效应的共同影响(方程14、方程15)，而春化进程(Vernalization Progress，简称VP)则用累积的春化天数占生理春化时间的分数来表示(方程16、图3)。

$$\mathrm{VD}_1 = \mathrm{SUM}(\mathrm{DVE} - \mathrm{DDEVE}) \qquad (0 < \mathrm{VD} < 0.3\mathrm{PVT}) \tag{14}$$

$$\mathrm{VD}_2 = \mathrm{SUM}(\mathrm{DVE}) \qquad (0.3\mathrm{PVT} \leqslant \mathrm{VD} \leqslant \mathrm{PVT}) \tag{15}$$

$$\mathrm{VP} = (\mathrm{VD}_1 + \mathrm{VD}_2)/\mathrm{PVT} \qquad (\text{当 PVT} = 0 \text{ 时}, \mathrm{VP} = 1) \tag{16}$$

2.5 相对光周期效应模型

光周期随季节和纬度而规律性地改变，本模型中光周期(*PHOT*)的变化模式采用CERES-Wheat等模型中的计算方法式(17)、式(18)、式(19)[1,3]。

$$\mathrm{DEC} = 0.4093 \times \sin[0.0172 \times (\mathrm{DOY} - 82.2)] \tag{17}$$

$$\mathrm{DLV} = \frac{-\sin(0.01745 \times LAT) \times \sin(\mathrm{DEC}) - 0.1047}{\cos(0.01745 \times \mathrm{LAT}) \times \cos(\mathrm{DEC})} \tag{18}$$

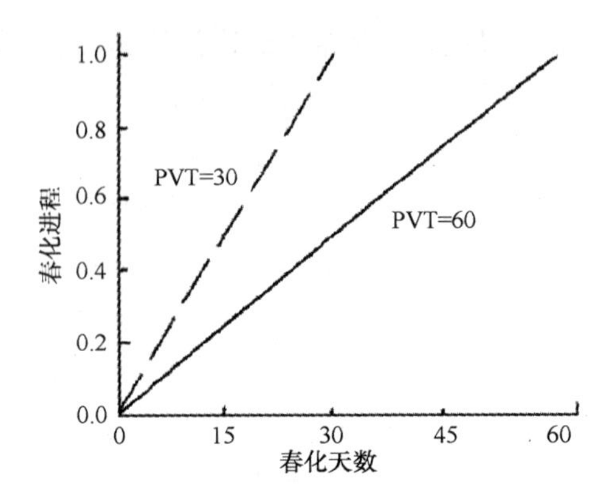

图3　春化进程与春化天数及品种生理春化时间的关系

$$PHOT = 7.639 \times ACOS(DLV) \tag{19}$$

方程(17)中,DEC 为太阳高度角,DOY 为儒历天数;方程(18)中,LAT 为纬度,DLV 为临时变量用来确定日长。

试验表明长日照条件下出现最短苗穗期,且 20 h 是小麦发育的临界光周期,短日抑制发育的程度随品种的光周期敏感性(*PS*)而变化。*PS* 是本模型中出现的第 3 个品种特定遗传参数。每天光周期对小麦发育的影响用相对光周期效应(Relative Photoperiod Effectiveness,简称 *RPE*)来描述(方程 20)[1,3]。

$$RPE = 1 - PS(20 - PHOT)^2 \tag{20}$$

2.6　每天热敏感性模型

每天的春化进程与相对光周期效应的互作决定了每天热效应的作用程度,描述了小麦每天对热效应的敏感性(Daily Thermal Sensitivity,简称 DTS)。本模型中每天热敏感性的计算沿用曹卫星等采用的方法(方程 21)[1]。

$$DTS = \begin{cases} RPE \times VP & VD < PVT \\ RPE & VD \geqslant PVT \& PDT \leqslant PDTTS \\ RPE + (1 - RPE) \times \dfrac{PDT - ETTS}{FTHD - FTTS} & PDTTS < PDT < PDTHD \end{cases} \tag{21}$$

方程(21)中,*PDT* 为生理发育时间,*PDTTS* 和 *PDTHD* 分别为顶小穗形成期和抽穗期的 PDT 要求。

2.7　生理发育时间模型

每天热效应、每天热敏感性以及基本早熟性的互作决定了每日生理效应(Daily Physiological Effectiveness,简称 DPE),其累积形成了生理发育时间(PDT)(方程 22 和方程 23)。

$$DPE = DTE \times DTS \times IE \tag{22}$$

$$PDT = SUM(DPE) \tag{23}$$

方程(22)中 IE 为基本早熟性,是本模型中出现的第 4 个品种特定的遗传参数,其取值范围为1 ~0.6。最早熟的春性品种其基本早熟性为1,而极晚熟的冬性品种其基本早熟性为0.6,其他所有品种的基本早熟性均介于两者之间[1]。

2.8 顶端发育阶段与物候期的预测模型

本模型利用生理发育时间恒定的原理来预测不同类型小麦品种的顶端发育阶段。从萌发到达出苗期的快慢主要由GDD和播种深度决定,它们之间的关系如方程(24)所示,与CERES - Wheat 中的描述方法相同。

$$EM = 40 + 10.2 \times SDEPTH \tag{24}$$

方程(24)中 *EM* 为到达出苗所需的热时间,SDEPTH 为播种深度(cm),系数10.2是指胚芽鞘在土壤中每伸长1 cm所需的生长度日。

3 意义

严美春等[2]建立了小麦发育过程及生育期机理模型,此模型在以下几个方面有所创新和发展。

(1)用正弦函数指数和余弦函数指数将热效应与温度的关系曲线化,这是对现有模型中把温度与热效应的关系简化成两段线性函数的一大改进[1,3-6]。本模型将温度与热效应的关系用两段不同的函数来量化,整个曲线呈不对称状,表明小麦在最适温度以下和最适温度以上的反应不同。以曲线曲率所表示的温度敏感性较好地描述了不同小麦品种对温度敏感程度的基因型差异。

(2)以正弦函数指数、线性函数和余弦函数指数这3段函数来描述春化效应与温度的关系,这是对现有模型中将春化作用与温度的关系用3段线性函数来简化表述的另一改进之处[1,3-5,7]。本模型在量化春化效应与温度的关系时引入了春化效应因子 *vef* 这一参数。它的含义是不同品种小麦对春化作用的反应不同,其取值随品种特定的生理春化时间的不同而变化,间接体现了品种间的遗传差异。

(3)本模型中用来描述特定品种发育遗传差异的参数有温度敏感性、生理春化时间、光周期敏感性和基本早熟性,特定品种花后生育期特性用 *FD*(灌浆持续期所需的生长度日)来描述。这5个遗传参数的生物学意义较明确,与小麦发育的生理生态过程紧密相关,且数目不多,容易获得。

参考文献

[1] Cao W, Moss DN. Modeling phasic development in wheat: a conceptual integration of physiological components. J Agric Sci, 1997,129:163 - 172.

[2] 严美春,曹卫星,罗卫红,等. 小麦发育过程及生育期机理模型的研究 I. 建模的基本设想与模型的描

述. 应用生态学报,2000,11(3):355 - 359.

[3] Cao W-X(曹卫星), Jiang H-D(江海东). Modeling thermal - photo response and development progress in wheat. J N(南京农业大学学报),1996. 19(1):9 - 16.

[4] Feng L-P(冯利平), Gao L-Z(高亮之),et al. Studies on the simulation model for wheat phenology. Acta Agron Sin(作物学报),1997,23(4):418 - 424.

[5] Kirby EJM. A field study of the number of main shoot leaves in wheat in relation to vernalization and photoperiod. J Agric Sci, 1992,118:271 - 278.

[6] Ritchie JT, Nesmith DS. Temperature and crop development. Agro Mono,1991,31:5 - 29.

[7] Weir AH, Bragg PL,Porter JR, et al. A winter wheat crop simulation model without water or nutrient limitations. J Agric Sci, 1984,102:371 - 382.

沙地人工植被的恢复生态模型

1 背景

植被恢复是退化生态系统恢复与重建的第一步。流动沙丘是沙地植被退化的极点，其特点是植被覆盖度极低，风蚀严重、土壤极度贫瘠且基质极不稳定。对这样极度退化的生态系统，植被的自我恢复能力十分微弱，必须辅以人工手段才能在短时期内得以恢复。采用草方格结合播种豆科植物是固定流动沙丘比较成功的方法[1-2]。曹成有等[3]对围栏封育条件下小叶锦鸡儿固沙林在35 a间自然发展变化与天然群落进行对比研究，探讨沙地人工植物群落的演变规律。

2 公式

2.1 物种优势度

物种优势度采用重要值表示：重要值(IV)＝(相对密度＋相对盖度＋相对频度)/3。 (1)

2.2 多样性指数

采用Shannon-Wienner指数，其基本思想是把群落内每个生物个体作为总的信息单元。其公式为：

$$SW = 3.321\,9\left(\lg N - \frac{1}{N}\sum_{i=1}^{s} n_i \lg n_i\right) \tag{2}$$

式中，N为总个体数；n_i为第i种个体数；s为种数，本文中的n_i用相对重要值代替。

2.3 群落生态优势度

采用Simpson指数来计算生态优势度，其公式为：

$$SN = \sum_{i=1}^{s} n_i(n_i - 1)/N(N - 1) \tag{3}$$

2.4 群落均匀度

均匀度描述的是群落内每个种个体数间的差异。均匀度指数公式可以通过实测的多样性指数与该群落具有同样多的种数所可能的最大多样性指数值之比来得出[4-9]。采用以Shannon-Wiener多样性指数为基础的计算式：

$$J_{SW} = \frac{\lg N - \frac{1}{N}\sum_{i=1}^{s} n_i \lg n_i}{\lg N - \frac{1}{N}[\alpha(s-\beta)\lg\alpha + \beta(\alpha+1)\lg(\alpha+1)]} \tag{4}$$

式中,β 是 N 被 s 整除以外的余数($0<\beta<N$);$\alpha=(N-\beta)/s$。

2.5 群落相似度的计算

采用 Sorensen 相似性指数并略加修改:

$$C_s = Z_j/(a+b) \tag{5}$$

式中,Z_j 为两个群落共有种重要值的总和,a 和 b 分别是两个群落所有种重要值的总和。

根据公式,进行了实例计算。用重要值计算的多样性指数表明,人工群落在不同的发育时期,多样性特征也发生很大变化(表1)。

表1 小叶锦鸡儿群落结构变化

时间/a	种数	生态优势度	物种多样性	群落均匀度
2	5	0.552 8	0.945 3	0.587 3
4	8	0.368 0	1.346 9	0.647 7
17	20	0.227 1	2.002 8	0.729 3
35	23	0.127 9	2.471 6	0.789 8
天然	37	0.098 4	2.680 8	0.830 8

3 意义

曹成有等[3]建立了植被恢复生态过程的研究模型,主要研究了流动沙丘采用草方格固沙结合播种小叶锦鸡儿后,小叶锦鸡儿人工群落形成和发展过程,尤其对群落中物种侵入过程和群落组织结构在35 a间的变化情况做了详细分析。结果表明,人工小叶锦鸡儿群落不同发育阶段植物丰富度发生了很大的变化,物种多样性指数和均匀度指数均不断增长,而生态优势度指数逐渐降低,物种多样性指数和均匀度指数均不断增长,而生态优势度指数逐渐降低。

参考文献

[1] Kou Z-W(寇振武). Afforestation for moving sand dunes fixation//Cao X - S (曹新孙) ed. Studies on the Integrated Control of Wind, Sand Drifting and Draught in Eastern Inner Mongolia. Huhehaote: Inner Mongolia People's Publishing House, 1984, 126 - 133.

[2] Li J(李 进), Liu Z - M (刘志民), Li S - G (李胜功). Establishment of artificial vegetation model of

Keerqin Sandy Land. Chin J Appl Ecol(应用生态学报),1994,5(1):46 - 51.

[3] 曹成有,蒋德明,阿拉木萨,等. 小叶锦鸡儿人工固沙区植被恢复生态过程的研究. 应用生态学报,2000,11(3):349 - 354.

[4] Peng S-L (彭少麟), Fang W (方　炜),Ren H (任　海). The dynamics on organization in the successional process of Dinghushan Cryptocarya community. Acta Phytoecol Sin(植物生态学报),1998,22(3):245 - 249.

[5] Chang X-L (常学礼), Wu J-G (邬建国). Species diversity during desertification on Keerqin Sandy Land. Chin J Appl Ecol(应用生态学报),1997,8(2):151 - 156.

[6] Whittaker RH. Evolution and measurement of species diversity. Taxon,1972,21:213 - 251.

[7] Whittaker RH. Evolution of diversity in plant communities. Ecol,1969,50:417 - 428.

[8] Mayurran AE . Ecological Diversity and Its measurement. New Jersey: Princeton University Press,1988,35 - 62.

[9] Peng S-L (彭少麟), Zhou H-C (周厚诚),Chen T-X(陈天杏). The quantitative characters of organization of forest communities in Guangdong. Acta Phytoecol Geobot(植物生态与地植物学学报),1989,13(1):10 - 17.

棉蚜与天敌的灰色系统模型

1 背景

农作物害虫与其天敌之间的相互依存、相互制约的关系是长期协同进化过程中逐渐形成的。目前防治害虫多是将化学防治、农业防治、物理防治、生物防治等措施有机地进行组配。但是,化学防治措施可能对生物防治措施的一些天敌带来不利影响,为了有效地保护和利用天敌,邹运鼎等[1-2]提出了天敌评价理论和优势种天敌的评价标准,其主要依据是天敌与其目标害虫在数量、食量、时间、空间关系方面的密切程度。棉蚜是棉花铃期以前的主要害虫之一,危害严重时可造成大幅度减产,为了有效地保护和利用棉蚜天敌,科学地组配棉蚜的综防措施,毕守东等[3]开展了多种天敌种群及其日捕食量对棉蚜种群的影响程度研究。

2 公式

把棉蚜及其主要天敌看作一个本征性灰系统,棉蚜数量(Y_1)以及理想优势种天敌(Y_2)作为该系统的参照序列,其主要天敌的日捕食总量(X_j=个体平均日捕食量×天敌数量,$j=1,2\cdots M$,表示有 M 种天敌)看作该系统的比较序列。不同时点上的棉蚜数量、理想优势种天敌的日捕食总量及主要天敌的日捕食总量作为 Y_1 与 X_j 在第 k 点上的效果白化值。进行双序列关系分析。记

$$Y_i = \{Y_i(1), Y_i(2), \ldots, Y_i(n)\} \qquad i = 1,2$$

$$X_j = \{X_j(1), X_j(2), \ldots, X_j(n)\} \qquad j = 1,2,\cdots,M$$

经数据均值化后得

$$y_i = \{y_i(1), y_i(2), \cdots, y_i(n)\} \qquad i = 1,2$$

$$x_j = \{x_j(1), x_j(2), \cdots, x_j(n)\} \qquad j = 1,2,\cdots,M$$

Y_i 与 X_j 在第 k 点上的关联系数为

$$r_{ij}(k) = \frac{\min\limits_{j}\min\limits_{k}|y_i(k) - x_j(k)| + \rho\max\limits_{j}\max\limits_{k}|y_i(k) - x_j(k)|}{|y_i(k) - x_j(k)| + \rho\max\limits_{j}\max\limits_{k}|y_i(k) - x_j(k)|} \qquad K = 1,2,\cdots n$$

式中,ρ 为分辨系数,取值区间为[0,1],一般取 $\rho=0.5$,$\Delta_{ij}(k) = |y_i(k) - x_j(k)|$ 为 y_i 序列

与 x_j 序列在第 k 点的绝对值差；$\min\limits_k |y_i(k)-x_j(k)|$ 为 1 级最小差，表示找出 y_i 序列与 x_j 序列对应点的差值中的最小差；$\min\limits_j \min\limits_k |y_i(k)-x_j(k)|$ 为 2 级最小差，表示在第 1 级最小差的基础上再找出其中的最小差。$\max\limits_k |y_i(k)-x_j(k)|$ 与 $\max\limits_j \max\limits_k |y_i(k)-x_j(k)|$ 分别为 1 级和 2 级最大差，其含义与上述最小差相似。

$$R(Y_i,X_j)=\frac{1}{n}\sum_{k=1}^{n} r_{ij}(k)$$

即为第 j 种天敌的日捕食总量与棉蚜数量（Y_1）或“理想优势种”天敌（Y_2）的关联度，其大小反映 X_j 对 Y_i 的联系或影响程度。

为了综合考察棉区各种天敌对棉蚜的影响程度，在所有天敌中，构建一个各调查时点上捕食总量都是最大的“理想优势种”天敌 Y_2，以实测棉蚜种群数量 Y_1 与 Y_2 作为参照序列与比较序列 $X_j(j=1,2\cdots M)$ 作双序列关联分析，经编程计算得关联度和关联序见表 1。

表 1　Y_i 与 X_j 的关联度

	X_1	X_2	X_3	X_4	X_5	X_6	X_7	X_8	X_9	X_{10}	X_{11}	X_{12}	X_{13}	X_{14}	X_{15}	X_{16}
Y_1																
1983	0.847 (1)	–	–	–	–	–	–	–	–	–	–	0.765 (2)	–	–	–	–
1984	0.776 (1)	–	–	–	–	–	–	–	–	–	–	0.616 (2)	–	–	–	–
1986	0.836 (1)	–	–	–	–	–	–	–	–	–	–	0.566 (2)	–	–	–	–
1983—1986	0.86 (1)	–	–	–	–	–	–	–	–	–	–	0.729 (2)	–	–	–	–
1988	0.841 (4)	–	–	–	0.851 (2)	–	0.845 (3)	0.906 (1)	–	0.830 (6)	0.851 (2)	–	–	0.830 (6)	–	0.832 (5)
1994	0.970 (1)	0.719 (10)	0.758 (8)	0.758 (8)	0.802 (4)	0.797 (5)	0.761 (7)	0.853 (2)	0.784 (6)	–	–	0.845 (3)	0.75 (9)	0.758 (8)	–	–
1995	0.914 (1)	0.784 (8)	0.731 (10)	0.724 (11)	0.848 (3)	0.804 (5)	0.814 (4)	0.874 (2)	0.789 (7)	–	–	0.792 (6)	–	0.749 (9)	0.683 (12)	–
1994—1995	0.923 (1)	0.858 (5)	0.810 (9)	0.803 (11)	0.874 (3)	0.847 (6)	0.819 (8)	0.899 (2)	0.839 (7)	–	–	0.863 (4)	–	0.809 (10)	–	–
Σ	125	28	24	21	56	35	46	61	31	11	15	98	8	35	5	12
Y_2																
1983	1 (1)	–	–	–	–	–	–	–	–	–	–	0.766 (2)	–	–	–	–

续表

	X_1	X_2	X_3	X_4	X_5	X_6	X_7	X_8	X_9	X_{10}	X_{11}	X_{12}	X_{13}	X_{14}	X_{15}	X_{16}
1984	1 (1)	-	-	-	-	-	-	-	-	-	-	0.623 (2)	-	-	-	-
1986	1 (1)	-	-	-	-	-	-	-	-	-	-	0.479 (2)	-	-	-	
1983 - 1986	1 (1)	-	-	-	-	-	-	-	-	-	-	0.704 (2)	-	-	-	-
1988	0.846 (4)	-	-	-	0.886 (2)	-	0.834 (7)	0.915 (1)	-	0.833 (8)	0.862 (3)	-	-	0.835 (6)	-	0.847 (5)
1994	0.950 (1)	0.734 (10)	0.751 (9)	0.751 (9)	0.837 (2)	0.771 (7)	0.775 (6)	0.820 (3)	0.780 (5)	-	-	0.812 (4)	0.763 (8)	0.751 (9)	-	-
1995	0.995 (1)	0.784 (8)	0.720 (11)	0.731 (10)	0.861 (2)	0.787 (7)	0.788 (6)	0.849 (3)	0.789 (5)	-	0.793 (4)	-	-	0.753 (9)	0.695 (12)	-
1994 - 1995	0.990 (1)	0.864 (4)	0.815 (10)	0.811 (11)	0.869 (3)	0.832 (7)	0.824 (9)	0.898 (2)	0.833 (6)	-	-	0.862 (5)	-	0.825 (8)	-	-
Σ	125	29	21	21	59	30	40	59	35	9	14	98	9	36	5	12

3 意义

毕守东等[3]建立了影响棉蚜虫种群数量的优势种天敌的灰色系统分析模型,对1983年、1984年、1986年、1988年、1994年和1995年6年棉花铃期以前棉蚜种群数量与其天敌种群数量以及各种天敌的捕食量,研究天敌的日捕食总量和棉蚜种群数量的追随关系,并分析各种天敌与理想优势种天敌之间的联系程度。结果表明,龟纹瓢虫是棉蚜的主要天敌,其次是大草蛉,第三是八斑球腹蛛和草间小黑蛛。

参考文献

[1] Zou Y-D(邹运鼎). Insect Ecology of Agriculture and Forestry. Hefei:Anhui Science and Technology Press, 1989: 311 -327.

[2] Zou Y - D(邹运鼎). Theory and Application of Evaluating Natural Enemy in Management of Pest. Beijing: China Forestry Press,1997:127 - 157.

[3] 毕守东,邹运鼎,陈高潮,等. 影响棉蚜种群数量的优势种天敌的灰色系统分析. 应用生态学报, 2000,11(3):417 -420.

林窗树木的生长和更新模型

1 背景

林窗或林窗相是某一林冠层的林木死亡之后产生的林中空隙[1]。而森林被采伐后，在采伐迹地上留下了原来树木的种子与残体，其上的植被恢复可归纳为经过一段时间的自然竞争，最终将有一株或几株树木(树种不定)进入上层林冠，使上层林冠再次郁闭。因此，有可能把有充足种源的采伐迹地上森林的恢复看做是林窗演替。陈雄文等[2]通过对伊春红松针阔叶混交林采伐迹地对于全球气候变化与二氧化碳浓度增加后的森林演替过程的研究，希望对于整个红松针阔叶混交林区采伐迹地在气候变化中森林恢复具有一定的指导意义。

2 公式

BKPF 林窗模型建模原理与其他林窗模型大同小异，模型结构也相似。树木生长和更新建立在最优生长和更新的基础上，乘上各种环境因子与竞争作用下的相对生长速率，林木死亡根据生长状况和年龄随机判定。

采伐迹地树种的选择是一个非常复杂的生态学过程。因为包含许多环境因子与生物因子的共同作用。本模型中用最简单的模拟方法是把树种更新当作随机过程来对待。

2.1 林木最优生长模拟

一个林分总生长是所有树木的总和，而每株树木的生长又分成横向生长和纵向生长，即直径生长和树高生长。可以认为，在现实林分中的林木胸径生长量是林木在其固有的最大生长量基础上经过各种不良环境削减后所能达到的生长量。可表示为：

$$\Delta D = \Delta D_{\max} R(\theta_1, \theta_2, \ldots, \theta_n)$$

式中，ΔD 为林木直径的现实生长量；$\Delta D_{\max}$ 为林木胸径的最大生长量。$R(\theta_1, \theta_2, \cdots, \theta_n)$ 为由总合环境因子确定的相对生长率，变动区间为 0 到 1 之间，比如 θ_1 代表光照，θ_2 代表土壤，θ_3 代表热量。经过计算得到：

$$\frac{\mathrm{d}D}{\mathrm{d}t} = \frac{G * D[1 - D(130 + b_2 D - b_3 D^2)]/D_{\max} H_{\max}}{260 + 3b_2 D - 4b_3 D}$$

上式详细推导过程见文献[3]，D 为树木胸径；$D_{\max}$ 为树木可能达到的最大胸径；$H_{\max}$ 为树木可能达到的最大树高;130 是指亚洲人的胸高位置 130 cm,欧美人一般用 137 cm; $b_2 = 2(H_{max} - 130)/D_{max}$; $b_3 = (H_{max} - 130)/D_{max}^2$; G 为最佳生长参数;Botkin 等解出参数 G[4]:

$$G = 4H_{max}/AG_{max}(\ln[2(2D_{max} - 1)] + \alpha/2 * \ln[(9/4 + \alpha/2)/(4D_{max}^2 + 2\alpha D_{max} - \alpha)] + (\alpha + \alpha^2/2)/(\alpha^2 + 4\alpha)^{1/2} * \ln\{[3 + \alpha - (\alpha^2 + 4\alpha)^{1/2}][4D_{max} + \alpha + (\alpha^2 + 4\alpha)^{1/2}]/ [3 + \alpha + (\alpha^2 + 4\alpha)^{1/2}][4D_{max} + \alpha - (\alpha^2 + 4\alpha)^{1/2}]\})$$

其中,AG_{max}为分布区内该树种的最大年龄;$\alpha = 1 - 130/H_{max}$。

2.2 光对林木相对生长速率的关系模型

阳光在林冠层的透射服从于 Beer-Lambert 定律[3]。

$$Q_h = Q_0 e^{-KL(h)}$$

式中,Q_h 为树高 h 处的透光量;Q_0 为树冠上方的入射光量;$L(h)$ 为树高之上的累计叶面积指数;k 为与树种组成及地理纬度有关的林冠透光系数,本模型中取 0.25。根据光合产量与光强的一般关系,林木相对生长速率与透光量的关系可表示为[3]:

$$r(Q_h) = c_1[1 - e^{c_2(Q_h - C_3)}]$$

式中,$r(Q_h)$为光照限制因子(0 ~1 之间);Q_h 为在树高为 h 处的透光量(0 ~1 之间);c_1 为尺度常量;c_2 为曲率常量;c_3 为林木的光补偿点。c_1、c_2、c_3 参数根据各树种的耐阴性等级确定[5]。

2.3 二氧化碳浓度与树木生长的关系模型

以下列公式表示:

$$\beta = [(B_1 - B_0)/B_0]/(\ln C_1 - \ln C_0)$$

式中,β 为各树种对二氧化碳的生长因子;B_1 为二氧化碳浓度增加后树木生物量;B_0 为正常二氧化碳浓度下树木生物量;C_1 为增加后的二氧化碳浓度;C_0 为正常条件下大气二氧化碳浓度。

2.4 温度与树木生长的相对速率关系模型

几乎所有林窗模型对温度因子的模拟都是一致的。树种生长与气温的关系可表示为:

$$r(GDD) = 4(GDD - GDD_{min})(GDD_{max} - GDD)/(GDD_{max} - GDD_{min})^2$$

式中,$r(GDD)$为气温限制因子(在 0 ~1 之间);GDD 为 >5℃ 的年积温;GDD_{min}和 GDD_{max}为某树种分布区范围内最小和最大的年积温。

2.5 土壤湿度与林木相对生长速率的关系模型

森林采伐后,土壤迅速暴露于与原来不同的环境中,土壤湿度与肥力对于其上树木更新与生长限制较大,本模型中用 Bassett (1964)表示胸径生长与干旱日期长短的关系[6]:

$$r(DI) = [(DI_{max} - DI)/DI_{max}]^{1/2}$$

式中,$r(DI)$为土壤湿度限制因子(0 ~1 之间);DI_{max}为限制某树种生长的最大干旱指标,其数值一般在 0 ~0.5 之间。DI 为土壤干旱指标;DI 通过当地长期气象资料获得。

对于伊春地区红松林，可以模拟从采伐迹地上开始的演替过程（图1和图2）。从运行所得的每公顷面积上各树种的株数（直径大于5 cm）可以看出，在10～40 a间，以落叶松、山杨、白桦、色木槭等先锋树种为主。从50～250 a，红松数量逐渐增加，在150 a后慢慢占主导地位。而落叶松从50 a后开始减少。山杨、白桦从30 a后迅速减少，到90 a时，几乎消失。阔叶树类，如椴树、水曲柳、黄檗、胡桃楸、春榆等，从20 a后开始出现，到90 a后逐渐增加，至300 a时一般稳定于40～60 株·hm^{-2}。

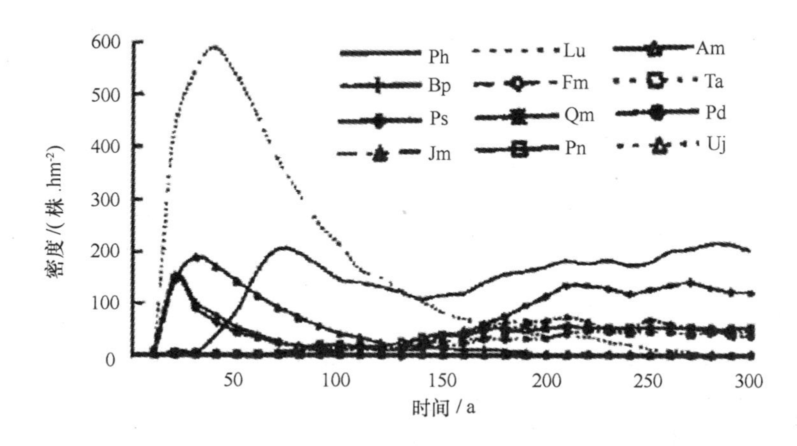

图1　从裸地开始演替300 a后的树种组成及密度动态

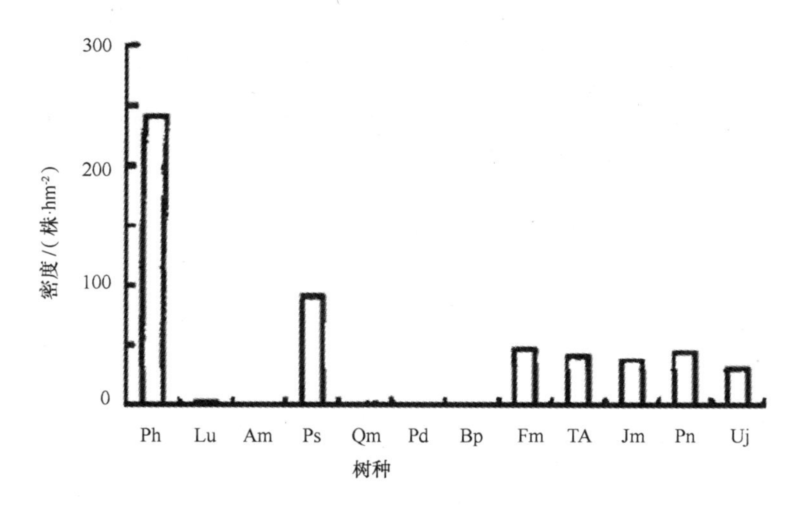

图2　从裸地开始演替300 a后红松针阔叶混交林的树种组成及密度

3 意义

陈雄文等[2]用森林演替模型BKPF研究黑龙江省伊春地区红松针阔叶混交林采伐迹地上森林演替在未来50a气候变化和二氧化碳浓度增加的反应得出:伊春地区采伐迹地演替50a后红松和硬阔叶树的数量增加,落叶松、山杨与白桦减少;林分密度略有降低;林分生产力增加7% ~28%;林分地上部分总生物量增加15% ~24%;叶面积指数增加5% ~8%。气候变化有利于采伐迹地阔叶红松林恢复。

参考文献

[1] Watt A S. Pattern and process in the plant community. J Ecol,1947,35:1 –22.

[2] 陈雄文,王凤友. 林窗模型BKPF模拟伊春地区红松针阔叶混交林采伐迹地对气候变化的潜在反应. 应用生态学报,2000,11(4):513 –517.

[3] Shugart H H. A Theory of Forest Dynamics. New York:Springer-Verlag. 1984.

[4] Botkin D B, Janak J F,Wallis JR. Some ecological consequences of a computer model of forest growth. J ecol,1972,60:849 –873.

[5] Smith T M, Urban D L. Scale and resolution of forest structure pattern. Vegetatio,1988,74:143 –150.

[6] Bassett JR. Tree growth as affected by soil moisture availability. Soil Sci Pro,1964,28:436 –438.

森林生态的经济价值模型

1 背景

生态系统服务功能是指生态系统与生态过程所形成与维持的人类赖以生存的自然环境条件与效用[1-2]。由于人类对生态系统服务功能及其重要性不了解，导致了生态环境的破坏，从而对生态系统服务功能造成了明显损害，威胁人们的安全与健康，危及社会经济的发展。分析与评价生态系统服务功能的生态经济价值已成为当前生态学与生态经济学研究的前沿课题。肖寒等[3]探讨了热带森林生态系统服务功能的内涵，并结合海南岛尖峰岭地区热带森林生态系统特征及其生态过程，定量评价了尖峰岭地区热带森林生态系统服务功能价值，旨在为将自然资源和环境因素纳入国民经济核算体系而最终实现绿色 GDP 提供基础，为我国可持续发展的政策与生态环境保护提供科学依据。

2 公式

从复合生态系统的角度，森林生态系统不仅为人类提供林产品和生物资源，更重要的是它在维持生物多样性，调节水文，净化环境，维持土壤肥力等方面的功能，森林生态系统创造了适合于人类及其他生物生存繁衍的条件（图 1）。

2.1 林产品价值评估模型

林产品是指木材、果品、药材及其他工业原材料，采用市场价值法来评估其价值。

$$\mathrm{FP} = \sum S_i \cdot V_i \cdot P_i$$

式中，FP 为区域森林生态系统木材价值；S_i 为第 i 类林分类型的分布面积；V_i 为第 i 类林分单位面积的净生长量（m^3）；P_i 为 i 类林分的木材价值（元 · m^{-3}）[4]（1998 年价）。

2.2 涵养水源价值评估模型

用水量平衡法[5]来计算森林水源涵养量：

$$W = (R - E) \cdot A = \theta R \cdot A$$

式中，W 为涵养水源量（$m^3 \cdot a^{-1}$）；R 为平均降雨量（$mm \cdot a^{-1}$）；A 为研究区域面积（hm^2）；E 为平均蒸散量（$mm \cdot a^{-1}$）；θ 为径流系数。森林涵养水源的价为年涵养水源量乘以水价，水价可用影子工程价格替代，即以 1988—1991 年全国水库建设投资测算的每建设 1 m^3 库容需投入成本费为 0.67 元[6]。

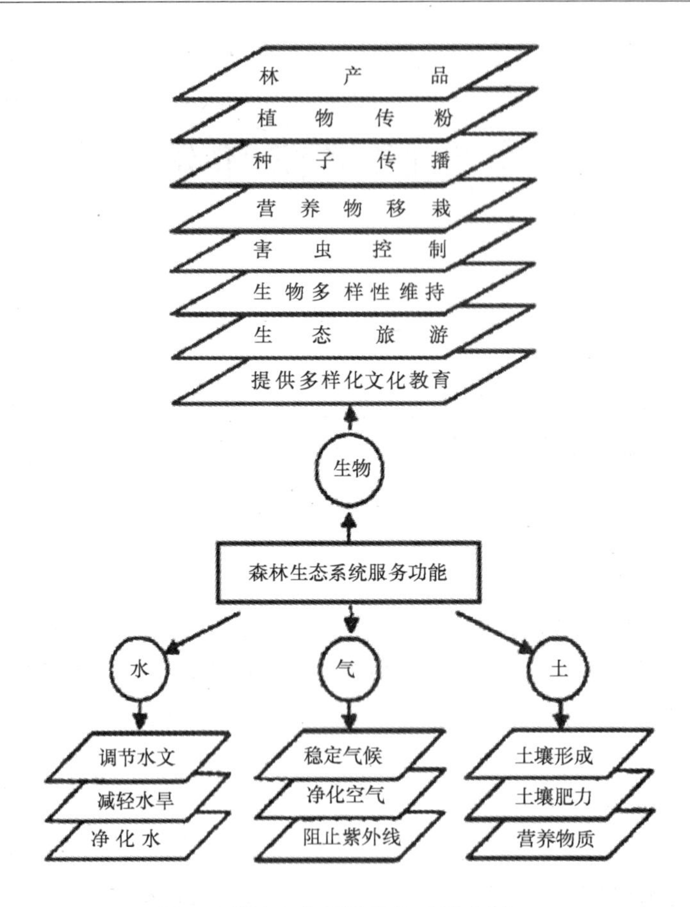

图1 森林生态系统服务功能内涵

2.3 土壤保持价值评估模型

借助 ArcView 地理信息系统技术,运用水土流失方程修改式估算尖峰岭地区森林生态系统的土壤保持量,以潜在土壤侵蚀量与现实土壤侵蚀量[7]的差值表示生态系统土壤保持量。

$$A_C = R \cdot K \cdot \mathrm{LS} \cdot (1 - C \cdot P)$$

式中,A_c 为土壤保持量($t \cdot a^{-1}$);R 为降雨侵蚀力指标;K 为土壤可蚀性因子;LS 为坡长坡度因子;C 为地表植被覆盖因子;P 为土壤保持措施因子。运用市场价值法,机会成本法和影子工程法计算因土壤侵蚀而导致的营养物质流失、土地废弃和泥沙淤积灾害所造成的损失,也即土壤保持价值。

2.4 固定二氧化碳的价值评估模型

考虑到森林生态系统是一个复杂生态系统,有植物的光合作用和呼吸作用,凋落物层的呼吸作用和土壤释放二氧化碳的作用[8],因此:

$$Q = S - Rd - Rs$$

式中,Q 为二氧化碳固定量($t \cdot hm^{-2} \cdot a^{-1}$);$S$ 为净第一性生产力所同化的二氧化碳量($t \cdot hm^{-2} \cdot a^{-1}$);$Rd$ 为凋落物层呼吸释放的二氧化碳量($t \cdot hm^{-2} \cdot a^{-1}$);$Rs$ 为土壤呼吸释放二氧化碳量($t \cdot hm^{-2} \cdot a^{-1}$)。取碳税法和造林成本法两者的平均值来评价森林生态系统固定二氧化碳的价值。

2.5 营养循环价值评估模型

用森林对养分的持留来评估森林生态系统在营养元素循环的服务价值,主要考虑森林持留氮、磷、钾、钙、镁的价值,养分持留量计算式如下:

$$N = N_i - N_0$$

式中,N 为养分持留量($kg \cdot hm^{-2} \cdot a^{-1}$);$N_i$ 为大气输入养分量($kg \cdot hm^{-2} \cdot a^{-1}$);$N_o$ 为径流输出养分量($kg \cdot hm^{-2} \cdot a^{-1}$)。运用市场价值法,以养分持留量与平均化肥价格的乘积表示营养循环价值。

2.6 滞尘功能价值评估模型

运用替代花费法,以削减粉尘的成本来估算尖峰岭地区森林生态系统滞尘功能的价值。

$$Vd = Qd \cdot S \cdot Cd$$

式中,Vd 为滞尘价值(万元$\cdot a^{-1}$);Qd 为滞尘能力($t \cdot hm^{-2} \cdot a^{-1}$);$S$ 为面积(hm^2);Cd 为削减粉尘成本(元$\cdot t^{-1}$)。

3 意义

肖寒等[3]建立了森林生态系统服务功能及其生态经济价值评估模型,以尖峰岭地区为研究区域,探讨了森林生态系统服务功能的内涵,并使用市场价值、影子工程、机会成本和替代花费等方法评价了海南岛尖峰岭地区热带森林生态系统服务功能的生态经济价值。为将自然资源和环境因素纳入国民经济核算体系而最终实现绿色 GDP 提供基础,为我国可持续发展的政策与生态环境保护提供科学依据。

参考文献

[1] Ouyang Zh-Y(欧阳志云) Wang R-S(王如松),Zhao J-Zh(赵景柱). Ecosystem services and their valuation.(应用生态学报),1999,10(5):635-640.

[2] Daily G. What are ecosystem services? //Daily G,ed. Natures Services: Societal Dependence on Natural Ecosystems. Washington,DC: Island Press,1997:1-10.

[3] 肖寒,欧阳志云,赵景柱,等. 森林生态系统服务功能及其生态经济价值评估初探. 应用生态学报,2000,11(4):481-484.

[4] Xue D-Y(薛达元), Bao H-Sh(包浩生),Li W-H(李文化). A valuation study on the indirect values of

forest ecosystem in Changbaishan Mountain Biosphere Reserve of China. China Environ Sci(中国环境科学),1999,19(3):247 – 252.

[5] Kong F-W (孔繁文),He N-H(何乃惠). China forest resource accounting. Proceeding of Scandinavian Forest Economics Biannual Meeting,1991.

[6] Xue D-Y(薛达元). Economic Valuation of Biodiversity—A Case Study on Changbaishan Mountain Biosphere Reserve in Notheast China. Beijing:China Environmental Science Press,1997.

[7] Ouyang Zh-Y(欧阳志云),Wang R-S(王如松),et al. Ecological niche suitablity model and its application in land suitability assessment. Acta Ecol Sin(生态学报),1996,16(2):113 – 120.

[8] Li YD, Wu ZM, Zeng QB. Carbon pool and carbon dioxide dynamics of tropical mountain rain forest at Jianfengling, Hainan Island Acta Ecol Sin,1998,18(4):371 – 378.

落叶松种内种间的空间竞争模型

1 背景

竞争是影响林木生长的重要因素,也是生态学和森林培育学研究的核心问题之一。竞争主要发生在相邻的树木之间,包括地上部分对光资源和对地下部土壤资源竞争[1-3]。一般认为,只有在树冠或根系发生接触或重叠时,如果生态位不发生分化,竞争才出现。在影响区域内,对某一对象木来讲,与其最近一圈的植株往往具有地上和地下竞争的双重影响,而外圈的植株主要具有地下竞争作用。王政权等[4]根据吴巩胜等[5]提出的水曲柳落叶松种内种间竞争指数模型,建立生长方程,定量地分析种内种间竞争效果。为水曲柳落叶松混交林研究,水曲柳工业用材林的培育提供理论基础。

2 公式

林木间的相互作用或竞争关系强弱随着林分发育而改变。但在一个生长期内(如 1a)可以认为林木间的这种竞争关系的变化没有多大差异,该生长期内林木的生长差异是种内种间相互作用的结果[3]。如果在无竞争状态下树木的生长量为 R_0,则在竞争状态下,生长量由竞争指数 W 对 R_0 进行修正,那么在该生长期内树木的生长量可表示为:

$$G = R_0(1 + W)^{-1} \tag{1}$$

式中,G 为对象木的生长量;R_0 为无竞争状态下的生长量;W 为竞争指数。Weiner[3,6]、Tome 等[7]和 Wagner 等[8]的研究认为,林木间的竞争影响具有可加性。根据吴巩胜[9]的研究表明,水曲柳纯林(12 a 生,株行距 1.5 m×1.5 m)竞争影响空间为 6 m 左右,落叶松(12 a 生,株行距 1.5 m×1.5 m)竞争影响空间为 5 m 左右。竞争指数 W 可分解为竞争影响空间内距对象木最近一圈的植株地上和地下竞争的双重影响和外圈的植株地下竞争的影响之和。对于纯林,式(1)中的 W 为

$$W = k_1 \mathrm{CI}_1 + k_2 \mathrm{CI}_2 \tag{2}$$

式中,CI_1 主要为地上和地下竞争的竞争指数分量;CI_2 为地下竞争的竞争指数分量;K_1 和 K_2 分别为其竞争效应系数[3],它与树种特性和空间位置有关。对于具有两个树种的混交林(均为 12 a 生,株行距 1.5 m×1.5 m),两树种的竞争影响空间为 6 m。在竞争影响空间内最近一圈的植株因树种不同,其竞争指数和竞争效应系数也不相同,外圈的植株同样,此时

式(1)中的 W 应为:

$$W = k_1 CI_{1(1)} + k_2 CI_{1(2)} + K_3 CI_{2(1)} + K_4 CI_{2(2)} \tag{3}$$

式中,$CI_{1(1)}$ 和 $CI_{1(2)}$ 为树种 1(落叶松)和树种 2(水曲柳)地上和地下竞争指数分量;$CI_{2(1)}$ 和 $CI_{2(2)}$ 为树种 1 和树种 2 地下竞争指数分量;K_p($p=1,2,3,4$)为其竞争效应系数。

在林分中,竞争影响空间内对象木的生长 G 主要受周围树木竞争指数 W 的影响。在式(2)和(3)中,各竞争指数分量 $CI_{i(j)}$($ij=1,2$),可由吴巩胜等[5]提出的公式计算,即 $CI = (S_i/S_0)d_{io}^{-1}$,$S_i$ 为竞争木 i 的胸径,S_o 为对象木胸径,d_{io} 为竞争木 i 与对象木之间的距离。各分量的竞争效应系数 K_p($p=1,2,3,4$)采用回归方法估计得到。在竞争指数 W 中,各竞争指数分量与相对应的竞争效应系数的乘积 $K_p CI_{i(j)}$ 占 W 的比例,可以认为是构成该竞争指数分量的某一竞争林木在某一空间内对对象木生长影响的大小。对于纯林[式(2)],来源于最近一圈的植株地上和地下竞争影响(CE)为:

$$CE = (k_1 CI_1 W^{-1}) \times 100\% \tag{4}$$

来源于外圈的植株地下竞争的影响为:

$$CE = (k_2 CI_2 W^{-1}) \times 100\% \tag{5}$$

同理,对于混交林(公式(3)),来源于最近一圈的两树种地上和地下竞争影响为:

$$CE = [(k_1 CI_{1(1)} + k_2 CI_{1(2)}) W^{-1}] \times 100\% \tag{6}$$

来源于外圈两树种地下竞争影响为:

$$CE = [(k_3 CI_{2(1)} + k_4 CI_{2(2)}) W^{-1}] \times 100\% \tag{7}$$

来源于种内和种间竞争影响分别为:

$$CE = [(k_1 CI_{1(1)} + k_3 CI_{2(1)}) W^{-1}] \times 100\% \tag{8}$$

$$CE = [(k_2 CI_{1(2)} + k_4 CI_{2(2)}) W^{-1}] \times 100\% \tag{9}$$

在林分中,对象木的生长量 G 是竞争指数 W 的函数(式(1)),根据标准地每株林木实测材积生长量数据和计算得到的 $CI_{i(j)}$($i,j=1,2$),通过线性回归计算得到纯林和混交林对象木生长量方程(表 1 和表 2)。

表 1　水曲柳和落叶松纯林生长量回归估计方程

林分类型	生长方程及有关参数
水曲柳纯林	$G=0.006\,51[1+0.930\,4CI_{1(2=水)}+0.244\,7CI_{2(2=水)}]^{-1}$
复相关系数	$R^2=0.681\,3$　$F_{(2,105)}=115.21$　$p<0.000\,0$
偏相关系数	$r_1=0.447\,4$　$t_{(105)}=3.237\,4$　$p=0.001\,6$　$r_2=0.395\,5$　$t_{(105)}=2.864\,6$　$p=0.005\,1$
落叶松纯林	$G=0.050\,32[1+1.427\,0CI_{1(1=落)}+0.393\,4CI_{2(1=落)}]^{-1}$
复相关系数	$R^2=0.875\,7$　$F_{2,38}=52.84$　$p<0.000\,0$
偏相关系数	$r_1=0.213\,5$　$t_{(39)}=1.540\,3$　$p=1.443\,2$　$r_2=0.764\,3$　$t_{(39)}=5.515\,2$　$p=0.000\,1$

表 2 混交林中水曲柳和落叶松生长量回归估计方程

混交林树种	生长方程及有关参数
水曲柳	$G=0.00625[1+0.2547CI_{1(1=落)}+0.0752CI1(2=水)+0.0709CI_{2(1=落)}+0.8252CI_{2(2=ii)}]^{-1}$
复相关系数	$R^2=0.6341$ $F_{(4.33)}=14.29$ $p<0.0000$
偏相关系数	$r_1=0.1537$ $t_{(38)}=0.7015$ $p=0.2036$, $r_2=0.1972$ $t_{(38)}=1.2969$ $p=0.1878$
	$r_3=0.6083$ $t_{(38)}=4.6704$ $p=0.0001$, $r_4=0.1316$ $t_{(38)}=2.2492$ $p=0.0312$
落叶松	$G=0.05254[1+3.0263CI_{1(2=水)}+2.5473CI_{1(1=落)}+3.9418CI2(2=水)+0.5914CI_{2(1=落)}]^{-1}$
复相关系数	$R^2=0.7002$ $F_{(4.53)}=30.95$ $p<0.0000$
偏相关系数	$r_1=0.3353$ $t_{(58)}=0.7015$ $p=0.0001$, $r_2=0.6588$ $t_{(58)}=1.2969$ $p=0.0011$,
	$r_1=0.1012$ $t_{(58)}=4.4904$ $p=0.0051$, $r_4=0.1483$ $t_{(58)}=2.2492$ $p=0.0001$

对于水曲柳和落叶松纯林(表 1),在竞争影响空间范围内生长量估计方程具有较高的相关系数 R^2,参数检验($p<0.0001$)说明利用竞争指数[式(2)]构造的回归方程可较精确地预测林木在竞争条件下的生长情况,并较好地解释两树种由竞争因素引起的生长变异。

3 意义

王政权等[4]利用竞争指数模型评价水曲柳落叶松种内种间空间竞争关系,把林木之间的竞争分为地上地下两部分,在此基础上将竞争指数分解为不同的竞争指数分量。并以水曲柳和落叶松纯林和混交林为例,定量地分析了竞争影响空间内地上竞争和地下竞争,种内和种间竞争影响大小。结果表明,纯林中两树体最近一圈内地上和地下竞争影响大于外圈的地下竞争影响。在混交林中,对水曲柳来自种内竞争影响小于种间竞争影响,对落叶松种内竞争影响明显大于种间竞争影响。

参考文献

[1] Biging GS, Dobbertin M. A comparison of distance-dependent competition measures for height and basal area growth of individual conifer trees. For Sci, 1992, 38(3): 695 – 720.

[2] Oliver CD and Laison BC. Forest Stand Dynamics. New York: McGraw-Hill. 1990: 69 – 91.

[3] Weiner J. Neighborhood interference amongst Pinus rigida individuals. J ecol, 1984, 72(2): 183 – 195.

[4] 王政权,吴巩胜,王军邦. 利用竞争指数评价水曲柳落叶松种内种间空间竞争关系. 应用生态学报, 2000, 11(5): 641 – 645.

[5] Wu G-S (吴巩胜), Wang Z-Q (王政权). Individual growth-competition model in mixed plantation of manchurian ash and dahurian larch. Chin J Appl Ecol (应用生态学报), 2000, 11(5): 646 – 650.

[6] Weiner J. A neighborhood model of annual-plant interference. Ecol, 1982, 63(5): 1237 – 1241.

[7] Tome M, Burkhart HE. Distance-dependent competition measures for predicting growth of individual trees. For Sci, 1989, 35(3): 816 - 831.

[8] Wagner RG, Radosevich SR. Neighborhood predictors of interspecific competition in young Douglas-fir plantation. Can J For Res, 1991, 21(4): 821 - 828.

[9] Wu G-S(吴巩胜). Study on the growth model of mixed stand of ash and larch. Master Dissertation. Harbin Northeast Forestry University, 1999: 11 - 22.

人工混交林的树木个体竞争模型

1 背景

植物间的竞争作用是影响植物的生长、形态和存活主要因素之一，因此，植物的种内种间竞争的研究一直是生态学研究植物生长和种群动态的核心问题。由于混交林相对于纯林有更好的生长效益和较高的稳定性等优点，我国在 20 世纪 60 年代起就开始了混交林的营造。在构造反映水落混交林树木个体间竞争作用程度的竞争指数时，必须全面考虑这两个树种对地上和地下资源的利用特性。现有个体空间竞争模型，主要是应用于同龄纯林，在反映地下竞争和种间竞争方面还存在一定局限。为此，吴巩胜等[1]基于与距离有关的竞争模型和邻体干扰模型，尝试建立一种能够既反映种内种间竞争，同时又能反映地下竞争和地上竞争的模型，实现对林木生长预估的目的。

2 公式

考虑到竞争对生长的影响，在无竞争状态下的树木生长量 R_0，当竞争程度加大时，由竞争指数进行修正，生长曲线将以 0 为渐近线。满足这个条件的函数很多，本研究选用了下式作为树木生长的竞争效应模型，

$$G_i = \frac{R_0}{1 + W_i} \tag{1}$$

式中，G_i 为生长量，R_0 为待估参数，可理解为无竞争状态下的生长量，W_i 表示全部竞争影响的竞争指数。上式是 Weiner[2-3]首次提出使用的，在回归分析中与其他方程相比，构造简单，可以转化为线性，便于回归分析。

本研究选择了树木大小－距离比竞争指数。度量对象木所受的竞争影响的竞争指数 W_i 用下式构造：

$$W_i = \sum k_j \frac{s_j}{s_i} d_{ij}^{-1} \tag{2}$$

式中，s_j 为竞争木的大小；s_i 为对象木的大小；d_{ij}^{-1} 为竞争木与对象木的距离；k_j 为反映该竞争木的竞争影响程度的竞争效应系数。k_j 的大小取决于竞争木的树种，不同树种的竞争木有不同的竞争效应系数。

根据竞争效应系数的不同把竞争指数 W_i 划分成几个竞争指数分量。以纯林为例,把最近一圈竞争木和外圈的竞争木划分开,这样划分后某一对象木竞争指数 W_i 可用下式表示:

$$W_i = k_1 \sum_{j}^{n} \frac{s_j}{s_i} d_{ij}^{-1} + k_2 \sum_{p}^{m} \frac{s_p}{s_i} d_{pj}^{-1} \tag{3}$$

式中,k_1 表示最近一圈竞争木的竞争效应系数的平均值;k_2 表示外圈的竞争木竞争效应系数的平均值,s_j 表示最近一圈竞争木中的第 j 株竞争木的大小,s_p 表示外圈中的第 p 株竞争木的大小,d_{ij} 和 d_{pj} 表示距离。如果竞争指数分量用 CI_i 来表示,则 W_i 可用下式表示:

$$W_i = k_1 \mathrm{CI}_1 + k_2 \mathrm{CI}_2 \tag{4}$$

在混交林中还需根据竞争木的树种进一步划分竞争指数分量,在水落混交林中每一对象木有可能有 4 个竞争指数分量。即 W_i 可用下式表示:

$$W_i = k_1 \mathrm{CI}_{1(1)} + k_2 \mathrm{CI}_{1(2)} + k_3 \mathrm{CI}_{2(1)} + k_4 \mathrm{CI}_{2(2)} \tag{5}$$

式中,$\mathrm{CI}_{1(1)}$ 和 $\mathrm{CI}_{1(2)}$ 分别为对内圈树种 1(落叶松)和树种 2(水曲柳)的竞争木统计得到的竞争指数分量;$\mathrm{CI}_{2(1)}$ 和 $\mathrm{CI}_{2(2)}$ 分别为对外圈树种 1(落叶松)和树种 2(水曲柳)的竞争木统计竞争指数分量。这样,以生长量为变量,竞争指数分量为自变量建立回归方程,可以确定包括各个竞争效应系数和 R_0 在内的各常数项。

根据上面所述的竞争效应模型,把某对象木的所有竞争木根据树种(水曲柳或落叶松)和竞争区域(内圈或外圈)划分为不同的类别。可用下式分别对各类的竞争木进行统计,计算出该对象木的各竞争指数分量。

$$\mathrm{CI} = \sum (s_i/s_0) d_{i0}^{-1} \tag{6}$$

式中,CI 为某类竞争木的竞争指数分量;s_i 为某类竞争木中第 i 株树木的大小;s_0 为对象木的大小,d_{i0} 为该竞争木与对象木之间的距离。在本研究中,树木大小的测树指标选用了胸径。

在计算出竞争指数分量后,可把倒数模型转化为线性公式进行回归运算。以混交林为例,由式(5)代入式(1)可得到式(7),再经过线形转化可得到式(8),这就是本研究使用的混交林竞争效应模型。同理,也可得到纯林竞争效应模型的线性公式。

$$G = \frac{R_0}{1 + k_1 \mathrm{CI}_{1(1)} + k_2 \mathrm{CI}_{1(2)} + k_3 \mathrm{CI}_{2(1)} + k_4 \mathrm{CI}_{2(2)}} \tag{7}$$

$$1/G = 1\frac{1}{R_0} + \frac{k_1}{R_0}\mathrm{CI}_{1(1)} + \frac{k_2}{R_0}\mathrm{CI}_{1(2)} + \frac{k_3}{R_0}\mathrm{CI}_{2(1)} + \frac{k_4}{R_0}\mathrm{CI}_{2(2)} \tag{8}$$

材积生长量 G 通过生长季前和生长季后的胸径和树高求得树木材积相减求得。

为了进一步说明本研究的改进模型的合理性,下面以水曲柳树木生长的竞争效应模型为例作了进一步的比较,结果见表 1。

表1 不同模型的回归方程比较

模型	竞争指数说明	回归方程		复相关系数 MCC(R^2)	P
水曲柳纯林树木生长的竞争效应	只考虑内圈竞争木的竞争,不考虑外圈	$1/G = a_1 + a_2 CI_1$	(i)	0.501 7	0.000
	同时考虑内圈和外圈竞争木	$1/G = a_1 + a_2 CI_1 + a_2 CI_2$	(ii)	0.681 3	0.000
水落混交林中水曲柳的竞争效应	不按竞争木的树种划分竞争的指数分量	$1/G = a_1 + a_2 (CI_{1(1)} + CI_{1(2)}) + a_3 (C_{2(1)} + CI_{2(2)})$	(iii)	0.410 9	0.507
	按竞争木的树种划分竞争指数分量	$1/G = a_1 + a_2 CI_{1(1)} + a_3 CI_{1(2)} + a_4 CI_{2(1)} + a_5 CI_{2(2)}$	(iv)	0.634 0	0.000

MCC:Multiple correlation coefficient,表中 G 为当年材积生长量 $a_i (i=1,2,3,4,5)$ 为常数.

从表1可看出,吴巩胜等[1]研究所采用的改进模型有较好的拟合效果。

3 意义

吴巩胜等[1]建立了水曲柳落叶松人工混交林中树木个体生长的竞争效应模型,从水曲柳落叶松混交林中树木的种内种间竞争机制出发,对与距离有关的竞争模型和邻体干扰模型进行了改进,提出了以竞争指数分量和竞争效应系数来量化树木间的空间竞争。根据野外的实测数据,以年材积生长量为因变量各竞争指数分量为自变量,通过多元回归分析建立了树木个体生长的竞争效应模型,回归结果有很好的拟合优度。为空间竞争模型的进一步改进和生态学研究植物竞争生长关系提供了新的思路。

参考文献

[1] 吴巩胜,王政权. 水曲柳落叶松人工混交林中树木个体生长的竞争效应模型. 应用生态学报,2000,11(5):646-650.

[2] Weiner J. A neighborhood model of annual plant interference. Ecol,1982,63:1237-1241.

[3] Weiner J. Neighhood interference amongst Pinus rigdataindividuals. J Ecol,1984,72:183-195.

植物养分的利用效率模型

1 背景

植物对其生长环境适应的对策是多种多样的，提高养分利用效率（Nutrient use efficiency，NUE），以最小的养分吸收量来生产最多的新生物量是植物适应贫乏环境的重要策略之一。对于人类栽培驯化的植物来说，如果它们的养分利用效率高，就意味着较少的投入可获得较高的产出。因此，国外学者一直十分重视对植物养分利用率的研究。邢雪荣等[1]综述了目前植物养分利用效率的模型，有利于促进和推动我国相关领域的研究。

2 公式

Berendse 等[2]建议通过区分 NUE 的两个构成因素完善多年生植物 NUE 的概念，两个构成因素是限制生长的养分在植物中的平均滞留时间（（Mean residency time，MRT）和单位养分的年生产力（Annual Productivity，A）。假定年养分吸收等于年养分损失，*MRT* 则等于种群中限制生长养分元素的量与年度吸收或损失的平均值之比。*NUE* 的第二个成分是植物组织或器官中单位养分的干物质生产速率，即养分生产力。

新的 *NUE* 概念与以往概念的根本区别在于对种群中单位养分物质生产速率和养分滞留时间作了区分。Aerts 等[3]按这个概念，NUE 等于 MRT 和 A 的乘积，后者等于总生产力除以落叶层中损失的限制生长的营养元素总量（包括地上和地下的部分）。他们以氮为例作了如下描述：

$$\mathrm{NUE} = \mathrm{MRT} \times A$$

MRT 是单位养分物质存留于植物体内的时间，A 则是植物体中单位养分物质的干物质生产量。

Berendse 等[2]假设植物种群 N 吸收表现为双曲线吸收动力学：

$$N_{\mathrm{UPT}} = N_{\mathrm{AV}}(N_{\mathrm{UPEF}} \times N_{\mathrm{POP}}/(K \times N_{\mathrm{AV}} + N_{\mathrm{POP}}))$$

其中，N_{AV}是氮可利用性，N_{UPEF}是氮吸收效率（定义为植物种群吸收的可利用性氮的比例），N_{POP}是植物种群中的氮量，$K \times N_{\mathrm{AV}}$是氮吸收半饱和常数。在该模型中，他们用 $K \times N_{\mathrm{AV}}$ 这一项代表氮吸收半饱和常数，这种方法保证氮吸收曲线不依赖于氮的可利用性。所做的生长试验表明，高生长率植物比低生长率植物具有较低的营养吸收 K 值。这是由于分配到根系的生物量较高或者是由于特定吸收率较高。

Eckstein 等[4]提出了一种计算地上部养分利用效率(NUE_A)的方法:

$$NUE_A = A_A \times MRT_A$$

其中地上部养分平均滞留时间,$MRT_A = Nut_{POOL}/Nut_{LOSS}$;$Nut_{POOL}$是生长旺季和秋季 4 次收获的养分库(氮库或磷库)之平均估计值;Nut_{LOSS}是总的年度养分损失。单位地上部养分生产力(A_A):

$$A_A = NPP_A/Nut_{POOL}$$

NPP_A = 地上部净初级生产力

综合上述公式,

$$NUE_A = A_A \times MRT_A = NPP_A/Nut_{LOSS}$$

$$A_A = (NPP_A/Nut_{LOSS})/MRT_A$$

这样,NPP_A/Nut_{LOSS},即 NUE_A 就是一个常数。

同样,基于新的 NUE 概念,Vazquez 等[5]使用^{15}N 脉冲标记法在温室中利用盆栽方法研究了 6 种多年生草本植物的氮素利用效率,使得新的 NUE 概念应用于试验研究的可操作性大大增强。

3 意义

邢雪荣等[1]综述了目前植物养分利用效率模型,从植物养分利用效率的概念出发,对养分利用效率的表示与计算方法、影响因素以及养分再吸收的生物化学基础等进行综述,分析目前研究中存在的问题,最后指出今后应加强研究的方面,有利于促进和推动我国相关领域的研究。

参考文献

[1] 邢雪荣,韩兴国,陈灵芝. 植物养分利用效率研究综述. 应用生态学报,2000,11(5):785 - 790.

[2] Berendse F and Aerts R. Nitrogen use efficiency: a biologically meaningful definition? Funct Ecol,1987(1): 293 - 296.

[3] Aerts R van der Peijl MJ. A simple model to explain the dominance of low-productive perennials in nutrient-poor habitats. Oikos,1993,66: 144 - 147.

[4] Eckstein RL, Karlsson PS. Above-ground growth and nutrient use by plants in a subarctic environment: effects of habitat, life-form and species. Oikos,1997,79: 311 - 324.

[5] Vazquez A, de Aldana BR, Berendse F. Nitrogen - use efficiency in six perennial grasses from contrasting habitats. Funct Ecol,1997,11:619 - 626.

景观格局的指标模型

1　背景

景观格局研究是景观生态学中的基础性核心研究领域之一，从目前格局分析的研究成果看，其主要集中于两个方面[1-7]：一方面是静态的格局分析，主要探讨景观的空间异质性问题；另一方面是在相对稳定的空间地域上探讨景观格局随时间的变化情况，即时间异质性问题。在后一种情况下，由于没有稳定的参照系，研究者往往很难对这种结果的优劣直接作出判断，而这种判断对于格局分析之后的后续应用研究又是极其重要的，这在农业景观中表现得尤为突出。基于此，贾宝全等[8]选择新疆石河子地区的150团场为研究靶区，对这一问题进行探讨，以期能获得对以后相关研究具有一定指导意义的成果。

2　公式

2.1　景观多样性指数（*H*）

$$H = -\sum_{i=1}^{m}[p(i) \times \log_2^{(p_i)}]$$

式中，p_i 是第 i 类嵌块体占景观总面积的比例，m 是研究区景观嵌块体的类型总数[9-12]。

2.2　均匀度指数（*E*）

$$E = (H/H_{\max}) \times 100\%$$

式中，E 是均匀度指数（百分数），H 是修正了的 Simpson 指数，$H_{\max}$ 是在给定丰度 m 条件下的景观最大可能均匀度[9-12]。

H 和 $H_{\max}$ 计算公式为：

$$H = -\lg\left[\sum_{i=1}^{m} p(i)^2\right]$$

$$H_{\max} = \lg^{(m)}$$

p_i 和 m 的定义同上。

2.3　聚集度指数[11-12]

$$RC = 1 - C/C_{\max}$$

式中，RC 为相对聚集度指数，C 为复杂性指数，$C_{\max}$ 是 C 的最大可能取值，C 和 $C_{\max}$ 的计算公

式为:

$$C = \sum_{i=1}^{m} \sum_{j=1}^{m} [p(i,j)\lg^{[p(i,j)]}]$$

$$C_{\max} = m\lg^{(m)}$$

式中,$p(i,j)$是景观要素 i 与 j 相邻的概率;m 是景观内景观要素的类型总数,实际计算中,$p(i,j)$可由式 $p(i,j) = EF(i,j)/N_b$ 估计;$EF(i,j)$是相邻景观要素 i 与 j 之间的共同边界长度,N_b 是景观中不同景观要素之间边界的总长度。

2.4　嵌块体的分维数

在景观生态学中,一般用嵌块体周长与面积的回归方程来近似求取嵌块体的分维数,其公式表达为:

$$\lg^{(L/4)} = K \times \lg^{(A)} + C$$

式中,L 为嵌块体周长,A 为相应嵌块体的面积,C 为常数,K 为斜率。分维数 $=2K$。

对于只有少数几个嵌块体的类型,其回归无意义,故采用式 $D = 2\lg^{(P/4)}/\lg^{(A)}$ 近似求取分维数[10]。式中,D 表示分维数,P 为嵌块体周长,A 为嵌块体面积。

2.5　嵌块体伸长指数[10]

$$G = P/\sqrt{A}$$

式中,P 为嵌块体周长,A 为相应的嵌块体面积,G 为伸长指数。

2.6　嵌块体形状破碎化指数[11,13]

$$\mathrm{FS}_1 = 1 - 1/MSI$$

$$\mathrm{FS}_2 = 1 - 1/ASI$$

$$\mathrm{MSI} = \sum_{i=1}^{m} SI(i)/N$$

$$\mathrm{ASI} = \sum_{i=1}^{m} A(i)SI(i)/A$$

$$\mathrm{SI}(i) = P(i)/[4\sqrt{A(i)}]$$

$$A = \sum_{i=1}^{m} A(i)$$

式中,FS_1 和 FS_2 是 2 个同一景观要素的嵌块体形状破碎化指数,MSI 是景观嵌块体的平均形状指数,$SI(i)$是景观要素 i 的形状指数,$P(i)$是景观嵌块体 i 的周长,$A(i)$是景观要素 i 的面积,A 为景观总面积,N 是该景观类型的嵌块体总数。

由图 1 可见,无论是整个团场还是各个景观区,其多样性指数均沿潜在格局(土种、土属)——1982—1995 年的次序渐次降低,说明随着人类活动干预强度的加大,以及随着干扰时间的延长,农业景观区域的多样性呈下降趋势,且干预的时间越长,多样性下降越大。但由于不同区域人类活动强度的差异,故其下降的幅度不同。

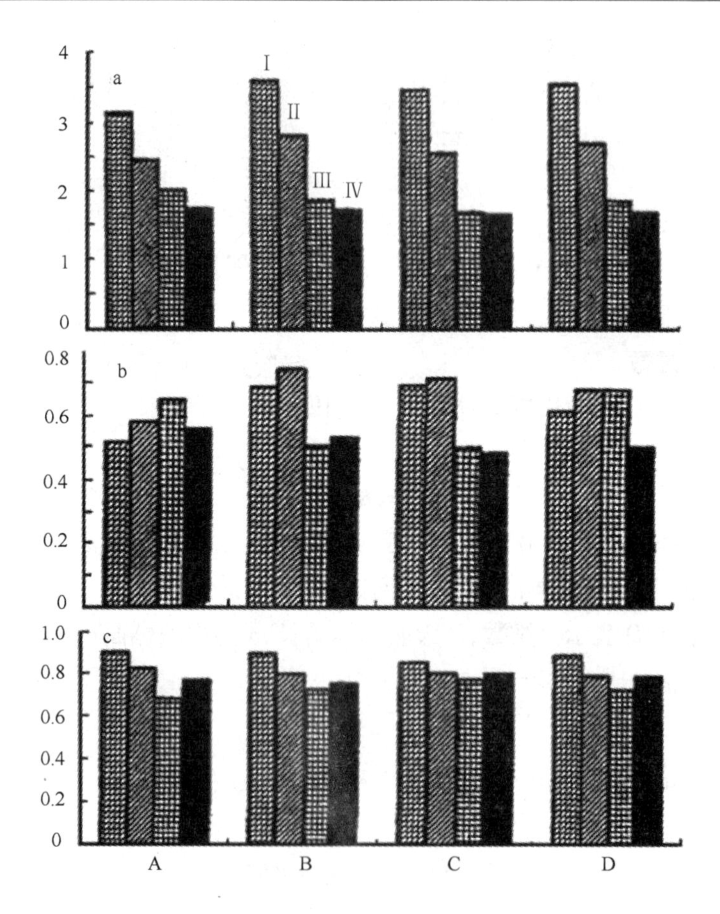

图 1　多样性指数(a)均匀度指数(b)和聚集度(c)变化

由图 1 可以看出,以土属为单元的潜在格局均匀度指数最大,次为土种单元均匀度指数。而 1995 年与 1982 年相比,总的趋势是均匀度指数呈下降趋势。

3　意义

贾宝全等[8]建立了格局分析中数量化指标模型,基于理论分析与实证研究的结合,探讨了农业景观中潜在景观格局的概念、潜在格局分析单元等理论问题;并以新疆石河子垦区的 150 团场为例,用景观多样性、均匀度、嵌块体伸长度、聚集度、形状破碎化、分维数等量化指数,对其潜在格局进行了分析,与以 1982 年和 1995 年两个年度的土地利用现状为分类基础的现实格局进行了比较。结果表明,从潜在格局到现状格局均呈现出有规律的变化。因此,用土壤类型的不同分类单元完全可以作为现实格局变化的绝对基准。

参考文献

[1] Farina A. Principles and Methods in Landscape Ecology. New York: Chapman and Hall,1998:115 - 126.

[2] Gomez-Sal A, Alvarez J, Munoz-Yanguas M, et al. Patterns of change in the agrarian landscape in an area of the Cantabrian Mountains(Spain) Assessment by transition probabilities//Bunce RGH ed. Landscape Ecology and Agroecosystems. Boca Raton: Lewis Publishers,1993:141 - 152.

[3] Margareta I. Swedish agricultural landscapes-Patterns and changes during the last 50 years, studied by aerial photos. Landscape and Urban Planning, 1995,31:21 - 37.

[4] Peterson DL, Parker VT. Ecological Scale:Theory and Applications. New York: Columbia University Press, 1998:429 - 457.

[5] Poudevigne I, Alard D. Landscape and agricultural patterns in rural areas: a case study in the Brionne Basin, Normandy, France. J Environ Man,1997,50:335 - 349.

[6] Turner MG. Landscape pattern changes in Georgia state, USA. Adv Ecol(生态学进展),1988,6(3):190 - 193.

[7] Turner MG. Spatial and temporal analysis of landscape pattern. Landscape Ecol,1990,4(1):21 - 31.

[8] 贾宝全,慈龙骏,杨晓晖,等. 人工绿洲潜在景观格局及其与现实格局的比较分析. 应用生态学报,2000,11(6):912 - 916.

[9] Fu B - J (傅伯杰). Landscape diversity analysis and mapping. Acta Ecol Sin(生态学报),1995,15(4):345 - 350.

[10] Fu B-J(傅伯杰). The spatial pattern analysis of agricultural landscape in the loess area. Acta Ecol Sin(生态学报),1995,15(2):113 - 120.

[11] Li H-B(李哈滨),Wu Y-G(伍业钢). Quantitative methods in landscape ecology//Liu J-G(刘建国) ed. Advances in Modern Ecology. Beijing: China Science & Technology Press. 1992:209 - 233.

[12] Wang X-L(王宪礼), Xiao D-N(肖笃宁),Burencang (布仁仓),et al. Analysis on landscape patterns of Liaohe delta wetland. Acta Ecol Sin(生态学报),1997,17(2):317 - 323.

[13] Wang X-L(王宪礼),Burencang(布仁仓),Hu Y - M(胡远满)et al. Analysis on landscape fragment of Liaohe delta wetland. Chin J Appl Ecol(应用生态学报). 1996,7(3):299 - 304.

森林的环境指标模型

1 背景

森林能截留一部分降水，部分通过蒸发返回到大气，它还能从土壤中吸取一部分水，耗于蒸腾，另外它增加了地面粗糙度，提高水分渗入土壤中的作用，延缓了融雪，加长了下渗过程，它能改变土壤结构，增大土壤孔隙度及透水性能，减轻地表径流和土壤表面蒸发，因此河川径流得到很好的调节。森林植被通过减缓径流的变化，减少水对土壤的冲刷[1]。因此，森林具有减低径流的急剧变化，阻止泥沙进入溪河，以减轻河床、湖泊的淤积能力。欧阳惠就森林蓄积量、降水量对径流和泥沙进行分析研究。

2 公式

2.1 年输沙模数随森林蓄积量和降水量的 GM 模型

单位面积上每年输出的泥沙量叫做年输沙模数，即侵蚀模数(y)，

$$y = (R_B + R_Z)/F$$

式中，R_B 为悬移质输沙模数；R_Z 为推移质输沙量；F 为受水面积。

设 x_1 为林分蓄积量（累加生成量），x_2 为降水量（累加生成量），年输沙模数随时间的变化率为 $\mathrm{d}y/\mathrm{d}t$，设其变化为一阶线性动态变化，则相应微分方程为：

$$\mathrm{d}y/\mathrm{d}t + 4\,625y = -0.001\,22x_1 + 2.5x_2$$

解微分方程得出年输沙模数随林分蓄积量、降水量的动态变化模型：

$$y(t+1) = (364 + 0.002\,6x_1 - 0.54x_2)\mathrm{e}^{-4.625t} - 0.002\,6x_1 + 0.5x_2$$

将原累加生成进行回代，进行比较，差异不大。从模型可看出，年输沙模数随着林分蓄积量的增加而减少；随着降水量的加大而增加，其幅度也较大；而且随着时间的推移而减少，只是减少的较缓慢，这主要是人类其他活动的影响所致。

按林种分析，阔叶林随时间加长，年输沙模数减少最多，马尾松林居二，杉木林居后，按林龄分析，以幼龄林随时间的加长使年输沙模数减少较大。

杉木林 GM 模型

$$y(t+1) = (364 + 0.004\,23x_1 - 0.167x_2)\mathrm{e}^{-1.5t} - 0.004\,23x_1 + 0.167x_2$$

马尾松林 GM 模型

$$y(t+1) = (364 + 0.000\,651x_1)e^{-2.25t} - 0.000\,651x_1$$

阔叶林 GM 模型

$$y(t+1) = (364 + 0.000\,061x_1 - 0.211x_2)e^{-8t} - 0.000\,061x_1 + 0.211x_2$$

幼龄林 GM 模型

$$y(t+1) = (364 + 0.003\,1x_1 - 1.6x_2)e^{-10t} - 0.003\,1x_1 + 1.6x_2$$

中龄林 GM 模型

$$y(t+1) = (364 - 0.001\,39x_1 + 0.165\,6x_2)e^{-9.812\,5t} + 0.001\,39x_1 - 0.165\,6x_2$$

成过熟林 GM 模型

$$y(t+1) = (364 + 0.002\,734x_1 - 0.4x_2)e^{-2.5t} - 0.002\,73x_1 + 0.4x_2$$

2.2 年均含沙量随林分蓄积量、降水量的 GM 模型

设 y 为年平均含沙量，x_1 为林分蓄积量，x_2 为年降水量，年平均含沙量随时间的变化率为 dy/dt，根据测定资料得出其一阶线性微分方程为：

$$y(t+1) = (0.444 + 0.000\,000\,332\,4x_1 - 0.000\,594\,86x_2)e^{-3.302\,2t} - 0.000\,000\,3324x_1 + 0.000\,594\,86x_2$$

2.3 年最大含沙量随林木蓄积量和降水量的 GM 模型

设年最大含沙量为 y，林分总蓄积量为 x_1，年降水量为 x_2，则相应一阶线性微分方程为：

$$dy/dt - 1.1y = 0.000\,02x_1 - 0.017\,6x_2$$

解微分方程得年最大含沙量随林分总蓄积量，年降水量动态变化模型：

$$y(t+1) = (1.68 - 0.000\,015\,15x_1 + 0.015\,92x_2)e^{1.11t} + 0.000\,015\,15x_1 - 0.159\,2x_2$$

2.4 年均流量随林分蓄积量、年降水量的 GM 模型

设林分蓄积量为 x_1，则相应微分方程为：

$$dy/dt + 2.689y = 0.000\,974x_1 - 0.643\,2x_2$$

解微分方程得平均流量(y)随林分蓄积量(x_2)和年降水量动态模型：

$$y(t+1) = (85.2 - 0.000\,362\,2x_1 + 0.239\,2x_2)e^{-2.681t} + 0.000\,362\,2x_1 - 0.239\,2x_2$$

2.5 年最大流量随林分蓄积量、年降水量的 GM 模型

设林分总蓄积量为 x_1，则相应微分方程为：

$$dy/dt + 9.429y = -0.007\,29x_1 + 28.25x_2$$

解微分方程得出年最大流量(y)随林分蓄积量、年降水量(X_2)的动态变化模型：

$$y(t+1) = (4\,300 + 0.001\,014x_1 - 1.7x_2)^{-10.3t} - 0.001014x_1 + 1.7x_2$$

2.6 年最小流量随林分蓄积量、年降水量的 GM 模型

设林分蓄积量为 x_1，则相应微分方程为：

$$dy/dt + 0.469y = 0.000\,001\,91x_1 + 0.003\,9x_2$$

解微分方程得最小流量随林分蓄积量、降水量(x_2)的动态变化模型：

$$y(t+1)=(5.4-0.000\ 004\ 1x_1-0.00\ 83x_2)e^{-0.469t}+0.000\ 004\ 1x_1+0.008\ 3x_2$$

2.7 年均水位随林分蓄积量、降水量的 GM 模型

设林分蓄积量为 x_1,则相应微分方程为:

$$dy/dt+1.594y=0.000\ 013\ 5x_1+0.062\ 6x_2$$

解微分方程,得平均水位(y)随林分蓄积量、降水量(x_2)的动态变化模型:

$$y(t+1)=(77.02-0.000\ 009\ 6x_1-0.039x_2)e^{-1.594\ 5t}+0.000\ 009\ 6x_1+0.039x_2$$

2.8 年最高水位随林分蓄积量、降水量的 GM 模型

设林分蓄积量为 x_1,则相应微分方程为:

$$dy/dt+y=0.001\ 465x_1+x_2$$

解微分方程,得年最高水位(y)随林分蓄积量、降水量(x_2)的动态变化模型:

$$y(t+1)=(85.87+0.001\ 465x_1-x_2)e^{-t}-0.001\ 465x_1+x_2$$

2.9 年最低水位随林分蓄积量、降水量的 GM 模型

设林分蓄积量为 x_1,则相应微分方程为:

$$dy/dt+3.5y=0.000\ 031x_1+0.938x_2$$

解微分方程,得年最低水位(y)随林分蓄积量和降水量(x^2)的动态变化模型:

$$y(t+1)=(76.35-0.000\ 008\ 72x_1-0.026\ 8x_2)e^{-3.5t}+0.000\ 008\ 72x_1+0.026\ 8x_2$$

2.10 逐月平均流量随林分蓄积量、逐月降水量的 GM 模型

设林分蓄积量为 x_1,则相应微分方程为:

$$dy/dt+0.336\ 8y=0.000\ 000\ 263x_1+0.280\ 1x_2$$

解微分方程,得月平均流量(y)随林分蓄积量逐月降水量(x_2)的动态变化模型:

$$y(t+1)=(28.8+0.000\ 000\ 078\ 1x_1-0.834x_2)e^{-0.346\ 4t}-0.000\ 000\ 078\ 1x_1+0.834x_2$$

2.11 逐月最大流量随林分蓄积量、逐月降水量的 GM 模型

设林分蓄积量为 x_1,则相应微分方程为:

$$dy/dt+0.343y=-0.000\ 168x_1+5.04x_2$$

解微分方程,得最大流量(y)随林分蓄积量、逐月降水量(x_2)的动态变化模型:

$$y(t+1)=(191+0.004\ 9x_1-14.71x_2)e^{-0.343t}-0.004\ 9x_1+14.71x_2$$

2.12 逐月最小流量随林分蓄积量、逐月降水量 GM 模型:

设林分蓄积量为 x_1,则相应微分方程为:

$$dy/dt+0.153y=0.000\ 091\ 9x_1-0.002\ 066x_2$$

解微分方程得逐月最小流量(y)随林分蓄积量、逐月降水量(x_2)的动态变化模型:

$$y(t+1)=(5.4-0.000\ 060\ 05x_1+0.013\ 51x_2)e^{-1.53t}+0.000\ 060\ 05x_1-0.013\ 5x_2$$

2.13 逐月平均水位随林分蓄积量、逐月降水量的 GM 模型

设林分蓄积量为 x_1,则相应微分方程为:

$$dy/dt + 0.1814y = 0.0000126x_1 - 0.000962x_2$$

解微分方程得逐月平均水位(y)随林分蓄积量、逐月降水量(x_2)的动态变化模型:

$$y(t+1) = (76.76 - 0.00006942x_1 + 0.0053x_2)e^{0.1814t} + 0.00006694x_1 - 0.0053x_2$$

2.14 6月含沙量随林分蓄积量、6月降水量的GM模型

设林分蓄积量为 x_1,则相应微分方程为:

$$dy/dt - 0.125y = -0.00001526x_1 + 0.1562x_2$$

解微分方程得6月份含沙量(y)随林分蓄积量、6月降水量(x_2)的动态变化模型:

$$\dot{y}(t+1) = (0.394 - 0.000122x_1 + 1.25x_2)e^{0.125t} + 0.000122x_1 - 1.25x_2$$

3 意义

欧阳惠[2]通过对亚流域内森林蓄积量和降水量的变化,分析其对年输沙模数、年平均含沙量、年最大含沙量、年平均流量、年最大流量、年最小流量、年平均水位、年最高水位、年最低水位的影响,而且也就森林蓄积量的变化对逐月的平均流量、最小流量、平均水位影响进行了分析,并建立引起以上各种水文要素时间变化的灰色系统 GM(1,N)动态模型,还建立了各种林种(杉木、马尾松、阔叶林)蓄积量、不同龄组(幼林、中龄林、成过熟林)蓄积量、降水量对各种水文要素影响的 GM 模型,并对时间变化进行了分析。

参考文献

[1] Ouyang H (欧阳惠). Study of nonlinear-nonequilibrium kinetic model of the rainfall intercepted by crown. Syst Sci et Comprehen Studies in Agric(农业系统科学与综合研究),1998,14(1):41-43.

[2] 欧阳惠. 滠水流域森林和降水量的变化对径流及泥沙影响分析和 GM 模型. 应用生态学报,2000,11(6):805-808.

石油类对地下水环境的影响模型

1 背景

在油田开发建设中,由于钻井、作业、铺设管道等工程,不可避免地对自然生态系统造成影响,使生态群落发生改变[1-8]。各种作业中将产生多种污染物,其中落地油是油田开发建设中产生的最主要污染物。陈家军等[1]分析了大庆市龙南油田开发建设工程对地下水环境的污染来源及污染途径,根据油田评价区水文地质条件及地下水环境污染来源和污染途径分析,得出了采油井、注水井的事故泄漏是地下水环境的潜在污染源,并导出了连续源情况下地下水中石油类污染物运移预测的解析模型。模型中考虑了石油类污染物的降解性和较强的吸附性。依据地下水环境中石油类污染物运移的数学模型,进行了预测分析,从而为油田开发建设工程环境影响评价提供了重要依据。

2 公式

在研究某一井点处由于污染物泄漏而对地下水造成的污染时,以该井点为原点,以该点处水流速 V 的方向为 X 轴,建立直角坐标系。由于油井和注水管道的泄漏不容易被发现,所以这里把泄漏点当作连续源来处理。描述地下水中污染物迁移的对流弥散方程[2,6-7,9]为:

$$\frac{1-n}{n}\frac{\partial s}{\partial t}+\frac{\partial c}{\partial t}=D\left(\frac{\partial^2 c}{\partial x^2}+\frac{\partial^2 c}{\partial y^2}\right)-V\frac{\partial c}{\partial x}-\lambda c+\delta(x-0)(y-0)\frac{\varepsilon}{n} \tag{1}$$

式中,n 为介质的空隙度;$c(x,y,t)$ 为地下水中污染物的浓度;$s(x,y,t)$ 为固相中污染物浓度;D 为水动力弥散系数; V 为水流速度;ε 为源强。

方程中的吸附采用 Henry 平衡模式[3~5]。即:

$$s = Kc \tag{2}$$

式中,K 为分配系数。

根据上面的假定可得初、边值条件:

$$c(x,y,t)\big|_{t=0}=0,(x,y)\neq(0,0)$$

$$\lim_{x,y\to\pm\infty}c(x,y,t)=0,\quad t\geqslant 0\qquad (x,y)\neq(0,0) \tag{3}$$

上面模型的求解采用下述方法:首先考虑瞬时点源的情况,即在0时刻的瞬时点源对 t

时刻预测区域各点的贡献量,通过分析可以得出瞬时点源问题的解析解如下:

$$c'(x,y,t) = \frac{\varepsilon/n}{4Dt}\exp\left[-\frac{\left(x-\frac{Vt}{R}\right)^2+y^2}{4\frac{D}{R}t}-\frac{\lambda}{R}t\right] \tag{4}$$

式中:

$$R = 1+\frac{1-n}{n}K \tag{5}$$

然后考虑到连续源情况下,t 时刻预测区域每一点的浓度实际上是在 $0\sim t$ 这一时间段内,每时刻的瞬时源对 t 时刻该点的浓度贡献量的累加。考虑到这一点,可以得到连续源情况下 t 时刻预测区域任一点的污染物浓度值为:

$$c(x,y,t) = \int_0^t \frac{\varepsilon/n}{4D(t-\pi)}\exp\left\{-\frac{[x-V(t-\tau)]^2+y^2}{4D(t-\tau)}-\lambda(t-\tau)\right\}\mathrm{d}\tau \tag{6}$$

式(6)即为事故情况下石油类污染物在地下水环境迁移预测的解析式,此式可采用复合抛物线数值积分方法进行计算。

通过计算得到不同源强条件下,1 a、5 a、10 a、20 a 预测区污染情况(图 1 和表 1)。

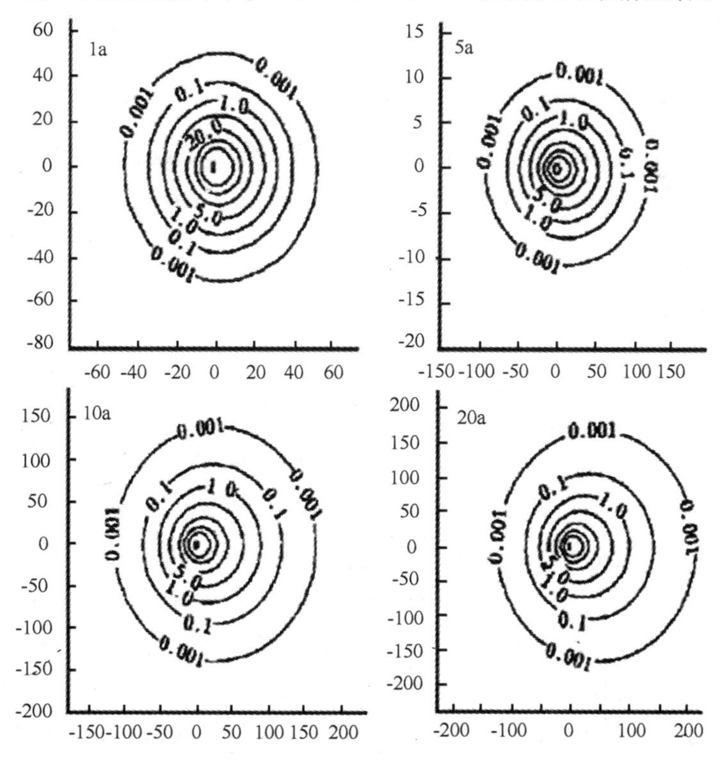

图 1　源强污染浓度等值线图(100 g · d^{-1})

表 1　石油类污染物预测浓度

x/m	源强为 500 g · d^{-1}时各点浓度[1]				源强为 1 000 g · d^{-1}时各点浓度[2]			
	1a	5a	10a	20a	1a	5a	10a	20a
-200	0.000 0	0.000 0	0.000 0	0.000 0	0.000 0	0.000 0	0.000 0	0.000 0
-175	0.000 0	0.000 0	0.000 0	0.000 0	0.000 0	0.000 0	0.000 0	0.000 1
-150	0.000 0	0.000 0	0.000 0	0.000 5	0.000 0	0.000 0	0.000 1	0.000 9
-125	0.000 0	0.000 0	0.001 2	0.005 4	0.000 0	0.000 0	0.002 5	0.010 9
-100	0.000 0	0.001 3	0.028 0	0.061 1	0.000 0	0.002 6	0.056 0	0.122 2
-75	0.000 0	0.096 1	0.484 0	0.678 9	0.000 0	0.192 2	0.968 0	1.357 7
-50	0.001 5	3.573 4	6.981 9	7.808 5	0.003 2	7.146 8	13.964	15.617
-25	8.214 5	82.493	98.774	101.23	16.429	164.99	197.55	202.46
0	3 057.1	2 615.0	2 290.9	1 934.0	6 114.1	5 229.9	4 581.8	3 867.9
25	23.667	237.68	284.59	291.66	47.335	475.36	569.17	583.32
50	0.013 2	29.664	57.958	64.820	0.026 3	59.327	115.92	129.64
75	0.000 0	2.298 5	11.576	16.237	0.000 0	4.596 9	23.151	32.474
100	0.000 0	0.090 2	1.930 4	4.208 8	0.000 0	0.180 6	3.860 8	8.417 7
125	0.000 0	0.001 6	0.244 3	1.078 8	0.000 0	0.003 3	0.488 6	2.157 5
150	0.000 0	0.000 0	0.022 1	0.262 6	0.000 0	0.000 0	0.044 2	0.525 3
175	0.000 0	0.000 0	0.001 4	0.058 5	0.000 0	0.000 0	0.002 8	0.117 0
200	0.000 0	0.000 0	0.000 0	0.011 5	0.000 0	0.000 0	0.000 1	0.023 1
225	0.000 0	0.000 0	0.000 0	0.002 0	0.000 0	0.000 0	0.000 0	0.003 9
250	0.000 0	0.000 0	0.000 0	0.000 3	0.000 0	0.000 0	0.000 0	0.000 6
275	0.000 0	0.000 0	0.000 0	0.000 0	0.000 0	0.000 0	0.000 0	0.000 1
300	0.000 0	0.000 0	0.000 0	0.000 0	0.000 0	0.000 0	0.000 0	0.000 0

1)污染源为 500 g/d 的条件下石油浓度；2)污染源为 1000 g/d 的条件下石油浓度；3)下划线数值表明浓度超标.

从表 1 可见,随着时间的增长,泄漏原油污染的范围越来越大。按生活饮用水的标准,石油类浓度不能大于 0.05 mg · L^{-1}。这样可以发现 1 a 超标的范围仅在 50 m 以内,而 5 a、10 a、20 a 泄漏点下游的超标界限分别达到 125 m、150 m 和 200 m(表中数据有下画线者为超标检出浓度)。同时还可发现在同样的点上,随着时间的增长石油类污染超标的倍数越来越多。例如,源强为 500 g 的情况,在原点(即泄漏点)下游(沿地下水水流方向)100 m 处,1 a 根本检测不到石油的污染;5 a 检测到的污染超标将近 2 倍;而 10 a 和 20 a 检测到的超标倍数则分别为 4 倍和 8.4 倍。由此可以看出,如果油井或输油管道一旦发生穿孔造成原油的泄漏,将会给地下水造成很大影响。

3 意义

石油类污染物是油田开发建设工程的主要污染物。数学模拟是进行地下水环境影响预测和评价的有力工具。陈家军等[1]建立了大庆油田开发中石油类污染物对地下水环境影响模拟分析模型。通过科学的数学模拟预测表明,大庆龙南油田污染物随水入渗对地下水几乎不产生影响,对地下水的潜在影响来自采油井、输油管线泄漏或回注污水的泄漏。这就为提出科学的油田开发地下水环境保护措施提供了可靠依据。

参考文献

[1] 陈家军,王红旗,奚成刚,等. 大庆油田开发中石油类污染物对地下水环境影响模拟分析. 应用生态学报,2001,12(1):113 – 116.

[2] Galya DP. A horizontal plane source model for groundwater transport. Ground Water. 1987,25(6):733 – 739.

[3] Bear J. Hydraulics of Groundwater. New York: McGraw-Hill,1979.

[4] Bear J,Verruijt A. Modeling Groundwater Flow and Pollution. Holland: Dordrencht,1987.

[5] Bedient PB,Rifai HS,Newell CJ. Ground Water Contamination. Englewood Cliffs,New Jersey: PTR Prentice Hall,1994.

[6] Li Y(李　勇),Xu R-W(徐瑞薇). Transport of organic contaminants in soils and groundwater: Review of modeling practices. Rural Eco-Environ(农村生态环境),1994,10(3):64 – 68.

[7] Celia MA,Kindred JS,Herrera I. Contaminant transport and biodegradation: 1. A numerical model for reactive transport in porous media. Water Resour Res,1989,25(6):1141 – 1148.

[8] Zhang X-R(张兴儒),Zhang Sh-Q(张士权). Oil,Gas Field Development, Construction and its Environmental Impact. Beijing: Petroleum Industry Press,1998.

[9] Zhang Y-J(张忆晋),et al. Practical Methods for Environmental Impact Assessment. Taiyuan:Shanxi Science and Education Press,1990:81 – 104.

林窗样地面积的效应模型

1 背景

由 Botkin 等[1-2]首创的林窗模型(forest gap model)是一类以单木模型为基础的森林生长演替模型。林窗模型只用较少假设即可再现与实际观察相一致的数学表达[1,3-4],所以适合于各类森林中的大量林窗模型已经建立。延晓冬[5]以东北长白山阔叶红松林为例,应用森林林窗模型 NEWCOP,研究模拟样地大小对林窗模型的模拟结果的效应,作为模型的应用,给出一种用数值模拟法确定林窗大小的方法。

2 公式

表 1 是模拟所需环境参数、环境初值。

表 1 NEWCOP 在长白山应用时的环境参数、环境初值

地区	田间持水量 /cm	永久萎蔫点 /cm	土壤含水量 /cm	腐殖质库 /($t \cdot hm^{-2}$)	腐殖质 N 库 /($kg \cdot hm^{-2}$)	风灾周期 /a	火灾周期 /a
长白山	24	12	18.0	30	750	无风灾	无火灾

设模拟样地面积为 A 时,第 y 年、第 p 个样地、第 s 个树种的生物量为 $B(y,p,s)$,株数为 $N(y,p,s)$,叶面积指数为 $L(y,p,s)$,采用每 10 年记录一组模拟输出的办法来节省计算时间和磁盘空间,这样可定义依株数显著树种数 $NS(a)$ 为

$$NS(A) = \frac{1}{41}\sum_{y=0,40}\sum_{x=1,17} kro\left(NV(800 + 10 \times y,s) - 0.01\sum_{s=1,17} NV(800 + 10 \times y,s)\right) \quad (1)$$

其群落学意义为各样地株数组成 >1% 总株数的平均树种数。但当依生物量(或材积)计算树种组成时,结果并不完全一致,故定义依生物量显著树种数 NB(A)为:

$$NS(A) = \frac{1}{41}\sum_{y=0,40}\sum_{x=1,17} kro\left(NV(800 + 10 \times y,s) - 0.01\sum_{s=1,17} BV(800 + 10 \times y,s)\right) \quad (2)$$

其群落学意义为各样地生物量组成 >1% 总生物量的平均树种数。从 800 a 开始计算可以反映顶极群落的群落特征。显著树种数越大,说明群落越复杂。由于模拟结果中的显著树种数与模拟样地面积有关,与实测森林的显著树种数的接近程度可作为选择模拟样地

面积的一个判据。

式(1)、式(2)中,NV 和 BV 的意义如下:

$$NV(y,s) = \frac{1}{134}\sum_{p=1,134} N(y,p,s)$$

$$BV(y,s) = \frac{1}{134}\sum_{p=1.134} B(y,p,s) \tag{3}$$

定义依生物量计算的林窗回归年数 YRB(A)为

$$YBR(A) = 1\ 200 \times 134/\{\sum_{y=1,120}\sum_{p=1,134} kro[\sum_{s=1,17} B(y \times 10,p,s) - 65]\} \tag{4}$$

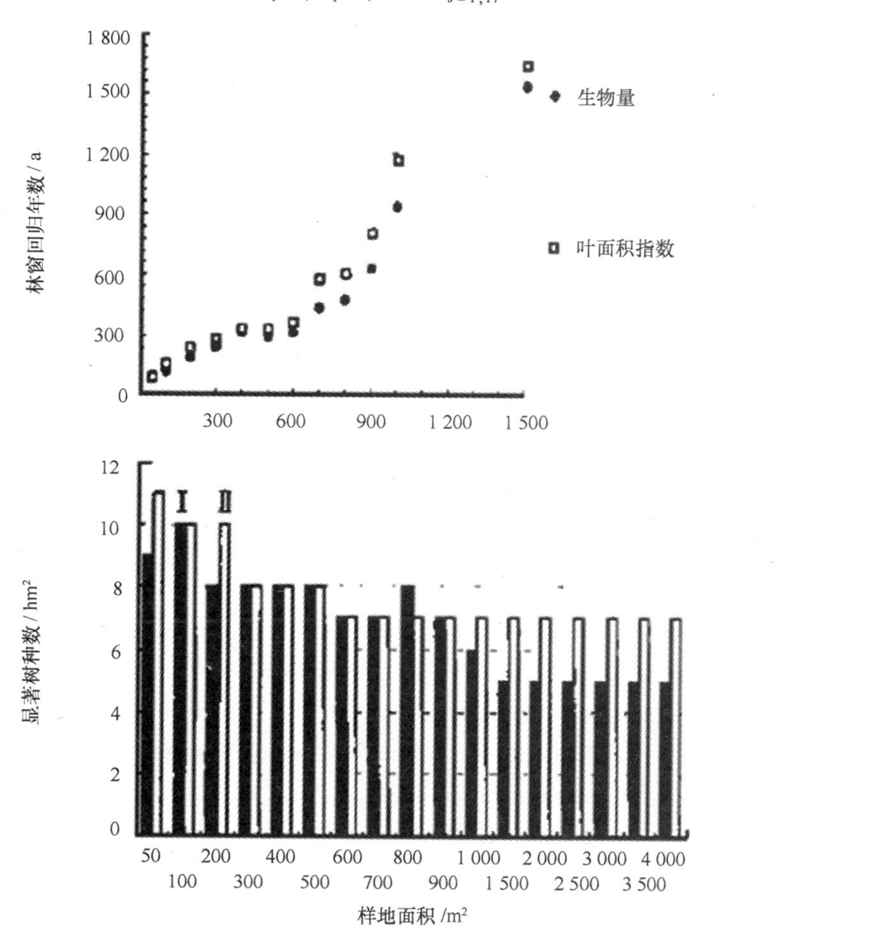

图 1　样地面积与林窗模型模拟的特征指数的关系

其生态学意义为各样地出现生物量小于65 t · hm^{-2}阶段的平均间隔年数。单用样地生物量多寡判断一个样地是否为林窗较片面,所以作为补充,用叶面积为基础来判断一个样地是否为林窗,故定义依叶面积指数计算的林窗回归年数 *YRL*(A)为:

$$YRL(A) = 1\,200 \times 134 \times 2/\{\sum_{y=1}^{120}\sum_{p=1}^{134} kro[\sum_{s=1}^{17} L(y \times 10, p, s) - 3.5]\} \tag{5}$$

其生态学意义为各样地出现叶面积指数 <3.5 阶段的平均间隔年数。显然,林窗回归年数越大,说明林窗出现次数越少。由于模拟结果中的林窗回归年数与模拟样地面积有关,与实测森林的林窗回归年数的接近程度可作为选择模拟样地面积的一个判据。以上各式中函数 $kro(x)$ 定义为

$$kro(x) = \begin{cases} 1 \cdots\cdots\cdots\cdots x > 0 \\ 1 \cdots\cdots\cdots\cdots x \leqslant 0 \end{cases} \tag{6}$$

模拟计算表明(图 1a),随着模拟样地的面积增大,样地林窗回归年数增加。由图 1b 可知,模拟样地的面积增大,群落中显著树种数减少。样地面积增大时,林窗出现频率减少,使群落内部环境变化减少,自然微生境的类型减少,生长在群落内的树种数量减少。

3 意义

延晓冬[5]建立了林窗模型模拟样地面积效应模型,以中国东北长白山阔叶红松林为例,应用林窗模型 NEWCOP 探索了不同模拟样地面积对林窗模型输出结果的影响。样地面积不同可导致模拟出的森林群落的树种组成和结构不同,当样地面积为林窗大小时,模拟结果最合理。结果表明,模拟样地面积大小变化可影响模拟出的森林群落的树种组成和模拟样地的林窗出现周期,通过应用这一特点确定了阔叶红松林的林窗面积为 400 ~ 800 m^2。

参考文献

[1] Botkin DB. Forest Dynamics:An Ecological Model. Oxford: Oxford University Press,1993.

[2] Botkin DB,Janak JF,Wallis JR. Some ecological consequences of a computer model of forest growth. J Ecol, 1972,60:869 - 872.

[3] Shugart HH. A Theory of Forest Dynamics. New York:Springer Verlag,1984.

[4] Shugart HH,Smith TM. A review of forest patch models and their application to global change research. Climatic Change,1996,34(2):131 - 153.

[5] 延晓冬. 林窗模型的几个基本问题的研究:I. 模拟样地面积的效应. 应用生态学报,2001,12(1): 17 - 22.

防护林树种的水分供需模型

1 背景

新中国成立以来，黄土高原防护林建设取得很大成就，营造了大面积防护林，但因当地自然条件恶劣，尤其干旱少雨，使水分成为防护林体系建设中首要的限制因子，出现许多问题，如造林成活率和保存率低、林木生长量低以及林地土壤干化现象，形成低效低产林，影响防护效益的发挥。因而科学地研究和分析黄土高原防护林体系建设中主要造林树种供耗水规律和土壤水分特点，对于调控水分关系，解决水分供需矛盾有重要的指导意义。魏天兴等[2]试图定量分析山西西南部黄土区防护林主要造林树种刺槐和油松供水与耗水关系。

2 公式

2.1 林木耗水特性系数模型

用潜在耗水量（可能蒸散量）来估算当地植物在水分供给充足时的最大耗水量，它表示了当地气候条件下的耗水（蒸散）能力。可能蒸散量与实际耗水量（蒸散量）的差值，即为供水亏缺量，表示水分供给的满足程度。

引入耗水特性系数 a[2] 来表示耗水量的大小及需水量的满足程度，是实际耗水量（$E = E + T + I$）与潜在耗水量（可能蒸散量 E_p）的比值。潜在耗水量采用修正彭曼公式[2]计算。

$$耗水特性系数(a) = \frac{实际耗水量(E + T + I)}{潜在耗水量(E_P)} \tag{1}$$

对于不同林分来说，a 值越大，则表明耗水量越大；对于同一林分来说，a 值越大，表明供水量较大，需水得到较好的满足，研究表明供水量的大小决定耗水量的大小，供水促进耗水，因此可用 a 值表示需水量的满足程度。

将月水面蒸发量的观测数据与计算的同期可能蒸散量分析得到线性回归方程，其关系式为：$y = ax + b$，1993—1995 年的回归方程分别为：

$$y = 0.2321x + 27.9783 \qquad r = 0.8055 \tag{2}$$

$$y = 0.4561x - 3.7126 \qquad r = 0.9102 \tag{3}$$

$$y = 0.4321x + 6.5218 \qquad r = 0.8610 \tag{4}$$

月耗水特性系数 a 的变化见图 1 和图 2。

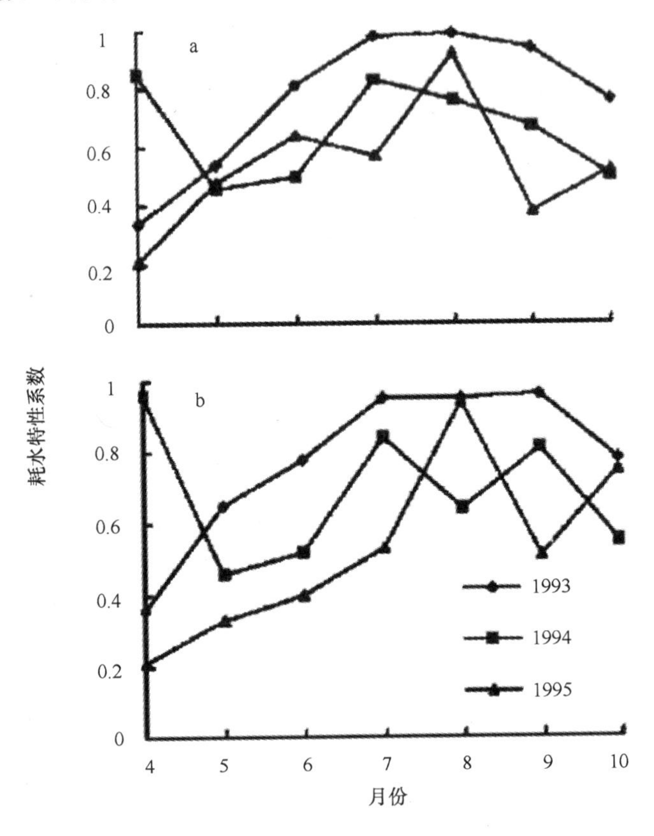

图 1　刺槐林(a)和油松林(b)耗水特性系数变化

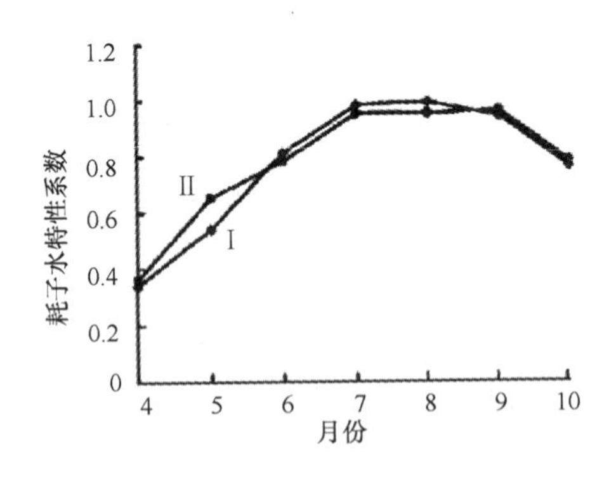

图 2　刺槐(Ⅰ)、油松(Ⅱ)耗水特性系数年变化(1993)

因此,可以根据水面蒸发资料估算林分潜在耗水量。

2.2 耗水量的估算模型

根据耗水特性系数推算分析耗水量的大小,可用下式表示:

$$E = \alpha E_P \tag{5}$$

E 为耗水量(mm),α 为耗水特性系数,E_p 为可能蒸散量。

$$E_P = aE_0 + b \tag{6}$$

E_0 为水面蒸发量(mm),a、b 为系数。因此,可根据水面蒸发量直接估算耗水量。

由林地水量零平衡法计算的年水分收支(表1)可知,丰水年生长季林分耗水量均大于欠水年,林分耗水特性系数丰水年均大于欠水年。不同林分由于立地条件、密度和生长状况不同,耗水量有差异。

表1 1993年生长季林地水分年收支 mm

样地	坡向	密度/	1993年					1995年				
		hm^{-2}	ET	P	Wf	WI	ΔW	ET	P	Wf	WI	ΔW
刺槐2	阳坡1)	2 450	531.0	596.0	234.1	299.1	65.0	415.2	412.5	382.2	379.5	2.7
刺槐3	阴坡2)	2 380	481.1	596.0	260.6	375.5	114.9	444.3	412.5	407.2	375.4	-31.8
刺槐4	阳坡	2 100	537.1	596.0	243.4	302.3	58.9	470.7	412.5	250.0	191.8	-58.2
刺槐5	阴坡	3 300	492.2	596.0	258.7	362.5	103.8	484.7	412.5	285.2	213.0	-72.2
刺槐6	半阳3)	1 250	489.1	596.0	272.0	378.9	106.9	451.3	412.5	365.3	326.5	-38.8
刺槐7	半阳	2 160	521.5	596.0	231.1	305.6	74.5	436.1	412.5	243.7	267.3	-23.6
刺槐8	阳坡	2 650	556.8	596.0	237.1	276.3	39.2	428.1	412.5	278.9	263.3	-15.6
刺槐9	阴坡	1 500	480.2	596.0	258.7	374.5	115.8	452.4	412.5	310.0	270.1	-39.9
油松2	阴坡	4 950	522.0	596.0	252.8	326.8	74.0	472.1	412.5	320.9	261.3	-59.6
油松3	阴坡	4 250	497.1	596.0	268.1	367.0	98.9	467.8	412.5	312.2	256.9	-55.3
油松4	梁顶4)	4 700	516.5	596.0	271.3	350.8	79.5	425.4	412.5	318.5	305.6	-12.9
油松5	梁顶	4 750	539.8	596.0	265.9	322.1	56.2	408.7	412.5	296.5	300.3	3.8

注:表中ET为林地蒸腾蒸发量,P 为降水量,Wf为生长季初期土壤贮水量,WI为生长季末土壤贮水量,$\Delta W = WI - Wf = P - ET - Rs$,$\Delta W$ 正值表示土壤水分盈余,负值表示水分亏损,忽略 Rs[3-4].

3 意义

魏天兴等[1]建立了土区防护林主要造林树种水分供需关系模型,通过3 a的定位观测,分析了晋西黄土区防护林主要造林树种刺槐和油松林地供水与耗水关系。引入耗水特性系数来表示林分耗水的大小和需水量的满足程度。研究表明,用耗水特性系数表示林木规律和水分供耗关系是合适的衡量指标。

参考文献

[1] 魏天兴,余新晓,朱金兆,等.黄土区防护林主要造林树种水分供需关系研究.应用生态学报,2001,12(2):185-189.

[2] Cheng W-X(程维新),Hu Ch-B(胡朝炳),Zhang X-Y 张兴友)Studies on cultivated land evapotation and water consumption by crops. Beijing:China Meteorology Press,1994. 34-51.

[3] Liu K, Chen YE. The study on water dynamie and productivity of Locust woodland in gally region of Loess PLATEAU BULL SOIL AND WATER CONS,1990,10(6):66-70.

[4] San LD, Zhu JZ. Studies and evaluation on the protection forests benefits. Beijing: Chinese science and Technique Press,1995:119-128.

杉木竞争的密度模型

1 背景

竞争密度(C－D)效果指某一时刻不同密度种群之间平均个体重和单位面积株数之间的关系,为植物种群的重要内容之一。Shinozaki 和 Kira[1]首次提出 C－D 效果的逻辑斯蒂理论,并在此理论基础上得出 C－D 效果的倒数式可以描绘植物群落的 C－D 效果。薛立等[2]用 C－D 效果的逻辑斯蒂理论为基础的生物模型对阮文瑞和窦永章[3]调查过的杉木的 C－D 效果和其他生长特点进行研究,了解杉木林的生长过程,模拟和预测杉木林的生长和发育过程,为指导杉木林的密度管理提供依据。

2 公式

Shinozaki 和 Kira[1]提出了 C－D 效果的逻辑斯蒂理论,这一理论基于两个基本假设:一个假设是平均植物质量 w 的增长量遵循一般逻辑斯蒂方程,即:

$$\frac{1}{w}\frac{dw}{dt} = \lambda(t)\left[1 - \frac{w}{W(t)}\right] \tag{1}$$

式中,$\lambda(t)$是生长系数;$W(t)$是平均植物重 w 的上限值。另一个假设是无论密度 ρ 如何变化,最终收获量 $Y(t)(=W(t)\rho)$ 保持恒定。由此得出 C－D 效果的倒数式为:

$$\frac{1}{W} = A\rho + B \tag{2}$$

式中,系数 A 和 B 分别被定义为:

$$A = e^{-\tau}\int_0^{\tau}\frac{e^{\tau}}{Y(t)}d\tau \tag{3}$$

和

$$B = \frac{e^{-\tau}}{w_0} \tag{4}$$

式中,w_0 是初始植物平均质量,τ 为生物时间[4]。τ 被定义为生长系数 $\lambda(t)$的积分,即

$$\tau = \int_0^t \lambda(t)dt \qquad 或 \qquad d\tau = \lambda(t)dt \tag{5}$$

方程(4)中的生物时间 τ 可用如下方程计算[1]:

$$\tau = \ln \frac{1}{w_0 B} \tag{6}$$

$\tau - t$ 关系可以由一个双曲线方程描述[5]：

$$\frac{1}{\tau} = \frac{g}{t - L} + h \tag{7}$$

式中,g 的倒数表示生长初期的内在生长率,h 的倒数为 t 趋向于无限大时 τ 的上限,L 代表滞后时间。

从方程(5)和方程(6)推算出逻辑期蒂生长曲线中两个连续测量年份间的内在生长率 $\lambda(t)$ 为[1]：

$$\lambda(t) \approx \frac{\Delta\tau}{\Delta t} = \frac{-\Delta \ln B}{\Delta t} \tag{8}$$

$\lambda(t)$ 也能够通过对方程(7)的物理时间 t 微分而得出[5]：

$$\frac{d\tau}{dt}(=\lambda(t)) = \frac{g}{(g + h(t - L))^2} \tag{9}$$

以上方程被用于杉木林的生长分析。因为平均单株材积和平均树木重成正比[6-7],用平均单株材积代替平均树木重进行分析。

由方程(2)收获量 $y(=w\rho)$ 可由以下方程得到,

$$\frac{1}{y} = A + \frac{B}{\rho} \tag{10}$$

当密度 ρ 趋向于无穷大时,方程(10)变成,

$$y\Big|_{\rho\to\infty} = \frac{1}{A} \tag{11}$$

所以 A 的倒数表示一定生长阶段收获量 y 的上限。

另一方面,当密度 ρ 趋向于零时,方程(2)变成,

$$w\Big|_{\rho\to 0} = \frac{1}{B} \tag{12}$$

利用方程(2)对不同密度林分各生长阶段的平均单株材积进行模拟,模拟效果很理想。4 年生时低密度林分(1 100、1 410 株 · hm^{-2})平均单株材积较大,高密度(3 600 株 · hm^{-2})林分平均单株材积较小,中密度(2 505 株 · hm^{-2})林分平均单株材积居中(图 1)。

生物时间 τ 随着物理时间 t 的增加而增加(图 2)。表 1 给出由方程(6)计算得出的生物时间 τ 和由方程 2 计算得出的系数 A 和 B。

表 1　生物时间 τ 和方程 2 中的系数 A 和 B

林龄/a	τ	$A/(hm^2 \cdot m^{-3})$	B/m^3
3	0	0	4 762.00
4	2.582 9	0.178 6	359.80

续表

林龄/a	τ	$A/(hm^2 \cdot m^{-3})$	B/m^3
5	3. 722 6	0. 061 7	115. 10
6	4. 400 8	0. 016 9	58. 42
7	5. 293 4	0. 009 6	23. 93
8	6. 375 0	0. 007 3	8. 11
9	6. 712 8	0. 006 2	5. 79
10	6. 737 8	0. 004 6	5. 64
11	6. 908 8	0. 003 7	4. 76
12	7. 406 1	0. 003 6	2. 89
13	7. 527 7	0. 003 2	2. 56
14	7. 936 5	0. 003 2	1. 70
15	8. 586 1	0. 003 3	0. 89
16	8. 596 2	0. 003 1	0. 88

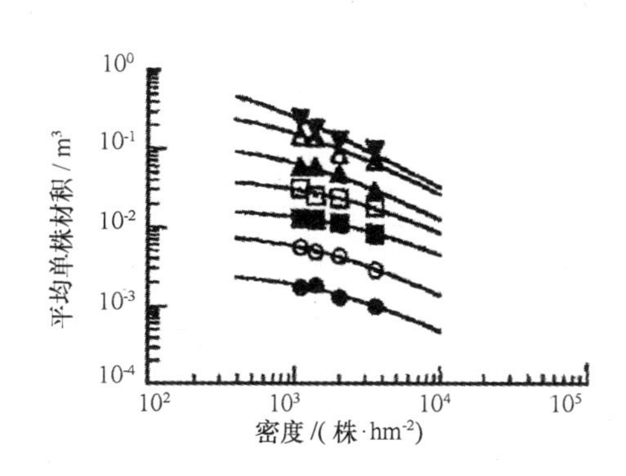

图 1　平均单株材积和林分密度之间的 C－D 效果

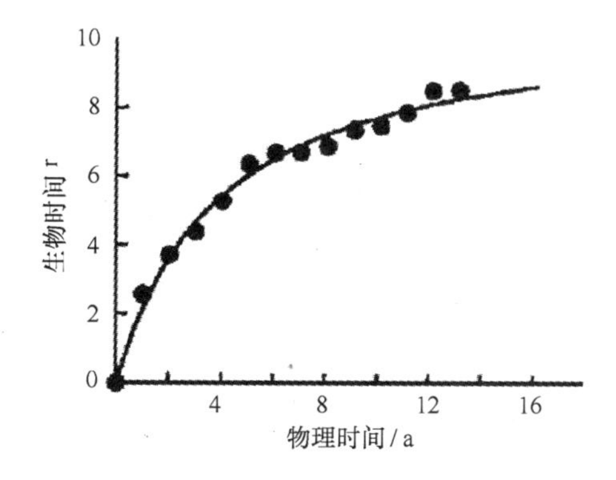

图 2　生物时间 τ 与物理时间 t 之间的关系

3　意义

薛立等[1]建立了杉木竞争密度效果分析模型,用竞争密度(C－D)效果的倒数式分析了杉木的生长过程。随着时间的推移,C－D 曲线在双对数图上向上移动。随着物理时间 t 的增加,生物时间 τ(τ 被定义为逻辑斯蒂生长曲线中生长系数 $\lambda(t)$ 的积分)倾向于增加到最大值。C－D 效果倒数式中的系数 A 和 B 被求出。随着生物时间 τ 的增加,系数 A 急剧增加到最大值后下降,倾向于稳定在一个常数,而系数 B 呈指数下降,倾向于接近零。随着林分的生长,生长系数 $\lambda(t)$ 倾向于下降。

参考文献

[1] Shinozaki K, Kira T. Intraspecific competition among higher plants VII. Logistic theory of the C - D effect. J Inst Polytech, Osaka City Univ, 1956, Ser D7:35 - 72.

[2] 薛立,萩原秋男. 杉木竞争密度效果分析. 应用生态学报,2001,12(2):171 - 174.

[3] Ruan W-R(阮文瑞), Dou Y-Z(窦永章). Researches on the experiments of different planting densities for Chinese fir. 林业科学,1981,17:370 - 377.

[4] Shinozaki K. Logistic Theory of Plant Growth. Doctoral Thesis. Kyoto: Kyoto University, (in Japanese).

[5] Hozumi K. Ecological and mathematical considerations on selfthinning in even-aged pure stands I. Mean plant weight-density trajectory during the course of self-thinning. Bot Mag, 1977, 90:165 - 179.

[6] White J. The allometric interpretation of the self-thinning rule. J Theor Biol, 1981, 89:475 - 500.

[7] Xue L, Ogawa K, Hagihara A. Self-thinning exponents based on the allometric model in Chinese pine (*Pinus tabulaeformis* Carr.) and Prince Rupprecht's larch (*Larix principis-rupprechtii* Mayr) stands. For Ecol Man, 1999, 117:87 - 93.

小鳞鱵日粮的转换模型

1 背景

小鳞鱵(*Hyporhamphus sajori*)在我国主要分布于长江口以北近海,5 月上旬进入渤海,且大部分在莱州湾东部栖息[1],是渤海重要的食浮游生物鱼类[2]。杨纪明等[3]报道了玉筋鱼摄食卤虫的食物转换效率和能量转换效率分别为 10.4% 和 32.2%。郭学武等[4]试图通过对小鳞鱵维持日粮与转换效率的研究,定量它对浮游动物的摄食,为进一步研究小型中上层鱼类这一功能群在渤海生态系统中的作用提供基础资料。

2 公式

2.1 浮游动物定量模型

浮游动物的个体重量采用体积－重量换算法确定:

$$V = L \cdot W^2 \cdot C \tag{1}$$

$$\mathrm{d}W = V \cdot K \cdot D \tag{2}$$

式中,V 为体积,L 为体长, W 为身体最大体宽,C 为换算系数。dW 为个体平均干重生物量,K 为个体假定平均密度(1.13),D 为个体假定干湿比(0.25)[5]。根据浮游动物个体重量,用密度法计算投饵量。

2.2 食物转换效率模型

收集足够数量的大型浮游动物,经淡水漂洗后,于 70℃下烘干 48 h,使用 XRY－1 型氧弹仪测定比能值。用饥饿 30 h 后的小鳞鱵样品测定其干湿比和比能值。用 8 月 7 日和 8 月 30 日直接取自蓄水池的小鳞鱵样品确定其自然状态下的生长率;根据维持日粮实验结果,计算小鳞鱵自然状态下的生长率所对应的日摄食量,并在此基础上计算食物转换效率。生长率(*GR*, growth rate)和特定生长率(*SGR*, specific growth rate)分别以下式表示:

$$\mathrm{GR} = 100 \cdot (W_t - W_0)/t \tag{3}$$

$$\mathrm{SGR} = 100 \cdot (\ln W_t - \ln W_0)/t \tag{4}$$

2.3 日粮与生长率的关系模型

由于实验过程中小鳞鱵每日的死亡数量并不清楚,所以根据每个网箱中实验结束时的存活个体数,计算出每日平均死亡数量。在此基础上,估算每天每个网箱中小鳞鱵的生物量以及投饵量占生物量的百分比(表1)。网箱1—3中小鳞鱵生长率表现出与网箱4—6完全不同的变化趋势(图1)。

表1　不同日粮下小鳞□的生长率

		网箱					
		1	2	3	4	5	6
尾数	开始	106	106	106	106	106	106
	结束	77	68	68	53	28	46
	日减少	4.8	6.3	6.3	8.8	13.0	10.0
体质量/g(FT)	开始	0.596 2	0.561 0	0.621 5	0.821 2	0.792 3	0.734 9
	结束	0.557 7	0.480 0	0.501 2	0.722 7	0.693 8	0.632 3
生长率/(g·d⁻¹)(FW)		−0.006 4	−0.013 5	−0.020 1	−0.016 4	−0.016 4	−0.017 1
		−2.999 2	−11.888 0	−19.265 4	−11.099 4	−13.624 4	−14.479 8
特定生长率(SGR)		−0.011 1	−0.025 97	−0.035 86	−0.021 29	−0.022 13	−0.025 06
日粮	重量/(g·d⁻¹)(FW)	7.75	3.875	1.55	0.775	0.387 5	0.193 75
	占体质量百分比/%	14.89	8.84	3.30	1.35	0.96	0.41

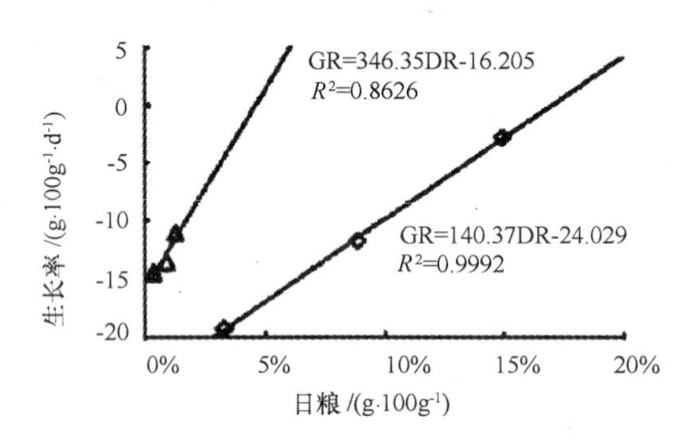

图1　小鳞鱵生长率与日粮的关系

当日粮水平低于体质量的3.30%时,生长率的变动趋势明显不同,可用两条斜率相差较大的趋势线拟合。随着日粮水平的减少,网箱1－3中的小鳞鱵生长率呈线性下降:

$$GR = 140.37DR - 24.029 \quad (r^2 = 0.999\,2, n = 3, \alpha = 0.071) \tag{5}$$

但当日粮水平低于3.30%后(网箱4-6),生长率却突然增大,然后又以更高的斜率迅速下降:

$$GR = 346.35DR - 16.205 \quad (r^2 = 0.8628, n = 3, \alpha < 0.001) \tag{6}$$

在网箱1-3中,小鳞鱵特定生长率与日粮的关系可表示为-

$$SGR = 0.2138DR - 0.0436 \quad (r^2 = 0.9920, = 3, \alpha = 0.029) \tag{7}$$

当SGR=0时,DR=20.39%。

3 意义

郭学武等[4]建立了小鳞鱵的维持日粮与转换效率模型,研究结果表明:食物转换效率和能量转换效率分别为13.96%和16.12%。从生长率和特定生长率计算的小鳞鱵维持日粮分别为体重的17.12%和20.39%,表明从生长率和特定生长率计算维持日粮可能会导致不同的结果。当日粮水平低于3.30%时,小鳞鱵生长表现异常,意味着它可能利用了网采浮游动物以外的其他食物源。

参考文献

[1] Zhao C-Y(赵传纲). China Marine Fishery Resources. Investigation and Delimitation of China Fishery Resources VI. Hangzhou: Zhejiang Science and Technology Press, 1990.

[2] Deng J-Y(邓景耀), Ren S-M(任胜民). Interrelations between main species and food net in the Bohai Sea. 中国水产科学, 1997, 4(4): 1-7.

[3] Yang J-M(杨纪明) and Li J(李 军). Preliminary study on energy flow in a marine food chain. Chin J Appl Ecol(应用生态学报), 1998, 9(5): 517-519.

[4] 郭学武,唐启升. 小鳞鱵的维持日粮与转换效率. 应用生态学报, 2001, 12(2): 293-295.

[5] State Technology Supervisory Authority(国家技术监督局). Marine Research Criterion: Marine Biological Research. National Standard of the People's Republic of China, GB 12763.6-91. Beijing: China Standard Press, 1991.

春小麦冠层的截留水量模型

1 背景

春小麦是我国北方丘陵半干旱地区的主要作物之一，春小麦主要生长在3—6月雨量稀少的季节,因此生育期补灌成为春小麦高产稳产的主要措施。此外,春小麦冠层还会截留部分水量并使喷灌水量的分布发生改变。当地农民常说喷灌是“上不旱下旱”、“浇不透”等,都形象地说明了这一点。杜尧东等[1]研究在风大、空气干燥的丘陵半干旱地区,春小麦喷灌究竟有多少水量被飘移蒸发,有多少水量被冠层截留,冠层截留对喷灌均匀性有何影响以及喷灌的小气候效应。

2 公式

2.1 春小麦冠层的截留水量模型

定义冠层截留水量和平均截留水量分别为:

$$\mathrm{ID}_i = H_{abovei} - H_{belowi} \tag{1}$$

$$ID = \frac{1}{n}\sum_{i=1}^{n} ID_i \tag{2}$$

式中,ID_i 为第 i 测点的截留水量(mm);H_{abovei}为第 i 测点冠层以上水量(mm);H_{belowi}为第 i 测点冠层以下水量(mm);n 为测点数;ID 为平均截留水量(mm)。

2.2 冠层截留对喷灌均匀性的影响

在我国喷灌工程技术规范中规定,喷灌的均匀性用克里斯琴森(Christiensen)均匀系数来表示[2],但其测定往往是在承雨器不受作物影响的情况下进行的。在作物田上,尤其是封行以后,作物冠层截留了部分喷灌水量,并使喷灌水量分布发生改变,造成冠层上、下方的喷灌均匀性有所不同。

克里斯琴森均匀系数的计算公式如下:

$$C_u = \left[1 - \frac{|\wedge h|}{\bar{h}}\right] \times 100 \tag{3}$$

式中,C_u 为均匀系数(%);$\bar{h}$ 为喷洒面积上各测点平均喷洒水深(mm);Δh 为各测点喷洒水深的平均偏差(mm)。

$\bar{h}$ 和 Δh 按下式计算:

$$\bar{h} = \frac{\sum_{i=1}^{n} h_i}{n} \tag{4}$$

$$|\Delta h| = \frac{\sum_{i=1}^{n} |h_i - \bar{h}|}{n} \tag{5}$$

h_i 为某测点的喷洒水深(mm);n 为测点数。

根据式(4)、式(5)计算6月1日和6月2日冠层上、冠层下方的均匀系数(表1)。可以看出,喷灌均匀系数冠层下方大于冠层上方,也就是说,冠层截留使得喷灌水量在地面上分布的均匀性得到一定程度的改善。在春小麦灌浆阶段冠层以下的均匀系数比冠层上方增大10.1%~12.7%。这一结果与Ayars等[3]在棉花冠层、李久生等[2]在冬小麦冠层所得结果类似。

表1　春小麦冠层上方和下方的喷灌均匀系数　%

测定日期	均匀系数	
	冠层上方	冠层下方
6.1	71	80
6.2	69	76

3　意义

杜尧东等[1]建立了春小麦喷灌的水量分布模型,研究了在风大、空气干燥的丘陵半干旱地区春小麦喷灌被飘移蒸发的水量,被冠层截留的水量,冠层截留对喷灌均匀性的影响以及喷灌的小气候效应,研究结果表明,在灌浆初期,春小麦冠层的截留水量可达25%~30%,冠层截留水量可使冠层下方的均匀系数比冠层上方提高10.1%~12.7%。喷灌的水分飘移蒸发损失可达总水量的20%~25%。春小麦喷灌可以降低空气和土壤温度,增加空气实际水汽压和相对湿度,这对抑制作物蒸腾将起一定作用。这将有利于推动和促进喷灌系统的设计改进。

参考文献

[1]　杜尧东,王建,刘作新,等. 春小麦田喷灌的水量分布及小气候效应. 应用生态学报. 2001,12(3):398-400.

[2] Li J-S(李久生),Rao M-J(饶敏杰). Effect of winter wheat canopy on water distribution of sprinkler irrigation. Irrig Drainage 灌溉排水,1999:106-111.

[3] Ayars JE,Hutmacher RB,Schoneman RA,et al. Influence of cotton canopy on sprinkler irrigation. Trans of the ASAE,1991,34(3):890-896.